실내계획을 위한 개념이론과 실무

# 실내디자인의 이해

손유찬 · 함정도 공저

INTERIOR DESIGN

기 문 당

# • 머리말

실내디자인은 전문적인 기술이 요구되는 분야이다. 본 "실내디자인의 이해"는 필자가 실무를 통하여 얻은 지식이나 경험을 바탕으로 실내디자인 현장에서 초기 실무를 원활하게 하고 이해를 돕는다는 취지에서 이 책을 집필하게 되었다. 실내디자인은 경험을 바탕으로 하는 작업으로서, 실제적인 프로세스를 접하지 않은 학생이나 초기의 실무자에게는 실내디자인 실무에 많은 어려움을 겪는다. 본서는 이렇게 실무에서 요구되는 내용들을 정리함으로써, 학생이나 초기 실무자에게, 실무의 이해를 위한 지침서가 될 것이다.

"실내디자인의 이해"는 크게 다음과 같이 구성되어 있다.

전반부에서는 실내디자인 개요로서 계획과 관련된 기법을 이해하고 진행단계에 대한 고려사항에 대해 깊이 있게 설명하였다. 그리고 실내분위기에 맞는 연출방법과 디자인 컨셉에 대한 방법을 세부적으로 풀어 설명하였고, 연출요소인 형태, 색채, 질감 등에 대한 적용방향을 제시하였다. 또한 현재 현장에서 일하는 기성 디자이너들의 디자인 사례를 보고 연출과 개념설정에 대한 이해를 높일 수 있도록 하였다.

후반부에는 실내디자인 실무에 관한 내용으로 준비된 내용이 세부적인 곳까지 미치지는 못하지만 공

간별 계획에 대한 이론적 고찰과 함께 실무진행 점검항목과 실제의 경영방법에 대한 내용을 제시하여 실제 업무에 도움을 주도록 하였다.

마지막은 부록 편으로 각 설계단계에서 볼 수 있는 표현물과 방법에 대한 사례비교가 가능하도록 하였으며, 실내디자인 실무에서 사용되는 각종 서식과 재료와 가구, 조명에 대한 일목요연한 일람표와 실내디자인과 관련하여 법적인 조치를 받을 수 있는 항목을 게재하여 배우는 학생이나 초기의 실내디자이너에게 많은 도움을 주도록 하였다

이 책은 아직은 부족하지만 학생들과 함께 하면서 계속 보완하여 실무이해를 도와주는 지침서로 거듭날 것을 약속합니다. 그간 출간된 잡지나 자료에서 일부 사진과 그림을 이용하였기에 이 자리를 빌어 양해를 구하며, 또한 작품자료를 보내주신 여러 디자이너들, 물심양면으로 도와준 이은용님 그리고 HIDEA 회원 여러분에게  감사말씀 전합니다.

더운 여름 연구실에서

# 차례

부 록

CHAPTER 1

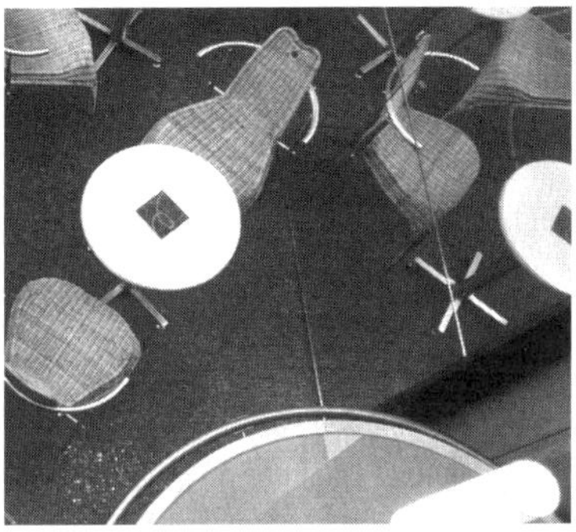

# 실내디자인 개요

1. 실내디자인의 인식
2. 실내계획과 필요지식
3. 실내디자인 기법 해석

# 1. 실내디자인의 인식

## 1.1 실내공간 유형 분류 및 추세

최근 들어 건축공간은 다원화된 사회문화 흐름 속에서 그 공간성격에 따라 다양한 기능의 수용 및 형태 도출을 위하여 부단히 변화하고 있다. 또한 건축물 내에 수용되는 수많은 기능은 인간을 수용해야 하는 필연성 때문에 건축공간에 대한 실내디자인이 적극적으로 시도, 수용되어 실내디자인 분야가 예전과 다르게 대중의 인식 속에 뿌리를 내리고 있어서, 공간의 양적 · 질적 향상의 필요성이 어느 때보다도 절실히 요구되고 있다.

건축 내부공간인 실내는 우리가 1차적으로 접하게 되는 공간이며, 평균 사용시간 및 빈도 면에서 점차 중요시되어 내부공간에 충실을 기해야 한다는 요구가 증가하고 건축의 내부 및 외부의 상호관계적 기능 해결과 감성적 욕구충족, 독창적 개성 표현을 통한 문화적 공간창조를 위한 시도가 꾸준히 지속되고 있다.

이러한 현대의 자본경제 하에서 실내공간은 영리 및 비영리 부분으로 구분될 수 있으며, 이중 영리목적의 실내공간인 상업공간은 공간의 필요기능 및 최적의 분위기 형성을 위하여 다양한 디자인 기법이 요구된다 할 수 있다. 실내공간을 크게 나누어 기능, 수익성, 공간성격에 의하여 구분할 수 있으나, 현대 사회가 요구하는 복잡한 기능은 서로 중복되어 명확한 구분이 어려운 경우도 있다.

기능별 : 주거용, 비주거용 공간
수익성 : 영업공간, 비영업용 공간
공간성격 : – 사적, 공적공간 성격에 의한 구분
– 체류시간 및 사용빈도에 의한 구분
– 사용대상자의 성격에 의한 구분(성별, 연령별, 신분 및 직업별 등)
– 기타

이 중에서 기능별로 좀더 세분하여 보면,

① 주거공간 : 주택, APT 등
② 작업공간 : 업무공간, 공장 등
③ 공용공간 : 대공간의 로비, 대합실 등
④ 특수공간 : 특수기능을 수용하며 목적별로 구분
(판매공간, 서비스 휴식공간, 문화 취미공간, 교육시설, 종교공간, 보건복지시설 공간)

이러한 다양한 실내공간은 현 시대흐름에서 볼 때, 주거용 공간 및 수익성 면에서 영업공간에 해당하는 판매, 서비스 및 휴식공간, 문화 및 취미공간 등에서 실내디자인이 활발하며, 점차 업무공간 및 공용공간에도 점차 실내디자인이 적용되어 가고 있다.

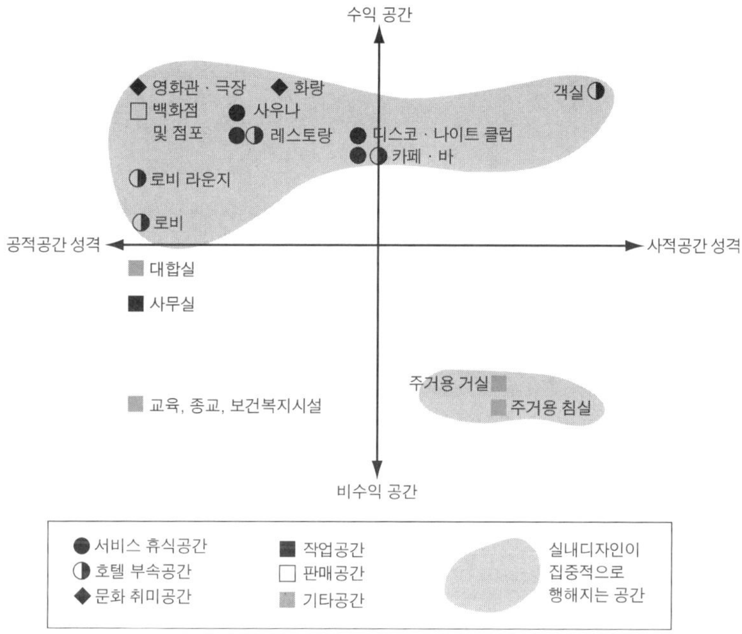


그림1 실내공간 유형 분류

## 1.2 실내공간 분위기 연출요소

인간이 실내공간에서 생활하기 위해서는 1차적으로 물리적, 환경적 조건과 2차적으로 기능적 조건은 물론 3차적으로 정서적 조건이 부가되어야 하며, 이것을 완결시키기 위하여 제반조건들을 분석, 종합하여 실내디자인을 이뤄 나가게 된다. 이러한 실내공간에서의 인간생활을 분류할 때 작업기능, 휴식기능, 숙침기능, 취식기능 등 4가지의 기능구분이 가능하며, 이를 작업능률 위주의 공간과 심신의 회복을 위한 분위기 위주의 공간으로 대별해 볼 때, 서비스 휴식공간과 주거공간은 기능 외에 정서적 분위기 연출이 중요한 디자인 과제로 간주된다 할 수 있다.

정서적 분위기를 수용해야 하는 실내공간은 그 실내환경이 인위적임으로써 다음 표와 같이 여러 요소로 나눌 수 있다.

그림 2 실내공간의 전체 분위기는 건축에 의하여 전체 공간구조가 1차적으로 형성된 후, 2차적으로 이를 채워주는 가구, 마감재 등의 제반 FFE요소가 연출방법에 의하여 분위기를 형성하게 된다.

표1 인위적 환경요소

<table>
<tr><th colspan="2">구성요소</th><th>구성요인</th><th>구성인자</th></tr>
<tr><td colspan="2">공간형성요소</td><td>2차원적 요소를 기본으로 3차원적 형태의 공간형성</td><td>벽, 바닥, 천장, 매스, 수직, 수평, 사선</td></tr>
<tr><td colspan="2">공간성격에 영향을 주는 요소</td><td>3차원적 공간은 독특한 공간적 욕구 소유.<br>공간규모는 계획용도와 인간척도와의 연관성.</td><td>스케일, 형상, 비율, 재료, 색채</td></tr>
<tr><td colspan="2">공간에 질서를 주는 요소</td><td>공간은 타 공간과 상호유기적 관련성을 가짐.<br>전후공간의 영향을 받음.<br>사건(event)의 연속체로 나타남.</td><td>공간의 규칙적 나열<br>색채, 리듬, 오픈스페이스, 질감, 형태의 규칙적 나열</td></tr>
<tr><td rowspan="3">환경지각 요소 (심리적 환경요소)</td><td>인식요소</td><td>지각은 환경에 대해 생태적으로 관련이 있는 기능의 인식. 거리, 크기, 장소의 지각</td><td>시각, 청각, 미각, 촉각</td></tr>
<tr><td>잠재적 인식 요소</td><td>잠재적 쇼크에 의해 발생되는 재난위험을 인식</td><td>위기인식, 재난인식, 개인성</td></tr>
<tr><td>조직에서의 인식 요소</td><td>물리적 환경영역을 구성하게 되는 조직 내에서의 개인 인식요소로서 형성 행동</td><td>프라이버시, 밀도, 환경압박, 영역성, 방어적 공간, 개인적 공간, 인간공학적(proxemics)</td></tr>
</table>

인테리어 디자이너(Interior Designer)는 기능적이고 심미적이며 객관적인 동시에 주관적이며, 유형무형의 디자인 요소들을 이용함으로써 실내환경(interior environment)을 창조하게 된다. 이러한 요소들은 능숙하고 창의적으로 이용됨으로써 기능적이고 심미적인 목적을 이뤄낼 수 있는 실내디자인의 도구와 매체(media)가 되는 것이다. 특히 상업공간은 지역적 환경과 계획대상을 잘 조화시켜 적절한 분위기가 형성하도록 요구되며, 주어진 환경과 기획, 계획의 내외부적 조건을 종합적으로 고려한 적절한 재료와 색채 등의 통일체계 하에 계획 전개가 필요하다.

그림 3 실내공간은 건축에 의한 공간구조가 1차적으로 전체 형상을 결정짓고, 점차 실내구성요소에 의하여 완성되어 간다.

보통 실내분위기 연출요소를 다음과 같이 구별할 수 있다.

① 건축의 기본구조에 의하여 형성된 공허부와 이의 빛에 의한 공간 형태요소

② 제반 마감재 및 각종 실내구성요소(F.F & E)가 조명연출에 의하여 감지되는 시각 및 촉각요소

③ 실내음악 및 향기에 의한 청각 및 후각요소

④ 서비스의 품위 및 테크닉 등의 4차 연출요소

이상과 같은 각종 분위기 연출요소들은 상호작용을 통하여 총제적으로 분위기로 감지되며, 분위기 연출자는 음악의 작곡자처럼 색채, 질감, 조명, 음향 등을 전체적인 관점에서 조합 연출해야 한다. 이러한 관점에서 볼 때, 실내공간 분위기 연출은 공간 및 시각예술 외에 음악, 향기 및 서비스의 질적 요소를 포함하는 복합 종합예

술의 성격을 띠며, 이러한 의미에서 인테리어 디자이너의 연출범위는 제한성을 갖게 된다.

현실적으로 인테리어 디자이너가 연출하려는 분위기는 체계적으로 광원, 광색, 입면, 단면계획 뿐만 아니라 가구계획, 조명계획, 색채계획, 마감재료계획 등에서 프로세스 과정을 통해 종합적으로 전개되며, 주어진 예산의 범주 내에서 검토되어 능률적이며 창조적인 실내환경계획이 실내디자인의 작업이라 할 수 있다.

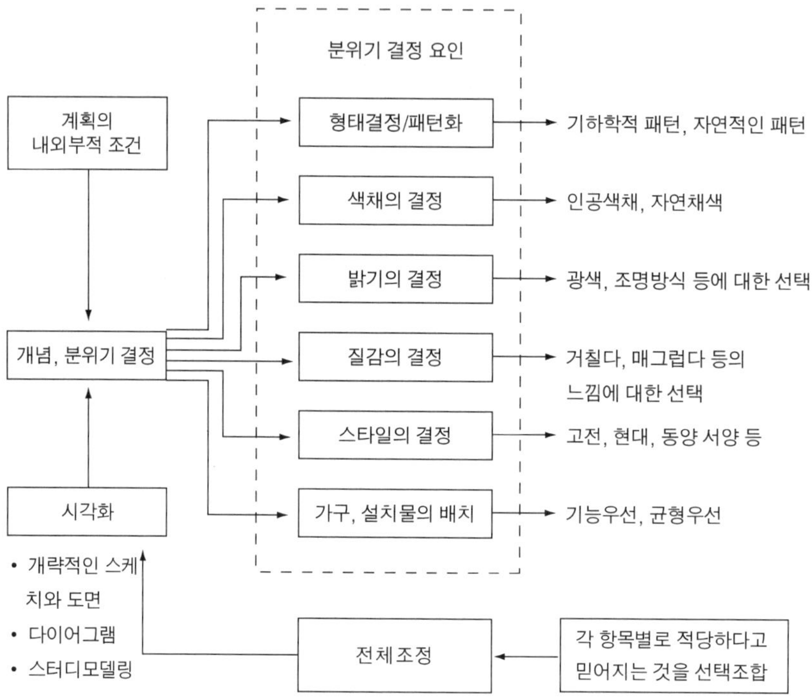


그림 4 실내분위기 결정과정

## 1.3 실내디자인의 정의 및 디자인 범위

실내디자인은 물질을 매개로 하는 응용 · 목적예술이며 주관적 감정이나 기분을 추상적 형식으로 표출하는 조형예술로써, 건축과 불가분의 관계를 지니는 공간예술이라고 할 수 있다. 또한 별개 단위로 분석될 수 있는 여러 가지 요소가 모여 형성된 생활환경을 디자인하는 것으로써, 공간 사용자의 생활자체를 디자인하는 것이다. 이는 인간에게 실제적인 환경이 되는 실내공간이 다양한 요소들의 종합에 의해 도출되는 것이며, 이는 다시 인간의 유형(인격)을 결정짓는 기본인자가 됨을 의미한다. 이러한 관점에서 볼 때, 실내환경의 미적조형과 그 구성의 수단으로서의 실내디자인은 그 역할이 지대한 것이다.

전통적으로는 건축가가 실내공간을 포함한 건축 전체를 디자인하였으나, 현대사회가 요구하는 전문성은 점차 전문 실내디자이너 및 관련 전문가를 요구하게 되었다. 이에 따라 실내공간에 대한 디자인이 건축가, 인테리어 디자이너, 인테리어 데코레이터 등으로 혼재되어 의뢰되고 있는 것이 현실이다.

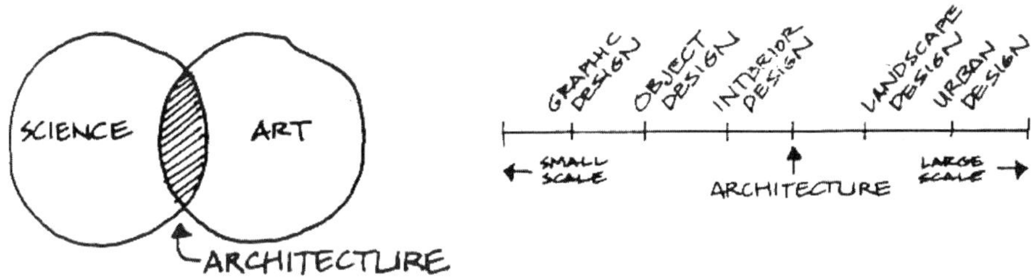


그림 5 실내디자인의 건축과 조형예술에서의 위치

표2 예술의 유형

| 공 간 예 술 | | 시간예술 | 시공간적 예술 | |
|---|---|---|---|---|
| 3차원적 | 2차원적 | | | |
| 조 각 | 회 화 | 서사시 문예<br>서정시 희곡 | 판토마임<br>(연극) | 사물적 예술 |
| 기념비적 예술<br>건 축<br>공 예 | 그라픽<br>장 식 | 표제악 가창<br>오페라<br>음악 발레<br>절대음악 | | 무 용<br><br>비사물적 예술 |
| 조 형 예 술 | | 협의의 뮤즈적 예술 | 운동예술 | |
| | | 광의의 뮤즈적 예술 | | |

본 항목에서는 ① 관련전문가의 현실적 업무영역 측면과 ② 미국, 일본의 전문디자이너의 자격제도 측면에 기준하여 혼재되어 사용되는 실내디자인의 정의 및 디자이너의 업무범위를 정리하면 다음과 같다.

## ◆ 실내디자인 관련 전문가의 업무영역

① 인테리어 디자이너

실내공간에 대한 기본계획상에 검토되어야 할 기본개념 및 기능, 실내환경(열, 음, 빛환경 등) 디자인을 주업무 내용으로, 실내장식 관련업무를 부수적으로 수행하며 유럽에서는 실내건축가(interior architect)로 구분된다. 업무성격에 따라 스페이스 플래너(space planner), 오피스 플래너(office planner) 등의 전문직종이 있으나 통념적으로 인테리어 디자이너에 속한다.

② 인테리어 데코레이터

19C 후기 및 20C 초기 사이에 생겨난 전문 직종으로써 각 시대양식에 맞춰 실내를 장식할 수 있는 전문지식이 필요하였다. 현재에 이르러서는 대체로, 장식요소와 이동 가능요소(색채, 가구, 액세서리, 깔개류 등) 등의 비교적 쉽게 실내공간에 적용할 수 있는 부문 디자인에 관여하는 전문가를 지칭하고 있다.

③ 기타

실내디자인이 건축과 불가분의 관계에 있음으로써 실내디자인 부분에 건축관련 전문가 - 구조 전문가, 전기설비 전문가, 조명 전문가, 음향 전문가 등이 관련되어 있으며, 또한 시각예술 부분과 밀접한 관계에 의하여 제품 디자이너, 그래픽 디자이너, 아트디렉터 등과도 연관된다.

이렇게 인테리어 디자인 부분의 전문직종의 세분한 과정은 인테리어 디자이너의 전체업무의 총괄능력이 필요함을 알려준다.

### ◆ 인테리어 디자이너의 자격

우리나라에서는 1992년 3월에 국가자격 기술법에 의하여 인테리어 디자인 분야의 의장기사제도가 생기면서 시행령과 시행규칙이 제정되었다. 비록 시공관련 기술자격 시험제도이지만, 현 인테리어 부분에 대한 질적 향상을 위한 제도적 향상책으로 판단된다.

북미와 일본에서 시행되고 있는 자격제도에 제시된 시험내용과 자격자의 업무사항을 보면, 인테리어 디자이너의 필요지식과 업무영역을 알 수 있고, 최종적으로 실내디자인의 사회적 정의와 디자인 범위를 알 수 있다.

<표 3>에 의하여 인테리어 디자이너(일본의 경우 인테리어 플래너)의 필요지식은 건축에 관련된 제반 기술사항, 법규, 시공관련지식과 공간예술 디자인에 필요한 계획 및 실시설계업무 관련지식을 필요로 하고 있으며, 업무영역을 실내계획 및 설계, 견적, 감리의 범위로 정하고 있다. 이러한 사항에서 판단해 볼 때, 인테리어 디자인은 건축 실내공간 전체에 대하여 미적, 기술적 환경디자인을 총괄하는 예술영역이며, 이 업무를 관장하는 인테리어 디자이너는 건축가와 업무영역이 중복 내지는 전문화되어 있음을 알 수 있다.

표 3 미국과 일본의 인테리어 디자이너 자격제도

| 종류<br>내용 | 미국의 인테리어디자이너 자격시험 제도 (NICIDQ자격시험) | 일본의 인테리어디자이너 자격시험 제도 | |
|---|---|---|---|
| | | 인테리어 플래너 | 인테리어 코디네이터 |
| 시험년도 | 1974 | 1987 | 1983 |
| 시험자격 | 학력(최소 2년)과 실무 경력(최소 2년)을 포함하여 6년 이상의 경력자 | 인테리어나 건축학 전공자로서 학력에 따라 실무경력의 적용이 다름. (최소 2년~11년) | 자격제한 없음<br>(25세 이상) |
| 시험내용 및 종류 | ▧ 선다형, 실기 및 논술형<br>▧ 시험과목<br>① 빌딩법규 및 장애인 법규<br>② 인테리어 계획 및 적용<br>③ 문제해결(도해문제, 실기형 병행)<br>④ 프로그래밍(논술형)<br>⑤ 3차원 실습(실기형 - 투시도 제작)<br>⑥ 시나리오 설정(논술 및 실기형-회사, 주택, 상점, 공공기관, 서비스 업체 중 택일) | ▧ 1차 시험(선다형)<br>① 인테리어 계획 및 설계<br>② 인테리어 재료, 공사법, 시공, 법규<br>③ 건축계획, 법규, 구조, 시공<br>▧ 2차 시험 (설계 제도)<br>① 설계개요<br>② 기본 설계도 | ▧ 1차 시험(선다형)<br>① 인테리어 상품 및 판매조직<br>② 정보습득 능력, 조언자로서의 능력<br>③ 실내디자인 관련 기초지식(법규, 표현기법, 실내구성재 지식, 적산 · 견적 등)<br>▧ 2차 시험(소논문, 종합기술시험 및 면접)<br>① 설계 및 재료에 대한 이해도, 치수계획 능력 등을 측정키 위한소논문 작성<br>② 코디네이터로서의 자질과 직업관 평가를 위한 면접 |
| 자격자의 업무내용 | 인테리어 디자인의 제반업무 수행의 자격부여 | - 인테리어 이미지 제작<br>- 인테리어 설계도서의 작성<br>- 인테리어 공사감리 | - 인테리어 재료 유통과정에서의 올바른 정보 보급<br>- 전문적 판단에 의한 조언, 인테리어 상품의 선택과 계획 작성에 대한 상담 |

# 2. 실내계획과 필요지식

## 2.1 실내계획의 개념

### ◆ 실내계획의 본질

실내계획은 인간의 기본적 행위로서 인식과 사고를 통한 실내환경의 이해와 정의, 환경의 개조, 그리고 이러한 의도와 계획을 구체화시키는데 필요한 의사결정(decision making)을 의미한다. 즉 실내계획은 실내건축가들이 사용주(client)와 사용자(user)들을 위하여 제한된 범위 내에서 인식된 문제해결을 추구하는 일련의 과정인 것이다. 따라서 실내건축가, 사용자, 사용주 사이에는 실내환경을 매체로 하는 불가분의 상호영향 관계가 성립된다. 그러므로 실내계획의 본질이 무엇인가를 이해하기 위해서는 환경의 의미와 인간본질에 대한 이해가 선행되어야 하며, 인간과 환경의 상호관계를 알아야 한다.

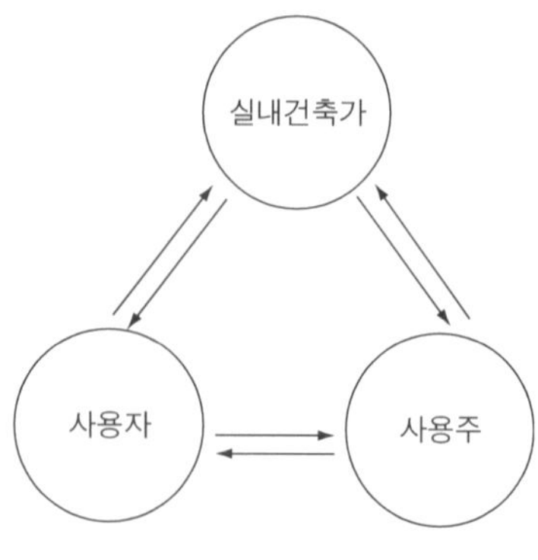


그림 6 실내건축가 · 사용주 · 사용자의 상호관계

## ◆ 실내계획의 목적과 영역

디자인에는 기본원리와 기준이 있으며, 이러한 기준은 인간의 요구와 인간환경의 가능성 사이의 관계에 바탕을 둔다. 어떤 특정한 디자인의 성공여부는 그 디자인이 그것을 이용하는 사람들의 요구에 얼마나 잘 부합되느냐에 있다. 즉 좋은 디자인이란 주어진 상황에 최선의 결정을 내리는 것으로서, 주어진 상황에서 최적의 해답을 찾아내는 문제의 해결 그 자체인 것이다.

디자인을 결정하는 주요요소로는 '기능성'과 '시각적 또는 미학적 디자인'의 두

그림 7 실내계획은 우선적으로 실내환경, 기능을 만족시키고 분위기를 만족시켜 나갈 때 훌륭한 디자인이라 할 수 있다.

가지로 요약된다. 따라서 실내계획은 디자인의 한 영역으로서 특정한 효과를 얻기 위한 수단이라 할 수 있다. 실내계획은 인간과 밀접한 주위환경과 관계가 있으며, 또 이용자에게 어떤 영향을 주느냐와 관계가 있다. 그리고 여기에 더하여 디자이너는 그 환경이 이용자에 의해 어떤 영향을 받느냐 하는 것을 숙고해야 한다.

실내계획은 실내공간에 대한 물리적, 환경적 조건, 실내에서의 인간생활을 위한 기능적 조건, 그리고 인간의 예술적, 서정적 욕구의 만족 등을 해결하기 위한 정서적 조건 등이 고려된 실내공간을 계획하는 작업으로 거시적 측면에서 환경에 대한 이해와 건축적 이해를 바탕으로 기능적이고 합리적인 계획이 이루어져야 한다. 즉 실내계획이라는 것은 건물의 내부공간을 생활목적에 따라 쓰기 쉽고 안락한 분위기의 공간이 되도록 설계하는 것이다. 따라서 실내디자이너에게는 실내공간에 대한 보다 기능적인 면의 해결과 심미적이고 심리적인 면을 충족시켜야 함은 물론, 독창적이고 개성이 표현된 디자인의 결과가 요구되어진다.

진정한 의미의 실내계획의 영역은 건축으로 한정된 벽과 천장, 바닥으로 둘러싸여진 실내공간이라 할 수 있다. 실내공간에 대한 디자인 작업은 건축과 공통되는 공간 만들기로서, 건축계획이 공간구조를 만드는 1차 작업이라 한다면, 실내계획은 그 공간을 좀더 인간의 기능적, 심적 요구에 근접하여 공간을 완성시켜 나가는 2차 작업이라 할 수 있다. 따라서 건축에 의하여 제시되는 1차 공간구조의 적합성은 실내계획의 완성도를 한 층 높여주게 된다. 따라서 실내계획은 건축계획의 초기단계에서부터 상호 병행 · 검토되는 것이 가장 바람직하다.

건축가는 전체 매스의 구조와 디자인에 관여하는 반면, 실내디자이너는 보다 섬세하고 미학적이며 기능적인 면과 내부공간의 심리적인 문제의 해결이나 독자적인 개성의 표현에 관계해야 한다. 결국 인간에게 적합한 환경, 즉 생활공간의 쾌적성을 추구하고자 하는 것이 실내계획의 과제이며, 또한 건축공간의 기능성과 감성적 요소의 밀도를 높여 문화적인 공간을 구성하는 작업이기도 하다.

## 2.2 실내계획 원리

실내계획의 목적은 종합설계요소로 작용하는 제반사항과 주변환경과의 유기적인 조합으로 다음과 같은 원리에 입각하며, 이러한 계획을 위하여 다양한 지식이 요구된다.

① 합목적성 : 기능체계 및 동선체계의 이해

실내계획에서 가장 중요한 기본적 요소로 모든 공간은 그 사용목적에 적합해야 한다. 이는 기능주의와 밀접한 관련성을 지닌다.

② 인본주의 및 자연주의 : 문화사 및 건축역사의 이해

실내공간은 인간의 생활을 가장 직접적으로 담는 용기로서, 휴머니즘과 더 나아가 자연요소와 교류 할수록 공간의 친밀도를 높일 수 있다.

③ 보건성 : 건축환경공학 및 생태건축의 이해

- 주위의 자연환경조건에 대해 충분한 사전 조사 · 분석이 요구되며, 적절히 대응할 수 있어야 한다.
- 빛환경, 열환경, 음환경 측면에서 인간쾌적조건이 충족되어야 한다.

④ 구조성 : 구조체 및 구조역학 개념의 이해

건물의 자중, 적재하중, 진동하중 등에 안전하도록 설계되어져야 한다.

⑤ 경제성 : 시공 · 공정관리 · 적산개념의 이해

초기공사비(initial cost), 경상비(running cost), 내용연한 등에 대한 충분한 사전 검토가 필요하다.

⑥ 사회성 : 환경심리의 이해

- 건축은 도시를 구성하는 기본단위이며, 실내공간은 건축의 주체로서 주변 거리와 단지에 직간접으로 영향을 미치게 되므로 주변 도시환경에 알맞게 계획되어져야 한다.
- 실내공간을 이용하는 사용자의 밀도, 접촉거리, 실내환경요소는 인간환경심리를 고려해야 한다.

⑦ 심미성 : 미학 및 실내의장의 이해

실내공간은 기술성과 예술성의 종합에 의해 완성되므로, 기능과 구조는 물론 공간 분위기를 구성하는 제 연출요소의 형태 · 색채 · 질감 등의 미적 구성을 만족시켜야 한다.

## 2.3 실내계획 프로세스

일반적으로 어떤 목표를 달성하고자 할 때에는 우선 목적에 필요한 각종 정보를 수집하고 분석한 후, 종합적인 평가를 거쳐 계획을 결정해야 하는데 이러한 일련의 의사결정 과정을 계획 프로세스라 한다.

① 목표 설정

계획 결정의 제1단계로 정확한 목적을 설정한 다음, 그것을 달성하기 위한 여

러 가지 수단을 고려해보고 최종적인 결과를 예측해 본 후 목표를 설정한다.

② 정보수집

설계조건을 설정하는 과정으로 다음과 같은 정보가 있다.

- 초기 정보 : 방향 설정을 위한 정보로서, 과거 실적, 입지조건, 주변 상권 형성여권 등이 있다.
- 기술 정보 : 계획에 필요한 조건을 결정하기 위한 정보로서 건축조건, 구체 및 설비조건 등이 있다.
- 평가 정보 : 아이디어나 모델을 평가할 때 필요한 정보이다.
- 프로그램 정보 : 계획을 수행, 실행하는데 필요한 수단을 결정할 때 요구되는 정보로서 최근 컴퓨터를 이용한 계획분석 프로그램, CAD기법, CPM기법 등이 있다.

③ 조건 설정

정보와 결정을 연결하는 과정으로 상기의 각종 정보를 처리하는 작업으로서, 기능 · 성능 · 규모 · 성격에 관한 제 조건을 미리 설정해야 한다.

④ 모델화

어떤 목표에 대하여 새로운 아이디어를 가지고 모델을 구상하는 방법이다. 보통 설계 조건이나 아이디어 정보를 참고하여 합의에 의하여 개인자를 줄이고 높은 레벨의 아이디어를 얻는 과정을 거친다.

⑤ 평가

- 평가기준 : 목표 달성도와 조건 적응의 평가기준이 되며, 피드백 과정을 되풀이 한다.
- 평가방법 : 비교법, 단계법, 점수법, 합의법, 직관법 등이 있다.

⑥ 계획 결정

선택과 수정 그리고 항목별 평가를 거쳐 최종 계획을 결정한다.

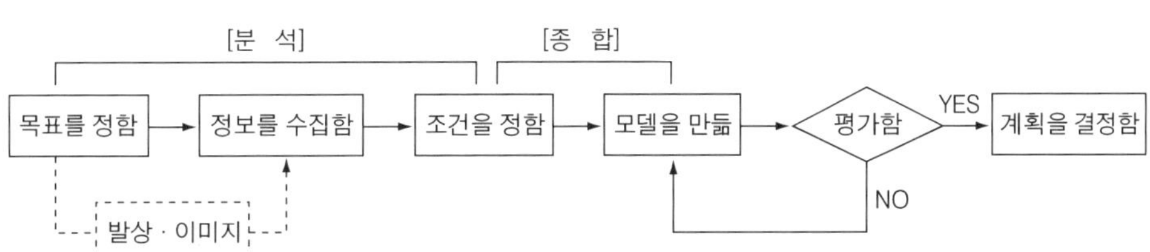


그림 8 계획결정 프로세스의 흐름

# 3. 실내디자인 기법 해석

## 3.1 디자인 기법의 이해

### ◆ 디자인 접근방법

인간의 사고능력을 1. 분석하고, 비교하며 선택하는 판단력과, 2. 상상하며 시각화하고 예견하여 아이디어(idea)를 낳는 창조력의 두 가지로 구성되어 있다고 볼 때, 관념(idea)에 도달하는 두 가지의 사고방법은 크게 다음과 같이 나눌 수 있다.

① 형식논리에 의한 검사방법.

② 직관에 의한 관념의 발견법.

①의 경우는, 자료를 수집하고 분석하는 동안에 사색의 방법 및 원칙을 발견하고, 단순한 것에서 차츰 복잡한 부분으로 추론을 쌓아가는 방법으로서, 아리스토텔레스, 스콜라 학파, 데카르트 등의 주지주의자들의 논리적인 제반 방법론들이 여기에 속한다. ②의 경우는 종교적, 또는 시적인 감흥, 정신의 고양 속에서 진리를 찾아내려는 방법으로서, 뛰어난 신비주의자들에게 자료(data)는 2차원적인 요소가 된다.

| 논리적 디자인 방법 | 직관적 디자인 방법 |
|---|---|
| - 엄격한 step-by-step의 순차적이고 연속적 진행(일시적 순환 및 병렬식 진행 포함)<br>- 전체과정은 개별적으로도 정당한 각 단계들로 구성<br>- 분석의 단계가 끝나거나 일정수준에 진척되기 이전까지는 결론을 유보. | - 불규칙하고 임의적 진행.<br>- 피드-백에 의한 순환적 반복적인 진행.<br>- 전체과정 중의 어느 단계에서 모순되는 단계가 나타날 수 있음.<br>- 잠정적이고 일시적인 결론의 제시와 수정의 반복. |

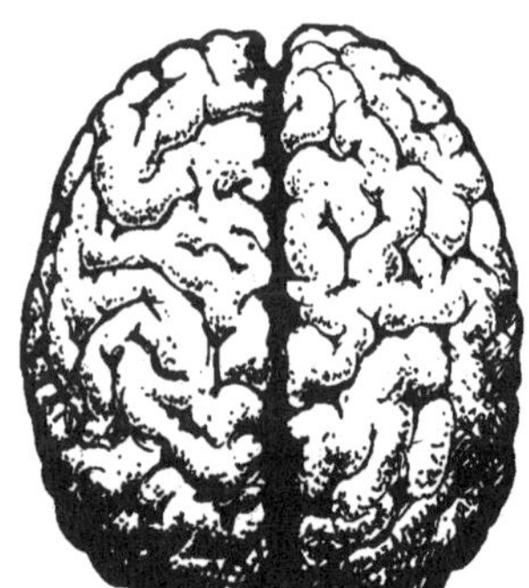


그림 9 인간 뇌와 사고영역. 인간의 뇌는 대별하여 논리를 담당하는 좌뇌와 감정적 처리영역인 우뇌로 나뉜다.

이와 같이 사고에 의한 예술창작의 접근방법은 논리, 직관의 두 가지로 대별되고, 예술창작 대상이 되는 분야의 특성 -즉 복잡성, 불확실성, 규모 등에 의하여 논리 및 직관의 두 가지 방법이 병행되어 어떠한 최종 결과에 도달하게 된다.

회화 · 조각 등의 조형예술과 광고 · 제품디자인 등의 응용예술 부분이 다소 규모가 작고 단순하며 인간 감성과 밀접한 관계에 있다 할 때, 인간환경분야 예술인 건축에 있어서는 규모면이나 기능, 존립기간 등이 크고 복잡하여 장기간에 걸쳐 작용하므로, 초기 디자인 과정에서 좀더 많은 논리적 사고를 필요로 한다.

### ◆ 디자인 개념의 이해

디자인의 진행과정은 다음과 같이 크게 5단계를 거치게 된다.

① 자료의 설정단계(초기상황의 분석)

② 대안의 설정단계(초기개념의 설정)

③ 대안의 검증단계(초기개념의 검증)

④ 대안의 발전단계(개념의 전개 및 발전)

⑤ 해결안의 표현단계(개념의 확정)

이러한 단계별 진행은 초기상황의 분석과정을 거친 후 개념의 설정, 검증, 발전을 거쳐 최종적으로 확정되며, 전체 형태 및 세부사항에 까지 일관성을 유지하며 진행되어야 하기 때문에 중요하다.

#### (1) 디자인 개념의 해석

디자인 개념은 크게 '디자인 과정의 진행에 따른 사용단계'와 '디자인 개념 사체의 특성'에 따라 각각 분류할 수 있으며, 그 특성별 상관관계를 설명하면 다음과 같다.

① 디자인 개념의 단계 별 분류

- 1단계 : 기본개념(basic concept)/ 디자인 원칙 또는 디자인 철학
- 2단계 : 상황개념(project concept)/ 프로그래밍과 관련된 디자인 상황별 주제 개념
- 3단계 : 요소개념(elemental concept)/ 형태요소 및 구성기법

② 개념의 내용에 따른 유형별 분류

- 형태개념(formal concept) : 공간, 외부형태를 직간접으로 표상하는 상징개념
- 구성개념(organic concept) : 공간형태 요소의 연결, 구성을 통한 질서화 개념
- 체계개념(system concept) : 제반시설의 구성체계 개념

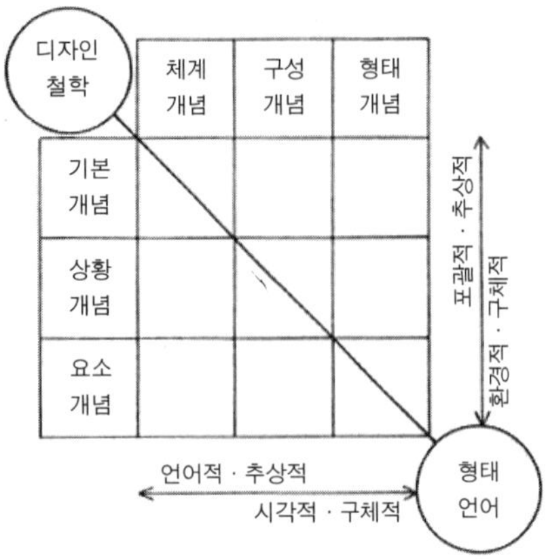


그림 10 디자인 개념분류의 기본방식

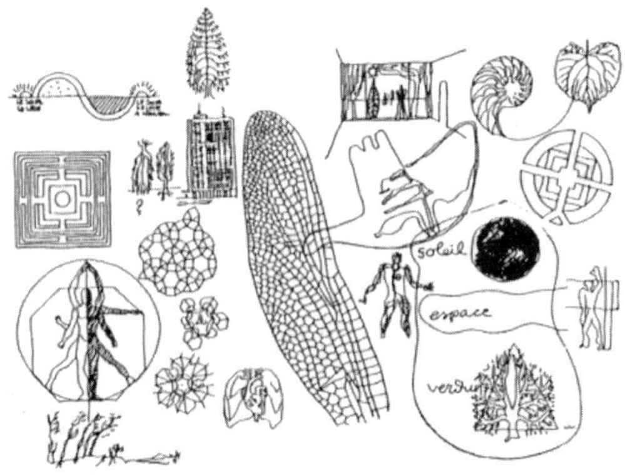


그림 11 르 코르뷔지에의 개념 스케치

기본개념은 대개 포괄적이고 추상적인 개념이며, 요소개념은 보다 한정적이고 구체적인 개념으로 되어 있다고 볼 수 있다. 이들 기본개념, 상황개념 및 요소개념은 상호 중첩되어지면서 형태, 구성, 체계 개념을 점차 세부적이고 구체적인 개념군으로 진행하게 된다.

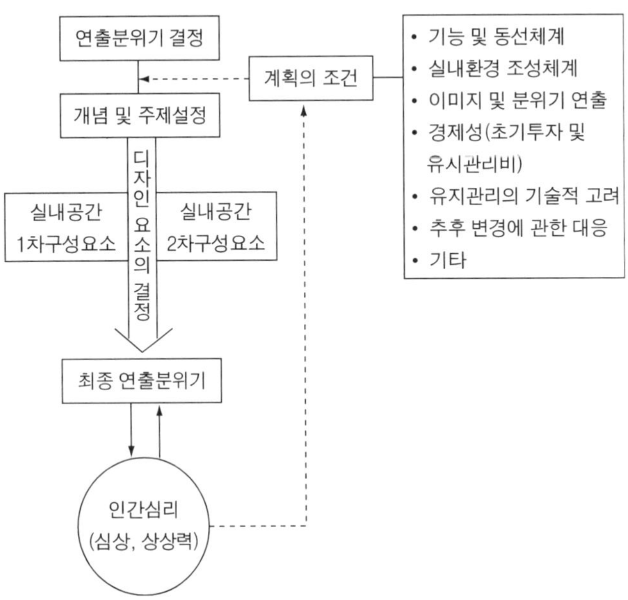


그림 12 실내분위기 연출기법의 진행과정

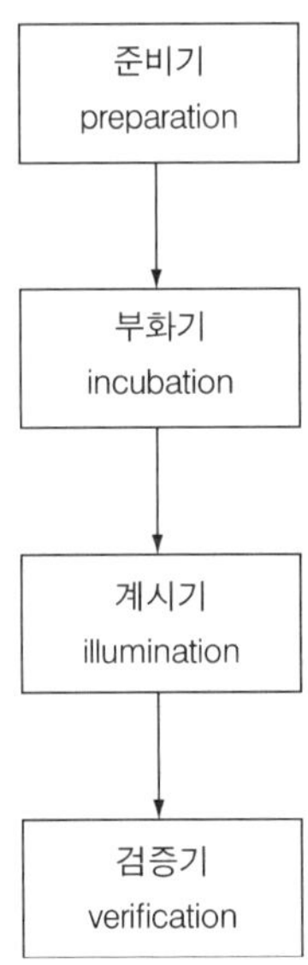


그림 13 창조적 과정의 4단계

대체로 직감적 디자인에서 가장 중요 시 되는 것은 다음의 두 가지이다.

① 디자인 과정에서의 핵심 인자는 창조성(creativity)과 개념(concept)에 관한 문제이다.
② 논리적인 디자인 과정의 체계적인 진행을 통해서 용이하게 얻어질 수 없는 것이 디자인의 창조성이며, 이러한 창조성은 디자인 과정의 직관적인 측면과 관련된다.

이러한 직관적인 측면의 창조적 과정에 대한 모델들 중 현재 가장 일반화되고 있는 견해는 다음의 4단계 과정이며, 이 4단계 중 부화기(또는 숙고기 : incubation)와 그 표출단계인 계시기(또는 조명기 : illumination)는 외부로 드러나지 않는 무의식적 단계로서, 창조적 과정에서 핵심적인 국면이자 가장 설명하기 어려운 과정이라 할 수 있다. 이러한 창조적 접근을 위한 기본요소로써 심상과 상상력을 들 수 있고, 창조적 변형작업의 기본재료로써 개념의 도입수법이 사용되며, 이의 설정 및 발전기법으로 흔히 사용되는 것으로 유추, 유형 및 수사학의 기법을 들 수 있다.

## 3.2 실내디자인 기법 해석

실내공간은 건축구체에 의하여 형성되는 공간감과 바닥, 벽, 천장의 표피 마감재, 자연광 및 소명연출 등에 의하여 일차적으로 완성되며, 가구, 액세서리, 장식물과 음향, 조경, 냄새 등에 의하여 공간이 충실하게 된다. 이러한 실내공간은 편리성과 동시에 분위기를 요구하게 되며, 이러한 입장에서 볼 때 실내디자인은 건축공간으로서의 기능성 및 공간감과 시지각 예술이 갖은 심리적 측면이 동시에 고려되어져야 하는 공간 조형예술로써 존재하게 된다 하겠다. 이러한 위치에 있는 실내공간에 대한 디자인은 그 디자인기법을 건축 및 시지각예술의 디자인기법과 비교함으로써 그 성격이 해석 될 수 있다.

### ◆ 건축공간 디자인의 창조적 접근을 위한 방법론

#### (1) 창조의 기본요소로서 심상과 상상력

심상(image)이란 감각을 일으키는 자극원이 제거된 뒤에도 남아있는 감각의 기록으로서, 언어를 사용하는 의사소통 체계가 인습적인 사고방식을 강조하는 반면에, 비언어적인 심상은 관례적, 사회적인 통제를 받지 않는 사적인 정신과정이기 때문에 창조적인 작업의 핵심적인 요소가 된다. 더욱이 구체적인 시심상(visual image)들은 그 내용이 풍부할 뿐 아니라 비언어적이며, 고도로 발달된 공간적 직관(spatial

그림 14 쉐라톤 워커힐 호텔의 로비 전경
실내공간은 기능성 및 공간감과 시지각예술이 갖은 심리적 측면이 동시에 요구한다. 이러한 위치에 있는 실내공간에 대한 디자인은 그 디자인기법이 건축 및 시지각예술의 디자인기법을 동시에 요구한다.

intuition)을 포함하고 있다는 점에서 건축디자인 분야에서는 이러한 시심상을 발전시킨 시각적 사고(visual thinking)의 중요성이 더욱 크다고 하겠다.

또한 상상력(imagination)은 심상의 축적에서 비롯되며, 이 심상들을 결합하여 새로운 패턴을 만들어낼 수 있게 한다. 즉 상상력은 심상이나 관념들이 그들 간의 유이성과 근접성 이전에 결합되었던 빈도수에 따라 결합되는 연합의 과정을 나타내는 것이다. 또한 판단력이 상이성을 분별해 내는 능력인 반면에, 상상력은 유이성을 발견해내는 능력이라 할 수 있다.

### (2) 디자인 주제(Design Theme, 또는 Dominant Idea)의 설정 및 발전

어떤 상황을 정의하는데 있어, 주가 되는 특정한 개념을 설정하는 것은 그 개념에 사로잡히기 위함이 아니라, 그 개념을 매개체로 하여 관련되는 다른 개념들을 계속하여 이끌어 내기 위해서이다. 만일, 주가 되는 개념을 이끌어 낼 수가 없게 되면, 다른 대안이 되는 어떠한 개념들도 모호하고 일반적인 범주 내에서만 맴돌게 된다.

건축디자인에 있어서 주제 개념은, 어떤 디자인의 전 과정에 걸쳐 반복되어 나타나는 특정한 패턴이나 아이디어가 되기도 하며, 이렇게 디자인의 초기단계에서 설정되는 특정개념은 건물에 대한 여러 측면의 상이한 요구조건들이, 디자인이나 구성에 직접 영향을 미치는 구체적 사고로 통합될 수 있는 방법을 찾아주는 집중적이며 상상력이 필요한 노력의 결과물이다. 또한 주제는 건물이 전체계획과 같이 규모가 큰 초기의 형태 결정에서부터 세부적인 디테일의 형태 결정에까지 일관성을 부여해주는 역할도 하게 된다.

① 상용기법의 해석(유추, 유형 및 수사학 중심으로)

건축공간 디자인의 상용기법으로써 유추, 유형 및 수사학의 기법을 들 수 있으며, 각 기법상의 특징은 다음과 같다.

- 유추(Analogy)기법

  유추는 문제해결을 위한 적극적인 대응방법으로써 유추 대상물의 실체성 설정에 의하여 사고를 출발시키는 가장 편리한 수단이 되고 있다.

그림 15 J. 우촌, 시드니 오페라 하우스, 1973. 전체 형상이 돛단배 혹은 파도에서 유추됨을 보여준디.

그림 16 버섯 형상의 기둥

그림 17 네르비의 체육관 천장의 경우, 전체구조를 꽃의 형상에서 그 아이디어를 얻어왔다.

이러한 유추 기법은 a.형상적 유추(직접유추)와 b.기능적 유추(간접유추)로 구분되고, 형태적인 측면에서 볼 때도 경험에서 비롯된 모든 추상적 형태는 유추의 한 형태라고 볼 수 있듯이, 유추는 개념형식을 위한 가장 효과적인 도구로서 무의식적인 개념을 의식기의 차원으로 끌어올리기 위한 강력한 촉매의 역할을 한다. 따라서 건축디자인 과정에서 유추는 창조성의 중심이 되므로 창조적 건축가들의 직관적인 디자인 기법으로 흔히 사용되고 있다.

- 유형학적 접근방법

인간은 과거의 형태 및 이 형태들을 유형상의 모델로 이용하는 습관에서 벗어날 수 없다는 점에서 모든 자기발견적 문제해결 과정은 과거의 과정조합이라고 볼 수 있다. 또한 창조적 행위가 알고 있거나 익숙한 요소들을 새로운 관계로 엮거나 생소한 요소들을 잘 알고 있는 관계로 엮는 것이란 점을 생각한다면, 이 경우, 역사적인 건축선례들의 분석을 통해서 어떻게 하여 특정한 형태구성 체계들이 시공을 초월한 디자인상의 불변수로 떠올랐으며, 또한 이것들이 어떻게 하나의 유형(type)이 될 수 있는가를 이해하게 되며, 이를 유추 또는 연상의 모델로 삼는 방법을 생각해 볼 수 있다.

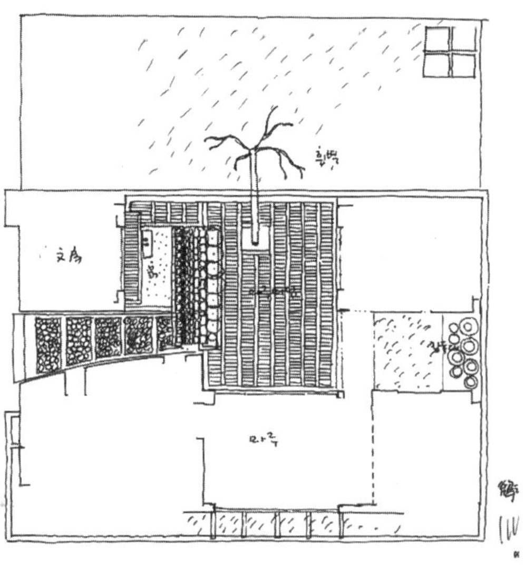

그림 18 수졸당(승효상 설계)의 초기개념 스케치와 마당부분 전경
한국전통가옥에 도입된 마당개념을 현대가옥에 대입한 훌륭한 유형학적 예로 꼽힌다.

이와 같은 유형학적 방법에 기반을 둔 디자인 기법은 ① 디자인의 이상화(design idealization)과정, ② 이상화된 개념들을 특정한 프로그램의 상황에 대응시키고, 우선적인 물리적 요구조건을 만족시키는 변형(transformation) 과정을 통하게 된다. 따라서 이러한 [이상화] [변형]의 과정은 일반적인 사항을 특별한 상황에 적용시키는 창조적 변환의 과정이라고 할 수 있다.

이상과 같이 볼 때, 유형학적 방식 속에는 은연중에 유추의 형상적, 기능적 특성이 모두 포함되어 있으며, 그 차이점이라면 유형학이 반드시 실존하는 건물을 대상으로 하는 반면, 유추는 그 대상이 자유롭다는 점을 들 수 있다.

- 수사학적 접근방법

수사학은 말의 정적 기능에 해당하는 것으로써, 사상의 비약에 의하여 수취자와의 동일한 의식상태를 꾀하는 기능을 가지며, 단순한 문장의 수식이나 미화의 차원에서 취급되는 것이 아니라고 할 수 있다. 이러한 수사기법은 사상, 개념 등의 내용을 언어로 대치하는 과정, 즉 내용의 사상을 구현시키는 과정에 해당하는 것으로써, 생성 문법이론에 의하면 심층구조가 표면구조로 되는 과정, 즉 건축기호로의 심층구조인 개념층위가 표면구조인 건축형태로 되는 과정에 사상 비약의 수단으로서 수사적 의도가 포함되는 것이라 할 수 있다.

이러한 상용기법 외에 많은 방법들을 들 수 있지만, 건축의 3차원적 형태 도출작업의 한계성 때문에 대다수의 디자이너에게 활용되고 있는 기법은 버블 다이어그램, 블록 다이어그램, 그리고 그리드(grid) 활용과 스케치에 의한 형태도출 방법이며, 영감착상법, 유추착상법 등은 형태창조를 위한 자유로운 사고의 흐름을 유도해 내는데 사용되고 있다.

### ◆ 시각디자인의 상용기법

우리의 눈은 시시각에 있어시 '단순하게 보는 능력'을 갖고 있어서 서로 다른 무수한 시자극으로 이루어진 시각환경을 유기적이고 정돈된 사실로 받아들일 수 있게 된다. 이러한 시각적 보편성(generality)을 근거로 시각적인 매체를 통한 시각이미지를 구성하는 것이 시각언어(visual language)이다.

시각언어가 필수적으로 가지는 객관적인 성격과 그 대부분을 차지하고 있는 매체가 조형임을 주목할 때, 시각언어란 역시 시각 커뮤니케이션 분야와 중심적인 관련을 맺고 있음을 알게 된다. 이러한 비주얼 커뮤니케이션(Visual communication)은 그 특성으로써 수사학의 비유법이 가장 많이 사용되며, 논리적으로 밝힐 수 없는 의미들은 인간의 무한한 상상력과 감수성에 의존하여 전달될 수밖에 없다.

논리성에 의존한 언어를 지적 언어라 한다면, 시각언어는 정적 언어라 할 수 있으며, 이러한 정적 언어에서 비유법, 그 중에서도 은유법을 가장 많이 활용하게 된다. 그 이유는 은유가 갖고 있는 특성인 정적쾌감의 유발로 정서적인 감동을 주기 때문이라 할 수 있다.

은유의 사용은 예술가가 본질에 관한 이해를, 변형된 언어유희로 명료하게 함으로써 기쁨을 느끼게 되고, 감상자는 유사성에 대한 경이로운 속성을 연상에 의하여 발견함으로써 작가의 기쁨을 눈치 채고 동감하는 것이라 할 수 있다.

결국, 은유는 모든 사람들이 일상적으로 사용하는 사물을, 언어의 정상적인 사용 안에서 드러낼 경우에 가장 매력을 가지며, 또한 그 주제나 목적에 부합해야 올바른 커뮤니케이션이 가능해지며, 이것은 예술가의 훌륭하고 뛰어난 감수성과 상상력이 얼마나 활용되느냐에 달려 있는 것이다. 이렇게 시지각 예술에서 은유법을 통한 디자인 방법론은 언어 수사학적 접근을 통한 디자인 방법론의 해석이 연구되어 새롭게 인정받고 있다.

#### (1) 수사학적 표현기법

언어적 표현학습은 세 단계를 거치며 전이된다. 재생적 표현에서 생산적 표현을 거쳐 최종적으로 창조적 표현으로 완성되는 단계성은, 캐시러(Cassirer)가 정의한 표현발달의 3단계, 즉 모방(mimetic), 유추(analogical), 상징(symbolic)의 과정과 맥락이 일치한다.

재생적 표현과 생산적 표현이 주로 조형의 감각체험을 통한 감수성에 관한 부분이라 한다면, 창조적 표현은 조형의 언어적 활용을 통한 사고능력의 확대에 관한 부분이며, 은유와 상징기법에 의하여 창조성에 접근하고 있다.

이렇게 은유 및 상징기법에 의한 창조적 표현기법은 은유기법(metaphor)의 경우, 그

그림 19 중국에서 거행되는 축구대회 선전 포스터 돌사자는 중국의 수호적인 의미를 연상시키는 상징성을 갖고 있다.

사용언어는 무엇인가를 전달하기 위한 목적의 도구로 전락하는 부정적 측면이 있으나, 은유적 형식을 통한 세계와 자아와의 동일화(identification) 현상은 목적성을 초월하게 됨으로서 창조에 이르게 된다.

한편, 상징기법을 은유법과 비교해 볼 때, 은유(metaphor)가 대부분 귀납적(inductive) 해석적인 반면, 상징(symbol)은 전적으로 연역적(deductive)이며, 자의성을 가지며, 또한 은유나 싸인(sign)이 본래 의미에 있어서 보조적(subsidiary)인 반면, 상징(symbol)은 주체적인 것이다. 그러나 개성적인 상징은, 객관성이 결여되어 있으므로 반복(redundance)으로 객관적 가치를 부여받게 된다.

### (2) 연상적 이미지 활용방법

현재의 디자이너들은 인간의 잠재의식 속으로 깊이 파고드는 신선한 아이디어에 의한 연상적 이미지의 활용을 시도하고 있다. 일상적으로 가능하지 않은 광경이나, 현실로는 일어날 수 없는 영상으로 흥미를 주거나, 현실적 소재를 가공하여 비현실 상황의 심층심리적 상징세계를 환상적 공간 속에 직접적이고 선명하게 표현함으로써, 자유분방하고도 유모스러운 친근감 있는 시각언어를 창출하고 있다. 이러한 표현방법으로 비주얼 스캔들(visual scandals), 비주얼 펀(visual pun), 초현실적 표현 등이 있다.

그림 20 자연과 전자제품 선전 포스터
시각적 충격은 전달코자 하는 내용을 독자에게 강하게 이끌고 있다.

① 비주얼 스캔들 및 비주얼 펀

항상성을 뛰어넘는 발상, 표현에 의한 비주얼 스캔들은 곧, 일반적인 상식과의 어긋나는 상황을 연출함으로써 시각을 통한 지각의 확대와 증강작용으로 정서적 감정에 커다란 자극을 주게 된다. 서로 관계가 먼 형태, 이미지를 결합하여 인간의 마음속에 무관계한 영상을 맺게 하고 서로 조응케 함으로써 인간 내면의 환상이나 깊은 욕망을 부상시키고 흔들리게 하여 새로운 충격적 의미를 생성하고, 받아들이게 하는 것이다.

이러한 표현기법은 유머, 환상성, 모순성, 연상성, 관능성 등의 시각적 효과를 통하여 사람들의 의식 내부에 강한 시각적 충격(visual impact)을 주어, 한정된 시간과 공간 속에서 함축된 메시지(message)를 효과적으로 전달하게 된다. 비주얼 스캔들은 시각적 착란으로 시각적 충격 효과를 얻으며, 비주얼 펀에서는 시각적 흥미를 유발할 수 있는 표현기법을 사용한다.

② 초현실주의(surrealisme)

제1차 세계대전 후 파리의 다다이즘 계열의 사람들이 주축이 되어 입체파, 미래파, 다다이즘 등에 이어 일어난 전위예술운동으로서, 다다이즘에는 없었던 건설적인 방향을 추구하여 프로이트의 정신분석학에서 찾아낸 일체의 기성개념에 물들지 않은 의식하의 세계에서 오는 이미지를 형상화하려고 하였다. '심층의식'의 구속받지 않는 자유로운 작용을 보장하기 위해, 초현실주의자들은 '자동기술'(무의식의 자극에 안전히 내밀긴 필기)에 의존하고, 꿈의 자료와 잠자지도 깨어 있지도 않은 정신상태, 그리고 자연적이거나 인공적으로 유발시킨 환각의 자료 등에 관심을 돌려 중요시하였다.

그림 21 만 레이의 초현실적 작품을 이용한 화장품 광고

③ 기타

에로티시즘에 근거한 성심리적 접근방법.

이와 같이 시각예술에서의 창조적 표현기법은, 은유 및 상징기법에 의하여 개념 설정 및 디자인 전개가 각 요소에까지 미치게 되며, 비주얼 스캔들(visual scandal), 비주얼 펀(visual pun), 초현실 표현 등과 에로티시즘에 근거한 강열한 표현기법을 통하여 현대 물질문명 사회의 흐름을 적응, 유도, 발전시키고 있다.

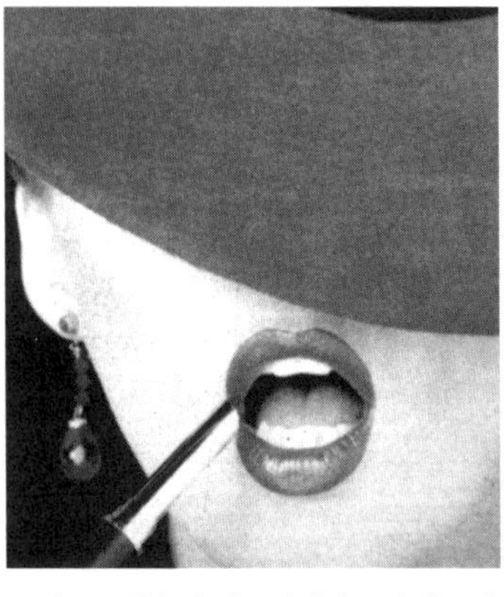

그림 22 입술과 립스틱에서 느껴지는 에로티시즘을 이용한 화장품 광고

## ◆ 실내디자인 기법 해석

### (1) 실내디자인의 성격 해석

실내공간은 건축구체에 의해 형성되는 공간감과 바닥 · 벽 · 천장의 표피 마감재, 자연광 및 조명연출 등에 의하여 1차적으로 완성되며 가구, 액세서리, 장식물과 음향, 조경, 냄새 등에 의하여 공간이 충실하게 된다. 이렇게 형성된 실내분위기는 사용자에게 편리성과 동시에 심적 반응을 일으키게 되며, 이러한 입장에서 볼 때, 실내공간의 디자인은 건축공간으로서의 기능성 및 공간감과 시지각 예술이 갖은 심리적 측면이 동시에 고려되어져야 하는 공간조형예술로써 존재하게 된다 하겠다.

즉 실내디자인은 공간구조체계 하에서 1차적으로 완성을 본 후, 2차 구성체계(소위 이야기하는 실내장식의 제 요소들)에 의하여 공간이 좀더 인간적 차원에 접근하게 된다고 할 수 있다.

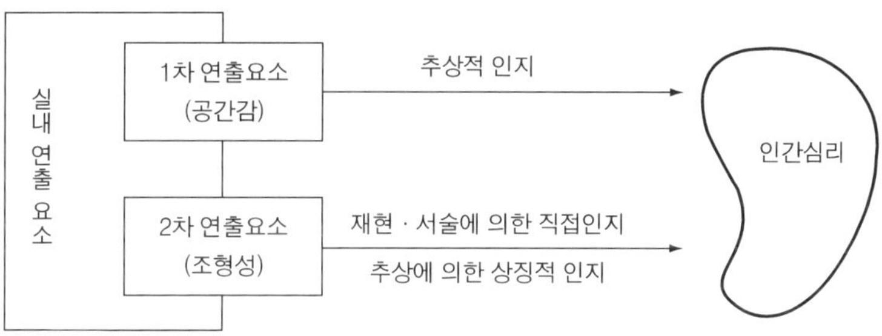


그림 23 실내분위기 인지과정

### (2) 실내디자인 기법의 특징

실내공간은 그 특징으로서 건축형태와 함께 실내를 구성하는 제요소가 갖는 재현 및 서술성에 의하여 인간중심의 공간형성에 접근하게 되므로 실내공간디자인 기법은 다음과 같이 정리할 수 있다.

① 실내디자인은 건축의 상징성 표출기법에 상용되는 유추, 유형 및 수사학적 접근기법과 건축 디테일 및 실내의장요소가 인간의 심상, 기억, 이미지 등을 환기시키는 상징적 의미체계의 형성기법, 즉 은유 및 상징기법 그리고 관상적 이미지 표출기법을 동시에 수용한다.

② 개념설정에 있어 공간의 성격에 따라 실내의 상징체계는 달라지고, 이는 공적-사적, 영리-비영리, 대중문화적-계층문화적 등에 의하여 이용자의 지각, 인지, 행태 등에 대한 충분한 검토 하에 상징체계의 합리적 적용이 가능하다.

이와 같이 실내공간 디자인은 응용, 목적 예술로써 공간의 상징성 및 내부구성요소에 의한 상징체계를 통하여 인간 중심의 공간 형성을 목표로 하는 예술분야이며, 이러한 실내공간은 건축공간에 의한 1차 연출과 디테일 및 장식요소에 의한 2차 연출이 요구되므로, 이는 건축형태 도출기법과 시각예술 디자인 기법이 동시에 요구되는 속성을 갖고 있다.

따라서 건축에 의한 1차 연출이 강하게 요구되는 공간과 공간연출이 좀더 심도있게 요구되는 주거 및 특수공간 중 일부(판매, 서비스 휴식공간, 문화 취미공간 등) 공간 등으로 대별해 볼 때 각각의 공간에 적용될 상징체계는 이용대상자의 지각, 인지, 행태의 연구기반 위에 성립하게 된다.

그림 24 쉐라톤 워커힐 호텔의 로비
'정글'의 개념 설정에 의하여 거대한 수목과 한국적 정취를 넣기 위하여 에밀레종 형상이 장식요소로 도입되었다

이러한 상징체계는 건축형태 및 공간의 애매한 상징성과 실내장식요소가 갖는 담화적인 요소에 의하여 인간중심의 공간으

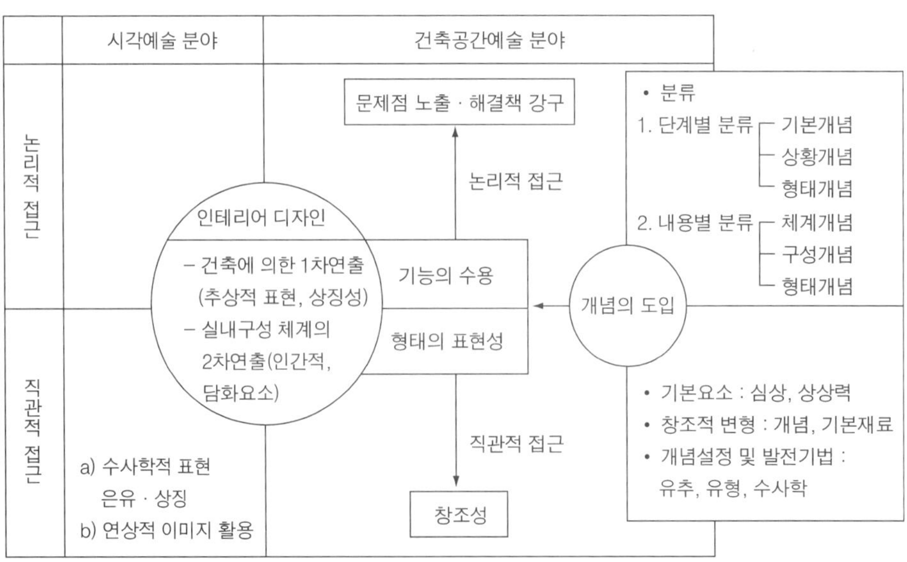


그림 25 조형예술 디자인 기법

로 이끌게 되므로, 실내공간 디자인은 건축과 시각예술의 중간적 위치에서 디자인 기법이 함께 적용되고, 때에 따라 공간성격에 의하여 건축편향적 내지는 시각예술 편향적일 수 있다.

그림 26 개념은 목표하는 실내분위기에 근접시키기 위한 재료이다. 사진 속의 판매공간에서 취급하는 제품은 갑작스런 비행접시의 출현과 연관성을 갖고 있음을 짐작할 수 있다.

그림 27 실내분위기에 대한 개념은 전체적, 부분적 작은 요소에까지 도입된다. 대입방법도 건축 · 그래픽 · ID처리기법 등 다양하다.

CHAPTER 2

# 실내디자인 계획 진행방법

1. 계획 초기단계 고려사항
2. 공간 배치단계 고려사항
3. 실내분위기 연출요소 적용단계 고려사항

# 1. 계획 초기단계 고려사항

## ◆ 계획조건의 파악

계획조건은 기본계획에 있어 파악되어야 할 선행조건으로서, 전체 계획의 전개를 위한 기본적이고 필수적인 단계이다. 크게 외부적 조건과 내부적 조건으로 대별되며, 그 세부항목은 다음과 같다.

그림 1 실내 아트리움 전경
실내계획은 건축의 제반조건 즉 입지, 건축 및 실내조건, 건물설비조건 등을 이해한 연후에 진행해야 효율적인 계획을 진행할 수 있다.

### (1) 외부적 조건

외부적 조건은 계획대상에 대한 입지적, 건축적, 설비적 조건 등이며, 기존 공간에 대한 구체적 조건으로서 계획의 범위를 한정하는 제약적 극복요소로 작용할 수 있다. 따라서 건축계획과 함께 실내계획이 진행이 가능할 경우, 건축계획과 조정·통합되어 좀 더 합리적인 진행이 가능하다.

① 입지적 조건

- 입지조건(계획대상에 대한 접근성, 주변도로 관계, 상권 등)
- 주위환경조건(지역의 규모와 배후지의 상황, 주변의 발전에 대한 예측 등)
- 기후조건(방위, 기후, 일조조건 등)

② 건축적 조건

- 건축조건(전체 건물의 용도, 규모, 층수, 구조, 마감재료 상태, 전면 파사드의 형태, 피난시설, 방화구획, 계획시 고려되어야 할 법적 규정 등)

- 실내조건(공간의 형태, 규모, 건물의 주출입구에서 해당 공간까지의 접근성, 천장고와 천장의 내부상태, 개구부의 위치와 크기, 구조체의 위치와 크기, 채광 및 방음상태 등)

③ 설비적 조건

- 위생 · 급배수 · 냉난방 설비조건(위생설비, 급배수설비, 환기 및 냉난방설비, 소방설비 등의 현황 및 위치)
- 전기설비조건(해당공간의 전기용량, LAN, 전화회선 용량, TV안테나 등의 통신설비 현황, 경보설비의 유효, 계량기의 설치여부 등과 비상전력의 공급 가능성 등)

④ 기타 조건

- 건물주와 의뢰인과의 친밀도, 임차계약 기간, 건물의 등기상 문제, 건물관리자 측의 요구사항 등.

#### (2) 내부적 조건

① 경영측면에서의 조건 : 계획의 목적, 분위기, 채산성에 의한 실의 개수와 규모, 전체 예산 등.

② 사용자 측면에서의 조건 : 공간사용 대상자의 행위, 성격, 개성에 대한 사항 등 (사용 대상자 행위의 조건조사는 사용자의 수, 행위흐름, 빈도, 시간대 등이며, 이의 분석결과는 동선 및 규모 치수계획에 직접 반영되는 매우 중요한 사항이다.)

③ 시설물 관련 조건 : 필수 설치물, 시설물 및 부속 기물 등.

### ◆ 기본 구상

기본구상은 기획, 계획조건의 분석 결과에 의해 개념, 분위기를 결정하여 대안을 만들고, 이 대안에 대한 평가과정을 거쳐 최종 결정안에 이르도록 하는 단계를 말한다. 이 기본구상을 바탕으로 계획은 점차 구체화되고 세부적으로 보다 발전 전개된다. 즉 관념적이고 추상적인 것으로부터 대안을 만들어 나가는 과정에서 평면과 공간의 기본구조를 구체화하는 것 외에 실내공간을 구성하는 제요소가 갖고 있는 분위기 연출요소 -형태, 색채, 빛, 질감, 패턴 등과 더 나아가 향기, 음악 등- 의 조합에 의하여 실내공간을 기능적, 체계적, 심미적인 것으로 구체화하게 된다. 이 때, 가장 중요한 것이 개념설정으로서 이에 의한 전체 이미지의 설정, 계획의 기본방향, 기본원칙의 설정이 진행과정을 통하여 구체화되며 최초에 설정한 계획목표에 도달 할 수 있다.

기본구상은 개략적인 스케치 또는 도면, 다이어그램, 스터디 모델링(study modeling) 등으로 시각화하여 간략한 도면작업으로 이어지는데, 이 과정에서 전체 구성, 조닝, 동선계획과 가구배치, 마감재료, 색채 등에 대한 대략적인 계획이 수립되면서 여러 대안들이 만들어진다.

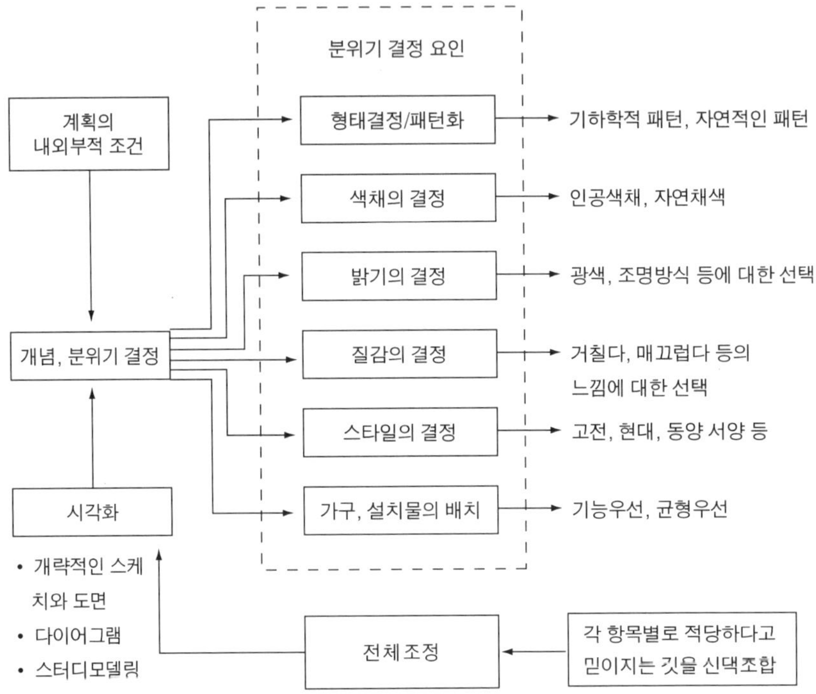


그림 2 실내분위기 결정과정

## 2. 공간배치계획 단계

평면계획에서의 기능은 각 공간 사용자의 생활패턴과 공간의 내용 · 성격에 따라 기능을 해석하여 공간적으로 전개한다. 이 전개는 계획의 진행과정에서 조닝(zoning)계획과 동선계획이 요구되며, 기능도에 의하여 기능과 동선관계를 좀더 분명히 할 수 있다.

### ◆ 조닝계획

조닝계획이란 단위공간 사용자의 특성, 사용목적 · 시간 · 빈도와 행위 간의 연결

등을 고려하여 전체공간을 몇 개의 생활권으로 구분하는 것을 말한다. 이 때, 공간의 성격에 따라 제공간은 구역을 구분하여 전체공간을 구성하며, 조닝끼리의 연결관계에 의하여 동선계획이 이루어진다.

[예]

- 판매공간의 경우 : 고객권, 상품권, 종업원권 등.
- 식음료공간의 경우 : 영업부분, 관리부분, 조리부분 등.
- 주거공간의 경우 : 공동생활구역, 개인생활구역, 가사작업구역 등.

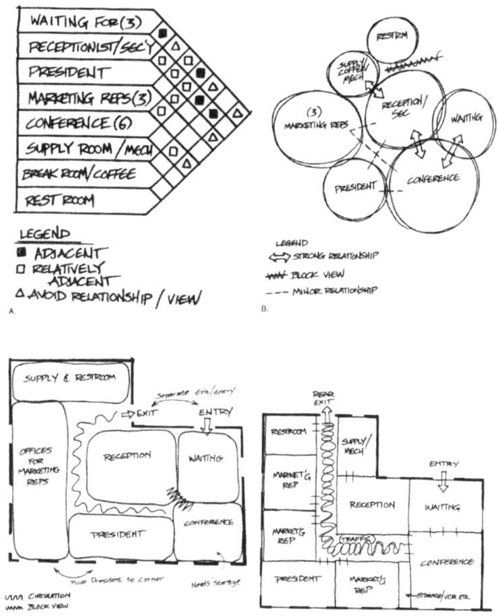


그림 3 동선 및 조닝 계획의 예

## ◆ 동선계획

동선은 사람이나 물건이 이동경로로서 일상생활의 움직임을 표시한 선이다. 이러한 동선계획은 주어진 공간 내에서 일어나는 모든 움직임을 동선의 빈도, 속도, 하중, 크기의 요소에 의해 정리, 분석하고 이를 전체 평면계획과 연계하여 진행하며, 아울러 가구 및 재료마감 계획 등의 세부계획에까지 반영되도록 해야 한다.

동선계획의 기본은 동선의 시작에서부터 목적하는 지점에 이르는 끝까지 원활히고 자연스러운 흐름이 되도록 하는 것이다. 통행량이 많고 밀도가 클 경우, 사람들이 쉽게 목적하는 공간에 갈 수 있도록 주 통로 개념을 명확히 해야 하고, 또한 방향성, 위계성과 교차지점에서 방향을 쉽게 결정할 수 있도록 처리해야 한다.

동선은 그 성격으로서 빈도, 속도, 하중, 크기의 4요소로 구분할 수 있으며, 이들 요소의 정도에 따라 통로의 장단, 폭 및 높이의 대소, 바닥의 연결성, 마감재의 종류 등이 결정된다. 동선의 빈도가 높을 경우에는 짧은 동선처리가 필요하고, 또 동선의 이동속도가 빠를 경우에는 통로에 요철, 단 차이 등을 없도록 처리하고 많은 굴곡을 자제하며, 안정성을 위하여 미끄럽지 않은 흡음성의 마감재료를 사용하는 것이 좋다. 또한 하중의 경우, 통행하는 사람의 밀도나 물건의 무게와 관계하는데, 직접적으로 바닥 마감재의 강도와 마모도 등을 고려해야 한다.

### ◆ 규모 및 치수계획

실내계획에 있어 규모 및 치수계획은 인체치수를 기본으로 하되 인간의 생리적, 심리적 측면을 고려하고, 생활과 공간의 대응이라는 측면에서 생활상의 요구를 양적으로 파악하여 계획대상에 대해 공간과 물품 사용에 적합하도록 적절한 치수체계 및 규모를 결정하는 계획의 과정이다.

#### (1) 규모계획

규모계획은 공간 속에서 행해지는 인간의 여러 행위와 동작을 충분히 수용할 수 있는 기능적인 공간크기를 취해야 하며, 이 때 공간에 놓여질 가구 집기에 필요한 공간을 동시에 고려해야 한다. 이러한 공간의 규모의 결정은 기능적이고 합리적인 디자인을 위하여 1차적으로 객관적 자료에 근거하는 것이 좋다. 즉 건축자료집이나 건축전문잡지의 실례를 조사하여 공간의 사용목적에 따라 실, 사용자, 가구 등의 수량적인 측면과 소요면적과의 관계를 파악한 후, 정하는 수량에 대해 적절하다고 생각되는 필요 소요면적을 구하고 이를 해당 공간에 적절한 규모와 치수체계를 파악하는 과정을 통하여 체크하는 것이 바람직하다.

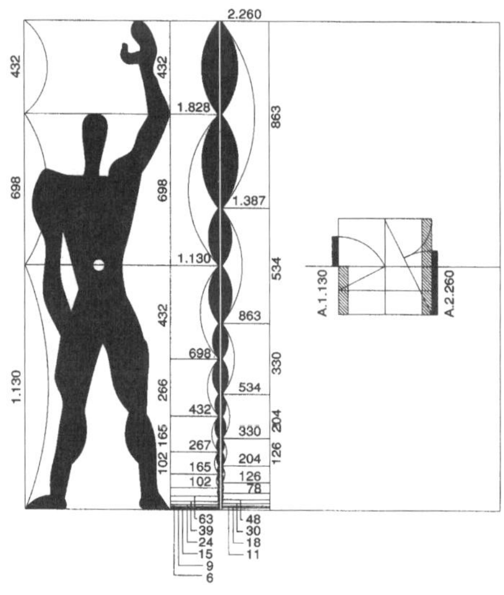


그림 4 르 코르비지에의 모듈러
인간의 치수를 근거로 하는 치수의 조직적 계열화를 보여준다.

#### (2) 치수계획

치수계획은 그 공간에서 행해지는 인간생활과 물품, 공간과의 적정한 상호관계를 만족시키는 치수체계를 구하는 과정이다. 실내공간을 한정짓는 1차적 요소, 즉 바닥, 벽, 천장, 개구부, 구조체와 설비뿐만 아니라 2차적 요소인 가구, 설치물 등 각종 실내공간 구성요소들의 적정크기를 정해야 한다. 이러한 제반 치수는 실의 넓이와 형상을 규정지을 뿐만 아니라 생활에 규제를 가하고, 행동을 유도하며, 인간의 심리적 · 정서적인 반응을 유발시키므로 기능성, 환경심리 등이 동시에 고려되어야 한다,

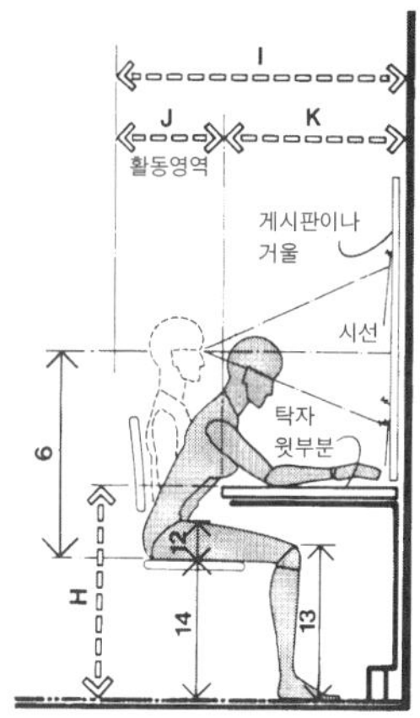


그림 5 사무집기의 적정치수치수

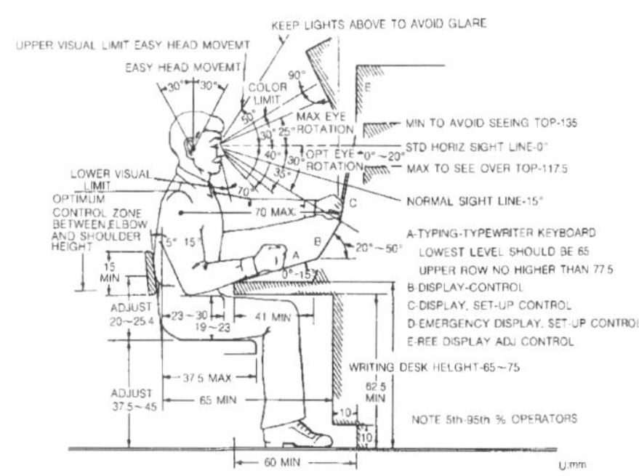


그림 6 작업공간에서 필요한 인간공학측면에서의 치수

① 적정치수의 결정

물품, 공간 또는 세부 부분에 필요한 적정치수를 결정하기 위해서는 최소치, 최대치, 목표치 등을 산출한 후 여유치수를 고려하여 적정치수를 설정하는 것이 좋다. 대체로 개구부의 높이, 폭 등과 천장고 등에는 1차적으로 최소치를 구한 후 여유치수를 더하여 적정치수를 구하는 것이 좋고, 인체동작과 직결된 계단높이, 주방의 싱크대 및 수납공간의 높이, 화장실의 세면대 높이 등에는 최대치를 구하여 적정치수를 구하는 것이 좋다.

② 동작공간과 단위공간

인간의 생활행위 중에 나타나는 몇 개의 연결된 일련의 동자의 움직임을 동작영역이라 하고, 이 때 필요한 공간크기를 동작공간이라 한다. 동작공간에는 동작영역과 행위에 필요한 도구나 가구의 크기가 합해져 구해진다. 이러한 몇 개의 연관된 동작공간이 같은 장소에 근접, 집합하여 특정목적을 가진 실내공간을 형성할 때, 이를 단위공간이라 한다.

주거공간의 경우, 단위공간으로서 가장 익히 알 수 있는 곳이 주방과 화장실로서, 이러한 단위공간에서는 복수의 동작공간이 집합, 적절히 배치되어 목적하는 생활행위가 기능적으로 이루어질 수 있도록 해야 한다.

③ 천장고

천장고는 1차적으로 건물의 층고에 의해 정해지며 실내계획에 있어 제한적

요소로 취급된다. 이러한 천장고를 좌우하는 요소는 개략 다음과 같다.

- 건축구조의 보 높이, 설비용 덕트 및 각종 배관시스템의 위치 및 크기, 실내의 장치 · 비품의 크기(예 : 벽면의 영사 스크린, 흑판 등의 설치물과 실내의 회화 조각 등의 장식물 등)
- 실내공간에서 예상되는 인체동작 치수(예 : 스포츠 시설의 경우)
- 환경심리적 측면에서 넓은 실내공간의 천장고는 공간에서의 압박감과 개방감 등을 고려하여 좁은 실내보다 대체로 천장이 높아야 한다. 실내에 대한 적절한 천장고에 대한 실험조사 결과에 의하면, 인간이 선호하는 실내넓이와 천장고 간의 적정 비율이 존재하며, 공간 사용자는 일상생활 안에서의 체험을 근거로 해서 공간을 평가하는 경향이 있다고 한다.

이러한 제반조건에 의하여 천장고를 정하게 되지만, 천장고를 최대로 높여야 할 때에는 보 및 설비의 노출을 통한 슬래브를 천장으로 하는 경우와 부분적으로 우물천장에 의하여 높이는 경우도 있다. 또한 여러 제약조건 때문에 천장고가 높거나 낮은 경우, 색채 효과, 조명과 마감재료를 통하여 다소 완화할 수 있다.(예 : 낮은 천장의 경우, 거울효과를 갖는 재료 부착은 좋은 예이며, 지나치게 높을 경우, 캐노피를 설치하여 부분적으로 낮은 천장에 의한 공간구획)

### ◆ 가구 배치계획

가구는 인간과 건축물을 연결하는 요소로서 실내에서의 행위가 원활하도록 배치되어야 하며, 이에 따라 실내의 분위기와 공간감 등이 달라질 수 있다. 즉 사용자의 기호와 행위를 고려한 가구의 형상, 크기, 밀도, 배치 등은 공간의 질을 결정한다. 따라서 이들 상호간에 적절한 관계가 유지되도록 하는 것이 가구계획에서 가장 중요하다.

가구는 실내의 사용목적에 부합되어야 하고, 특히 실내공간의 제요소들과 조화가 되어야 하며, 좁은 공간의 효율성을 위해서 여러 용도를 가진 다목적가구(multi purpose furniture)를 사용하는 것도 바람직하다.

가구배치에 있어 유의해야 할 주요사항은 다음과 같다.

① 실의 사용목적과 행위에 적합한 가구배치이어야 하며, 특히 동선과 사용빈도의 충분한 고려한 실내 배치위치를 선정해야 한다.

② 적정한 여유공간을 두어 타인과 사용자에 대해 불편이 없도록 치수계획이 필요하다.

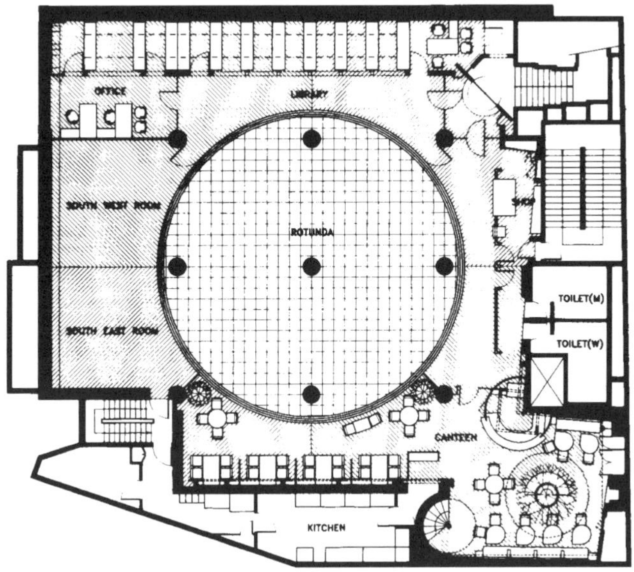


그림 7 다목적 공간(로툰다, 민영백작)의 실내 가구배치도 실례
배치도에는 건축평면도에 나타나야 하는 건축구체와 벽체 · 계단 · 창호 · 설비 관련시설 등이 표현되고, 가구, 카운터, 실내조경 등이 바닥 마감재와 함께 표현되어야 한다. 이러한 가구배치도를 통하여 기능 · 동선체계 더 나아가 영입싱을 파악하게 된다.

③ 가구배치는 실의 크기를 우선 고려하고, 가구의 크기 및 형상은 전체공간의 스케일과 시각적, 심리적 균형을 이루도록 한다.

④ 하나의 실내에 여러 가구의 그룹이 있을 경우 바닥 마감재료의 패턴, 질감, 색 등을 이용하여 각 그룹을 구분시켜 통일감과 변화있는 실내 분위기를 연출하는 것도 좋은 방법의 하나이다.

표1 가구계획의 체크리스트

| 항 목 | 내 용 |
|---|---|
| 가구 배치 | 죠닝계획, 그루핑, 동선계획, 실의 사용목적과 행위, 시선계획, 실의 형태와 크기, 개구부의 크기, 방향, 위치 |
| 가구의 적절한 선정 | 가구의 크기, 형태, 색, 재질, 스타일, 예산, 유지관리의 고려 |
| 가구와 실내 디자인의 조화 | 크기, 형태, 색, 재질감, 스타일, 마감재료, 실내분위기,공간감 |
| 사용자와 가구 | 사용자의 기호, 생활양식, 기존 가구와의 조화 |
| 가구의 유지관리 | 변색, 더러움, 수선, 세탁 |

## 3. 실내분위기 연출요소 적용단계

실내분위기는 인간심리와 불가분의 관계를 지닌다. 실내공간 분위기 연출요소의 심리적 효과를 종합하여 인간의 조건 및 공간성격에 따라 적용해야 할 제반 연출요소를 형태, 색채, 질감, 조명 및 기타 요소로 구분하여 적용할 수 있는 대체적 방법을 제시하면 다음과 같다.

### ◆ 형태

그림 8 실내공간은 1차적으로 바닥, 벽, 천장의 형태에 의하여 공간구조가 결정된다. 따라서 가장 중요한 요소라 할 수 있다.

실내공간은 1차적으로 바닥, 벽, 천장에 의하여 형성되고, 제반 장식요소에 의하여 보완, 강조 축소된다. 실내공간의 형태는 점 선 면 요소의 집합체이며, 제요소의 성격에 의하여 수직 수평 경사 혹은 직곡에 의하여 구분될 수 있다.

형태측면에서 실내공간구조의 골격을 이루는 벽 및 천장면의 형태를 평면, 곡면, 자유곡면의 도입 정도와 형태의 복잡성을 기준할 때, 실내분위기와의 상관관계는 다음과 같다.

① 체류시간이 길고, 사용빈도가 높은 휴식 위주의 공간일수록 직방체 공간구조와 수평요소에 의한 단순한 형태가 적합하고, 점차 체류시간이 짧고 사용빈도가 낮은 공간일수록 점차 곡면 예각요소의 증가로 공간형성이 복잡성을 띠어야 한다.

역사적으로 볼 때, 로코코 양식의 각면을 지양한 부드러운 형태는 편안한 분위기를 형성시켰고, 신고전주의 전기양식의 수평선형에 의하여 구축된 공간 구조의 기하학적 형태는 맑은 정신(sober)으로 표현될 수 있는 이지적인 안락함을 형성하였다. 또한, 실내공간에 대한 사례연구에 의하면 침실 카페 · 바, 레스토랑 디스코 나이트클럽 순으로 직방체 형태에서 곡면요소가 증가하고 형태의 복잡성이 증가한다.

② 인간조건에 의하여 남성이 여성보다 곡형을 선호하고, 연령이 많을수록 단순형태를 선호한다.

③ 실내조경 및 가구 집기는 실내공간형태의 변화를 위한 보조수단이 된다.

### ◆ 색채 연출

색채조화에서 거론되고 있는 색의 대비는 명도, 색상, 한난, 채도, 보색, 면적대비 등으로 구분되며, 주 적용색의 종류에 의하여 단색, 이색, 삼색, 다색조화로 나뉜다.

보통 인간이 공통으로 느끼는 조화범위가 있다는 것은 정설이지만, 정량적 조화론은 아직 이론이 분분하며, 또한 대상물의 형태, 배색면적, 재질감, 조도와 광원 등 요인의 영향에 의하여 조화의 보편적 법칙이나 계산식이 성립하기는 어렵다. 또한 색의 감정효과인 온도감, 원근감, 경중감, 경연감, 유목성 및 색의 연상작용에 의하여 색채는 실내분위기 연출의 중요한 디자인 인자가 된다.

그림 9 색채는 실내분위기 연출의 중요한 디자인 인자로서, 공간의 성격과 이용층의 성별, 연령별 등으로 선호 분위기가 다르므로 신중한 색채연출이 요구된다.

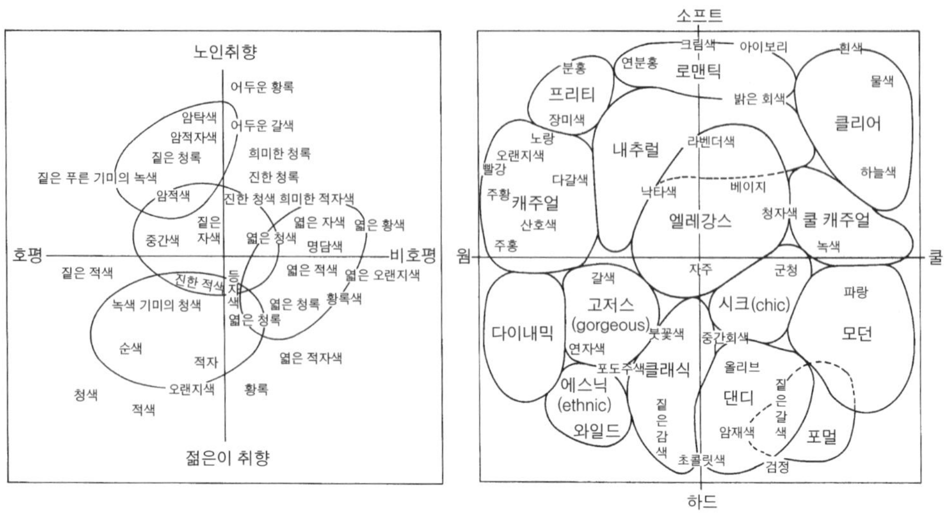


그림 10 색의 이미지 맵(image map) 및 심리효과

기존의 색채에 관련된 선행 연구결과의 중요부분을 정리하면 다음과 같다.

① 온도감, 원근감, 경중감에 대한 감정효과는 경중감이 가장 확실하고 온도감, 원근감의 순서로 약화된다.

② 배색에 의한 선호 경향

인간은 자연미를 형성하는 제반요소의 조화에서 가장 아름다움을 느낀다.

- 동일 또는 유사색상으로 명도 채도대비에 의한 조화를 선호한다. 이는 색상유사를 통하여 '우아' 및 '온화'의 이미지를 얻고자 하는 성향임을 알 수 있다.
- 성별 및 연령에 의한 색채연출 선호경향

• 남성이 여성보다 강한 대비를 선호하며 연령과 함께 점차 약해진다. 또한 남성이 자연색을 선호하는 반면, 여성은 인위적 색채를 선호한다.

• 청소년 및 성인은 아동보다 한색계를 선호하며, 기호색의 채도 및 배색에서 아동보다 낮은 채도 및 온화한 배색을 선호한다.

③ 색채조화의 정성적 원리

질서의 원리 / 친근성의 원리 / 공통성의 원리 / 명확성의 원리 / 자연의 조화원리

④ 실내 구성재의 색채를 주조색, 보조색, 악센트 색으로 구분할 때, 실내조경 및 실내장식품 특히 아트워크(art-works)가 지니는 색채는 악센트 색으로 역할하며, 또한 색채연출에 융통성을 부여한다.

⑤ 공간성격에 따른 색채연출 선호경향

전체적으로 자연색 계열, 파스텔 조를 선호하며, 침실 〈 레스토랑, 카페 〈 디스

코 나이트클럽 방향으로 인위적, 자극적 성향과 함께 강한 색조를 원한다.

상기 자료에 의하여 종합하면 다음과 같이 귀결된다.

① 색채의 선정은 온도감, 경중감에 의하여 구분 선정함이 가장 효과적이다.

② 공간성격에 따른 색채연출.

- '우아' 및 '온화함'이 요구되는 실내의 경우, 자연계 한색계를 중심으로 동일 또는 유사색상을 통한 명도 채도대비로써 형성시키고, 악센트 색을 선정할 경우에는 자연의 조화원리에 의하여 꽃, 과일 색에서 추출하는 것이 좋고 융통성을 고려하여 아트워크 선정을 고려함이 좋다.
- 뚜렷한 이미지를 요구하지 않는 경우, 공통성의 원리에 의하여 회색을 주조색으로 보조색 악센트 색을 선정함이 무난하다.

그림 11 그래픽요소의 강한 색채연출이 도입된 고급 레스트랑

- 어두운 분위기의 실내는 색의 경중감에서 다소 무거운 색채의 온화한 배색 중심으로 형성시키고, 부분적으로 강한 대비의 색채연출을 가미하여 인위적 · 자극적 효과를 연출한다.

③ 성별 연령에 따른 색채 연출

표 2 색채계획의 체크리스트

| 항 목 | 내 용 |
|---|---|
| 색채블록 | 조닝(zoinning), 그루핑(grouping) |
| 색과 색면적 배분 | 부위의 중요성, 형태, 면적, 명암 |
| 색과 기타 요소의 관계 | 광택, 텍스츄어, 패턴, 실내디자인의 스타일 |
| 실내배색의 조화 | 질서, 친밀감, 주조색과 악센트색, 균형, 변화와 통일 |
| 색채효과의 적절성 | 면적효과, 색의 대비 (색상, 명도, 채도, 보색대비)<br>색의 감정효과 (온도, 거리, 크기, 무게감, 시인성, 연상) |
| 조명과 색의 관계 | 광원의 종류, 연색성, 눈부심, 주간 실의 밝기, 실의 방위 |
| 색의 유지관리 | 변색, 더러움, 마감재료와 고려 |
| 사용자와 색 | 사용자의 기호, 생활양식, 사용자의 유형 |
| 외부의 색채 | 실내외부의 구별, 자연환경과의 조화, 주변환경과의 관계 |

남성 위주의 공간일 경우에는 자연색 중심으로 하고 대비를 강화시키며, 중년층 이상의 경우 약화시킨다. 여성 위주의 공간일 경우에는 인위색의 파스텔조로 구성하고 온화한 대비수법을 쓴다.

### ◆ 마감재의 질감

실내공간을 최종적으로 마감하는 재료는 공간의 사용목적 및 사용자의 유형에 따라 재료의 물리적 특성 및 심미적, 장식적 역할을 고려해야 한다. 대체로 재료는 크게 자연재, 가공재료, 인공재료로 구분할 수 있다.

그림 12 질감은 표면에서 느끼는 감촉으로서, 거칠음과 매끈함, 따뜻함과 차가움, 광택의 유무, 투명도의 고저 등에 의하여 다른 심리효과를 가진다.

실내를 구성하는 바닥, 벽, 천장, 가구, 조명 등 모든 요소들의 재료 종류는 다양하며, 그 마감재료는 각기 고유한 색채, 재질감, 물리적, 화학적 특성을 갖고 있다. 이 중에서 재질감, 즉 텍스처(texture)는 표면에서 느끼는 감촉으로 거칠음과 매끈함, 따뜻함과 차가움, 광택의 유무, 투명도의 고저 등에 의하여 다른 심리효과를 가진다.

일반적으로 꺼칠하고 따뜻한 것은 친근성, 소박성, 편안한 느낌을 주나, 매끈하고 차가운 것은 지성적이고 엄숙한 느낌을 준다. 또한 표면의 광택은 화려하고 밝은 느낌이 나지만 광택이 없으면 차분하고 안정감을 준다. 투명도가 높은 재료는 밝고 경쾌하나 투명도가 낮으면 가라앉는 중후함을 준다. 대체적인 성향은 다음과 같다.

① 부드러운 질감에서 매끄럽고 반짝거릴수록 실내분위기가 점차 감성화하며, 일반 사람들의 인식상태도 같은 성향을 보인다. 따라서 온화한 분위기에서 점차 자극성이 요구될 때 이러한 점이 적용기준이 된다.

② 거울은 공간의 성격에 따라 청결감, 공간 확장, 분위기 연출의 증폭효과를 갖

고 있으나, 대체로 자극적인 분위기일수록 거울의 실내 적용이 증가한다.

표 3 실내재료계획의 체크리스트

| 항 목 | 내 용 |
|---|---|
| 재료의 물리적 특성(내열성, 내수성, 단열성, 흡음성, 흡수성, 강도 등) | 공간의 용도와 성격, 동선의 양, 하중, 빈도, 소방법과 건축법규 |
| 재료의 유지관리 | 변색, 더러움, 수리, 청소 |
| 재료의 색, 질감, 광택, 패턴 | 광원의 종류와 조도, 공간의 크기와 형태,채광상태 |
| 재료의 경제성 | 규격, 가격, 시공성, 운반 |
| 사용자와 실내재료 | 사용자의 기호, 생활양식, 신의 탈착유무 |
| 재료의 조화 | 질서감, 대비, 통일, 변화 |
| 외부재료 | 실내외부의 연속감, 자연환경과의 조화, 주변환경과의 관계 |

## ◆ 실내장식요소

일반적으로 실내장식요소는 고정적인 건축 제요소에 형용사적 의미로 보완하는 것으로써, 가구, 악세사리, 실내조경 등 대다수가 이동 가능하여 융통성을 갖고 있음이 특징이다. 이러한 실내장식요소의 의장성은 건축사조 측면에서 볼 때, 건축의 표현경향을 따라 그 궤적을 같이하고 있다. 실내분위기와 장식요소의 상관관계를 정리하면 다음과 같다.

그림 13 실내장식요소는 공간에 형용사적으로 작용하여, 표정을 풍부하게 한다.

그림 14 가구는 기능성 외에 조형적 의미를 갖고 실내를 보완한다.

### (1) 가구

가구는 건축공간과 함께 오랜 역사를 가지고 있으며 각 시대에 따라 그 시대의 생활, 사회, 경제, 기술 그리고 건축공간과 대응하여 다양한 양식을 형성하였다. 따라서 가구는 그 양식에 따라 기능, 유형, 형태, 재료, 구조 등을 달리하며 변화해 왔다. 특히 19세기 근대건축 사조는 과거의 과다한 장식성에서 벗어나 기계미학의 도입으로 형태의 단순성과 기능성을 추구하여 건축 및 실내디자인에 토털디자인 개념으로 전개되었으며, 이는 실내분위기 연출 제요소의 표현형식과 가구의 형태, 색채, 재질의 조화 등이 중요함을 알려준다.

### (2) 액세서리

액세서리는 실내공간을 완성시키는 모든 종류의 비교적 작고 움직이기 쉬운 '오브제'(objet)를 지칭하며, 실내에 활력과 즐거움을 주어 분위기와 성격형성에 불가결한 장식성과 실용성이 구비되어야 한다. 다양한 액세서리의 종류 및 선별 고려사항은 다음과 같다.

① 분류 및 구성

- 실용적 장식품 : 꽃꽂이 용구 · 담배세트 · 가전제품류 · 조명기구류 · 스크린 등
- 장식적 장식품 : 회화류 · 조각 · 시각인쇄물 · 골동 공예품 · 벽걸이 · 자수류 · 화초류 등
- 기념적 장식품 : 트로피 · 상패 · 탁본 · 박제류 등

② 선별 고려사항

미술품이나 장식용품은 대상공간의 성격에 따라 선별기준이 달라져, 사적공간의 경우 주관적 당위성에 근거한 반면, 공적공간의 경우 대중성에 대한 배려가 필요하다. 또한 선정 및 배치에서 고도의 심미성이 필요하나, 대체적인 선별 고려사항은 다음과 같다.

- 서양화 및 판화

  전체적인 주조색, 프레임, 매트의 재질, 색상, 넓이 등이 작품에 끼치는 영향이 크므로 미리 고려해야 한다.

- 조각

  입체적 발상에 근거한 공간의 연결 또는 중심적 요소로 간주하여 재질, 형태, 크기를 결정한다.

- 염색작품

컬러플한 염료의 발달은 인간의 원초적인 감각에 호소되어 실내분위기를 살리는데 효과적이다. 그리고 섬유가 가진 부드럽고 온화한 감각인 텍스처를 충분히 살려 아름다운 색채조형을 만들 수 있으므로, 차고 날카롭고 딱딱한 분위기를 적절히 무마시킬 수 있다.

그림 15 아트워크는 선정 및 배치에서 고도의 심미성을 요한다. 분위기에 맞도록 전문가의 조언이 요구되기도 한다.

• 한국화

한국화는 동양적인 관념과 미의식에서 발생된 신비주의가 내포되어 있으며, 관념산수화나 문인화 사군자 이외에도 현대적인 감각과 다양한 기법 및 재료를 사용한 작품이 있다. 남종화는 부드럽고 엷은 수묵담채로 채색된 반면에, 북종화는 강한 선과 채색이 구사되어 힘차고 기개가 있으므로 공간성격에 맞추어 선별하는 것이 좋다.

그림 16 잘 정리되어 있는 한실 분위기
卍자창, 고가구와 병풍 등으로 한국적 정취와 선비적 기품을 자아내고 있다.

실내공간에서의 한국화는 부드럽고 온화한 분위기를 제공하는 데에 적합하며, 주제보다는 부재에 사용하는 것이 좋고, 주위가 너무 심플할 경우에는 사실화나 극사실 표현의 산수화를 걸어 분위기를 집약할 필요가 있다.

• 민화 및 민속품

민화 민속품 등은 옛 조상들의 생활감각과 소박한 정서가 깃들어 주거공간에서 중요한 비중으로 전해 내려온 것들이다. 특히 민화는 당채나 진채로

채색된 컬러풀한 색채 및 도안식, 추상적인 표현 등이 현대감각에 잘 어우러져 고상한 분위기를 제공한다.

- 한국의 고가구

한국의 선비적 기품은 가구에서 간결한 선과 명확한 면으로 형성된 외양과 자연목의 목리 및 검소하고 담백한 장식처리에 잘 나타나 있다. 이러한 한국 고가구는 우리 선조의 뛰어난 비례감각으로 제작되어 어느 장소에 놓아도 잘 어울리며 차분하고 고상한 분위기 연출에 효과적이다.

사랑방 가구인 책장 · 탁자 · 머릿장은 쾌적한 비례감각이 뛰어나 서구식의 단순하며 안정적인 분위기에 제격이며, 크고 굵은 기둥을 갖고 있는 삼층장 · 이층찬장을 넓은 공간에 배치하여 묵직하면서도 부드러운 나무질감으로 서구의 직선적이고 강한 느낌을 완화시키고 한국적 정취와 친근감을 얻을 수 있다.

이상의 일반적 내용을 선호경향과 종합하면 다음과 같다.

① 실내장식 요소의 개념

실내장식 요소는 실내공간에 형용사적으로 작용하며, 이 때 토털디자인 개념하에 통일성이 가장 중요하고 선정 및 배치에 고도의 심미성이 필요하다.

② 공간성격과 실내장식 요소의 관계

미술품이나 장식품은 사적공간인 경우 개인취향에 의하여 선정 배치되나, 공적공간의 경우 보편 타당성에 의한 대중성이 중시된다. 표현성의 경우, 사실적 묘사보다 추상 비구상이거나, 정물 · 풍경 계열의 자연미 묘사 위주로 선정함이 연상심리의 부작용을 덜 수 있다.

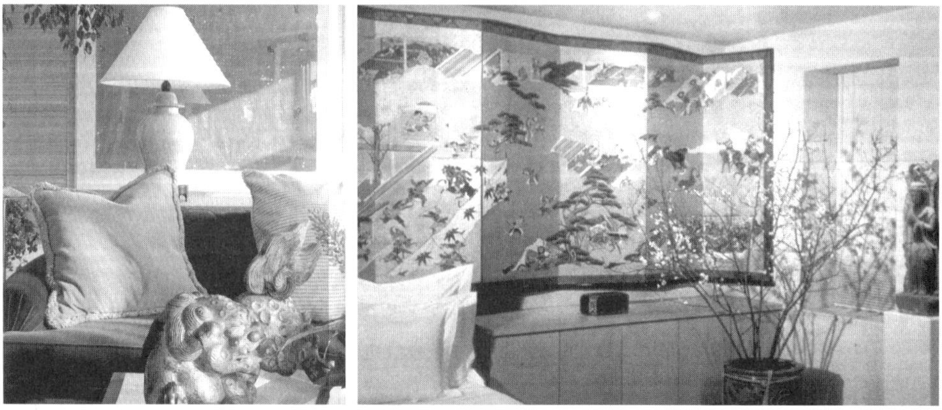

그림 17 적절한 장식요소의 도입은 단조롭기 쉬운 공간에 다양한 분위기를 만들 수 있는 가장 간편한 방법 중의 하나이다.

③ 성별, 연령에 의한 적용

공간의 주 사용자의 성별, 연령 등의 성격에 의하여 실내장식 요소의 구상·비구상 추상 등의 계열이 구분되는 것이 합리적이다. 대체적으로 여성이 남성보다 비구상 추상을 선호하며 연령이 많아지면서 구상을 점차 선호한다.

### ◆ 조명연출

그림 18 공간은 빛에 의하여 구체화된다. 빛의 양과 질 그리고 연출방법에 따른 분위기효과를 심히 고려해야 한다.

조명연출은 공간에 빛을 매개수단으로 양적 질적 요구에 충족되도록 조명의 질색 조도의 적절한 균형이 요구되며, 조명기구 배치 시공간의 크기, 시각적 질서, 적당한 방향성을 대조시키며 빛 밝기의 대조로 다양한 정보를 암시해야 한다. 실내 휴식공간에 적용될 수 있는 조명등의 종류를 광원 및 형태에 의하여 구분하면 개략 다음과 같다.

- 백열등 계열 : 일반 백열등(표준형, R형, PAR형, ER형, DIGIT 등), 할로겐 등
- 형광등 계열 : 주광색, 백색, 온백색의 일반형광등, PL램프
- 네 온 : 적 청 황색 등 다양한 색광 가능
- 기 타 : 광섬유, 레이저 등

이렇게 다양한 조명등은 광원 종류에 따라 분광분포와 연색성이 각각 달라 심리효과에 미치는 영향이 크다. 또한 광원 자체에 의한 빛의 성질 외에 조명방식 및 등

기구 형태에 의한 빛의 배광 및 방향의 변화는 실내공간에 시각적 질서를 형성시키고, 실내분위기 형성에 결정적 작용을 한다.

| | 국제분류 | 직접조명형 | 반직접조명형 | 전반조명형 | 반간접조명형 | 간접조명형 | |
|---|---|---|---|---|---|---|---|
| 배광 | 위에서의 빛<br>아래에서의 빛 | 0<br>100 | 10<br>90 | 40<br>60 | 60<br>40 | 90<br>10 | 100<br>0 |
| | 배광곡선 | 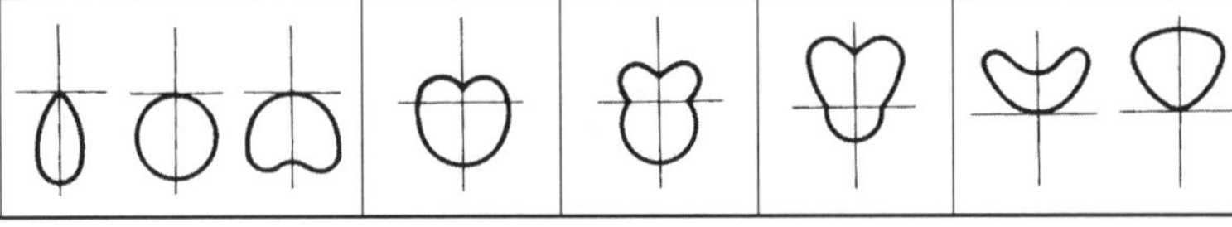 | | | | | |

그림 19 조명방식과 배광곡선의 관계

보통 조명방식은 조명역할, 빛의 효과를 이용한 연출기법, 설치방법에 의하여 구분되며 최종 연출효과 및 융통성에 대응하고 있다.

### (1) 조명방식의 구분

① 조명역할에 의한 구분

기본조명, 국부조명(국부작업 조명, 악센트 조명), 장식조명

② 연출기법에 의한 구분

* 강조기법(high lighting)
* 빔 플레이(beam play)기법
* 실루엣(silhouette)기법
* 건축화조명기법
* 글레이징(glazing)기법
* 스파클(sparkle)기법
* 월 워싱(wall washing)기법
* 그림자 연출(shadow play)기법
* 후광조명(back lighting)기법
* 다운라이트(down lighting)기법
* 상향광(up lighting)기법
* 조명예술품(light as art)

③ 설치방법에 의한 구분

* 기구에 의한 조명 : 매입형 · 직부형 · 벽부형 · 펜던트 · 이동조명기구
* 건축화 조명 : 광천장 · 광창 · 코브조명 · 벽면조명 · 캐노피조명

### (2) 조명의 심리적 효과

조명은 심리적 영향을 미칠 뿐만 아니라 직접, 간접으로 인간의 행동에 영향을 미친다. 조명의 강도를 증가하되 집광시키면, 가까이에 있는 사람의 시선을 모아 친밀감을 더해주고 대화의 교류가 활발해지며 음영으로 영역의 경계를 만들어 낸다. 또한 조도의 변화에 따라 신체가 자극을 받아 심리적인 효과를 갖는다. 일반적으로

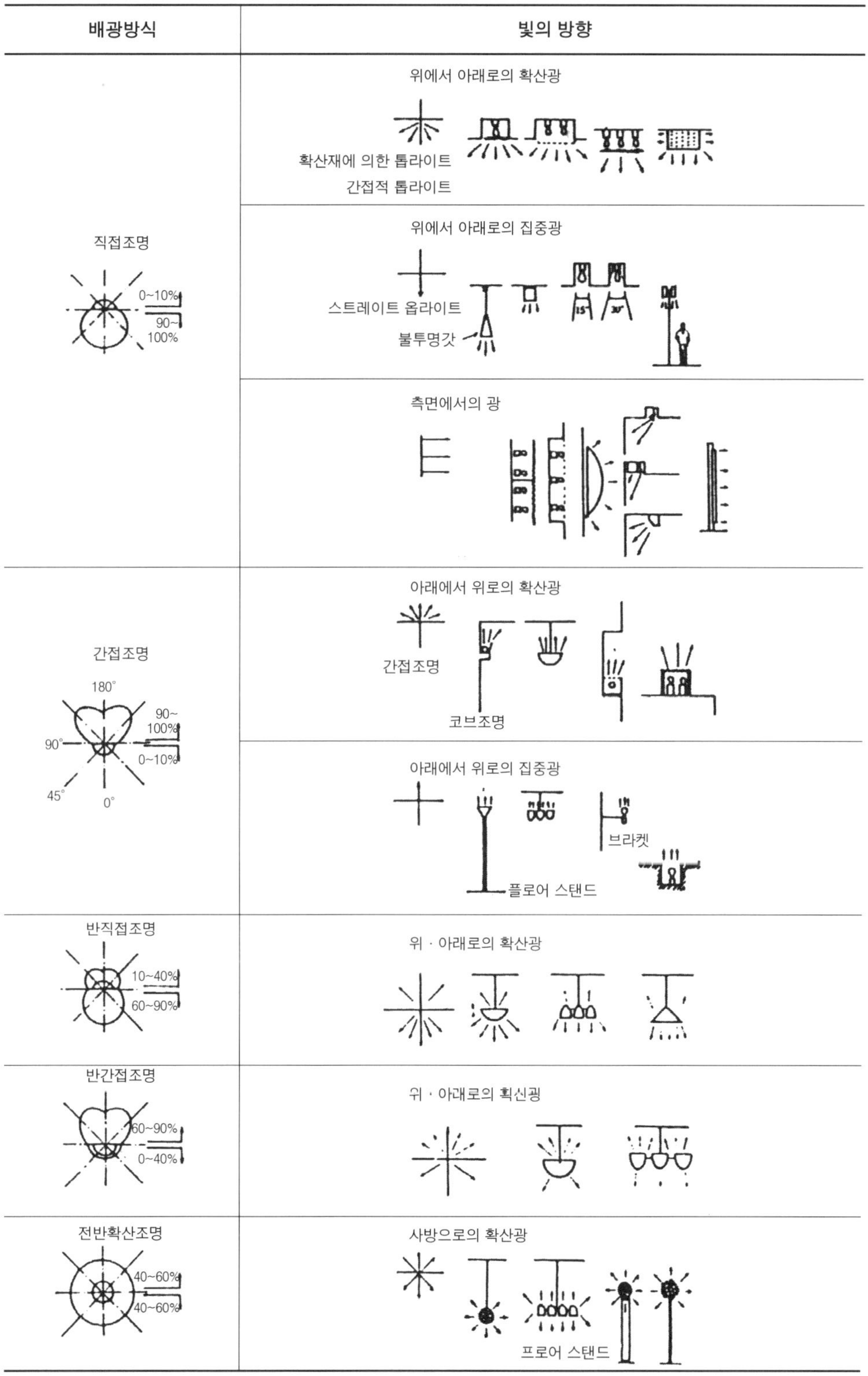


그림 20 배광 및 빛의 방향에 의한 조명연출

알려진 조명의 심리적 효과는 다음과 같다.

① 밝은 빛은 활기를 주므로, 힘든 일이나 활동적인 놀이를 할 때 높은 조도의 조명으로 이러한 분위기를 조장한다.

② 차분한 빛은 편안한 느낌을 주지만 지나치면 권태감을 준다.

③ 지나치게 번쩍이는 빛은 시각적 피로감을 가져오고 심리적으로 불안한 느낌을 준다.

④ 밝고 집중적인 빛은 힘찬 느낌을 주나 지나치면 불안한 느낌을 준다.

⑤ 어른거리는 빛은 사람들의 주의를 끈다.

⑥ 강하게 대조되는 빛은 활기차고 명랑하며 환영하는 듯한 느낌을 준다.

⑦ 한색계통의 빛은 서늘하고 편안한 느낌을 준다.

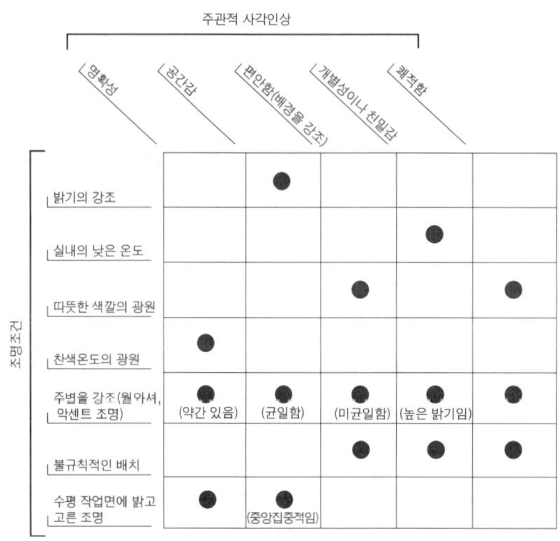


그림 21 '조명디자인에서 오는 주관적인 시각 인상' / J.E.Flynn

대체로 휴식 위주의 실내공간(예 : 레스토랑, 카페 바, 침실)의 경우, 편안함, 친밀감, 쾌적감이 요구되므로 따뜻한 광원, 조명방식에서 주변의 강조방식과 불규칙적 배치가 요구되며, 조도면에서는 분위기에 따라 융통성이 필요하다. 또한 일부 자극적 분위기(예 : 디스코 나이트클럽)의 경우, 비현실적 분위기의 연출은 다양한 광원 선정 및 국부조명과 함께 번쩍거리는 빛, 강하고 집중적으로 대조된 빛의 극적연출이 요구된다.

표 4 조명계획의 체크리스크

| 항 목 | 내 용 |
|---|---|
| 조명 블록 | 조닝(zoning), 그루 핑(grouping), 가구배치, 동선 |
| 적절한 조도와 조명배분 | 부위의 중요성, 조명, 배광방식, 조명의 연출기법, 그림자, 실내의 악세사리 |
| 조명과 실내요소와의 관계 | 마감재료의 재질감, 실내 색채, 공간감, 개구부의 위치 |
| 실내 디자인과의 관계 | 디자인의 원리적 조화(균형, 통일, 질서), 악센트 요소, 친밀감 |
| 조명기구의 적절한 선정 | 광원의 종류, 배광방식, 연색성, 눈부심, 입체감, 조명기구의 스타일, 시공방법, 조명기구의 의장 |
| 조명의 유지관리와 경제성 | 광원의 교환, 청소, 변색, 등기구 교체, 시설비 |
| 사용자와 조명 | 사용자의 기호, 생활방식 |

## [참고사항 : 실내 빛 연출]

자연채광은 거주자의 시각적 피로를 덜어주고, 긍정적인 태도를 갖게 할 뿐만 아니라 인공조명 에너지를 절약할 수 있는 효과적인 방안으로서, 실내설계 시 자연채광과 인공조명간의 적절한 균형이 요구된다.

그림 22 I.M.Pei의 국립미술관 동관 아트리움 홀 주야풍경. 주간의 자연광과 야간의 조명연출에 의한 실내 및 작품의 모습이 사뭇 다르게 보임을 알 수 있다.

### 1. 자연광 실내도입 계획

— 형태에 따른 실내조도 분포 상태변화

좋은 빛환경은 빛의 양과 질이 동시에 중요하며, 조도와 조도분포, 현휘, 대비, 연색성, 확산성 등이 자연채광과 인공조명에 관한 계획조건으로 요구된다. 이 중에서 조도문제와 빛의 실내분포 문제는 전혀 다른 조건으로서 전자가 생리적 조건임에 반하여, 후자는 건축적 조건이다. 광선반, 반사형 루버, 조명분배를 위한 천창 등은 자연채광을 이용하기 위한 빛의 실내분포를 위한 건축적 기법들이다.

(1) 실의 형태와 창의 관계

명시조건을 위하여 균질조도를 얻어서 시야 내의 심한 조도차를 없애는 것이 중요함.
→ L / H < 2.5 이하가 되도록 한다.

(2) 자연채광 도입방법

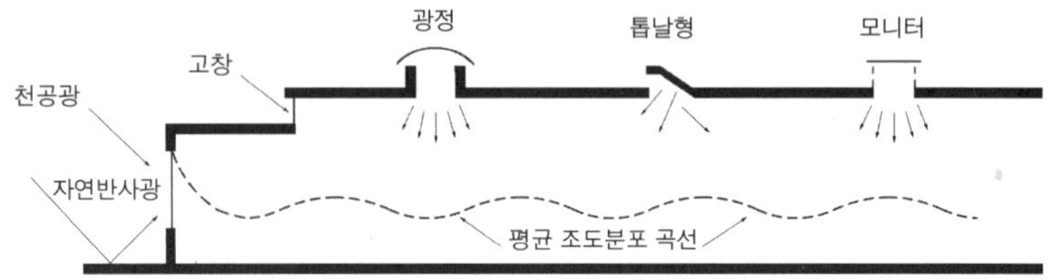


그림 23 자연광 도입방법과 실내조도의 변화

— 자연채광 도입방법의 비교

① 측창 채광 (side lighting, lateral lighting) : 입체감, 개방감에서 우월하나 실내 조도분포가 불량하기 쉽다.

② 천창(top lighting, sky lighting), 광정(light well) : 실내 조도분포에서 유리하나 개방감에서 불리하다.

③ 정측광(top side light), 톱날형 지붕채광(saw-tooth roof), 모니터 채광(monitor-roof) : 실내 조도분포에서 유리하나 개방감에서 불리하고, 직사광에 의한 눈부심과 휘도분포의 불균형에 유의해야 한다.

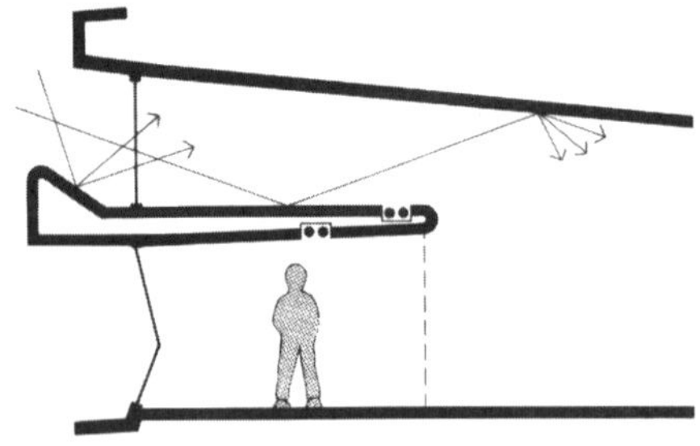

그림 24 광선반은 자연광의 실내유입을 확대시키는 효과를 갖고 있다.

— 자연광 실내도입에 의한 디자인 방법

자연광의 효율적 실내도입은 명시조건은 물론 실내환경과 조화되도록 해야 한다. 또한 에너지 절약 차원에서 적극 실내계획에 반영되어야 한다. 자연채광을 위한 기본방향과 계획방법은 다음과 같다.

① 자연광 이용의 기본방향

- 가능한 한 실내 깊숙이 풍부한 자연광 도입.
- 시야내의 지나친 눈부심이 생기지 않도록 한다.
- 주요작업 면에 광막반사(veiling reflection)를 최소화해야 한다.

② 자연광 실내도입 디자인방법

- 주요 작업면에 직사광이나 천광의 직접도입을 피한다.
- 주요 작업공간이 아닌 곳에 직사광의 부분적 도입으로 실내분위기에 생기 부여.
- 실내공간 주변에서의 반사된 산란광의 실내 도입.
- 고창을 통한 자연광의 도입.
- 자연광 산란장치의 설치.
- 채광계획은 다른 환경요소들- 즉 조망, 자연환기, 음향, 바람의 영향 등-을 종합하여 계획.

그림 25 캐나다 Safdie 국립미술관의 천장부분의 단면모델

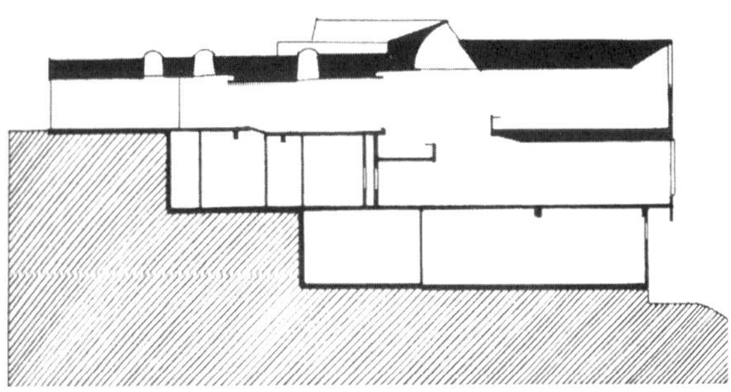

그림 26 A. Aalto의 Mount Angel 노서관 단면노. 자연채광을 위한 천창 및 측창과 상하 개방공간을 보여준다.

## 2. 인공조명 계획

— 조명설비의 요건

① 명시조건에 만족

② 각 공간의 환경과 조화(연색성, 음영)

③ 사용상의 편리함

④ 안전성

⑤경제성

— 조명에 사용되는 용어의 정의 및 해석

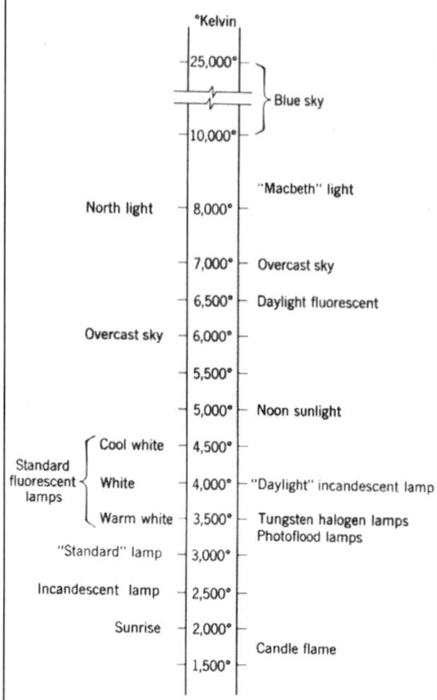


그림 27 각종 광원의 색온도표

① 휘도(BRIGHTNESS) 휘도=광도/광원의 겉면적 = I/A(sb) (예=알 전구에 Globe를 씌우면 휘도가 낮아짐)

② 색온도 °K : 흑체의 어느 온도에서의 광색과 광원이 가지는 광색이 동일할 때 그 흑체의 절대온도를 색온도라 한다.

③ 연색성 : 빛의 분광특성이 색의 보임에 미치는 효과로서, 태양광선 밑에서 본 것과 비교하여 멀어질수록 연색성이 저조해진다. 형광등 불빛의 차가운 느낌이나, 촛불의 따스한 느낌은 모두 연색성과 관련되어 있어서, 푸줏간에 진열된 고기나 웨딩드레스 진열장의 인공조명의 연색성은 우리가 익히 알고 있다. 이와 같이 연색성은 인간의 느낌과 직결되어 욕실, 백화점 등과 전시공간의 조명계획 시 특히 신중한 선택이 필요하다.

④ 현휘 : 넓은 의미에서 현휘란 눈의 순응상태가 나빠 대상을 보는데 방해가 되는 현상을 총칭하며, 많은 빛이 눈에 들어오기 때문에 발생한다. 그 종류는 다음과 같다.

1. 불쾌 글레어현상(discomfort glare) : 고휘도 광원으로 인한 불쾌감 혹은 눈의 피로로 인한 눈부심
2. 불능 글레어현상(disability glare) : 고휘도 광원으로 인한 불쾌감과 시력저하로 인한 눈부심

⇒ 제거방법

1. WAFFLE, LOUVER, DIFFUSER 설치.
2. NORMAL VISUAL FIELD에서 벗어나도록 한다.
3. 주변재료의 반사율이 낮은 것 선택.
4. 광원의 수를 늘리고 광속을 낮춘다.

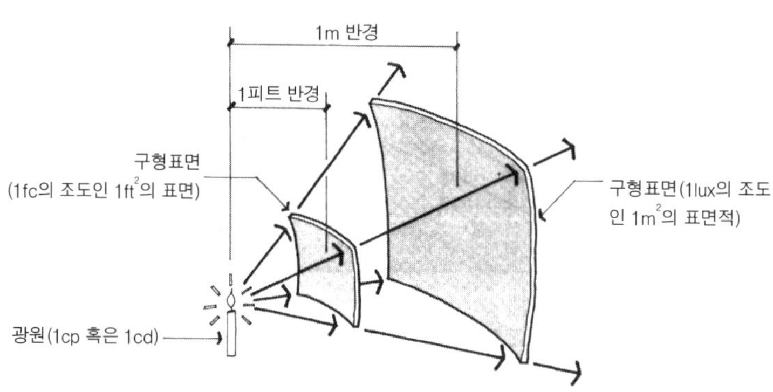


그림 28 조도 역자승의 법칙

— 실내조명계획 순서

① 실내조건 파악

규모/ 천장고, 마감재 파악/ 실내에서 일어날 기능 파악/ 기구 취부 /배선 가능성 파악 / 사용주의 의견 수집

② 조도의 결정

표 5 작업실의 성격과 필요조도

| 작업 종류 | 조도(lx) |
|---|---|
| 보통장소 (복도, 에스컬레이터, 계단, 변소 등) | 100 |
| 거친작업, 큰 디테일 (상점, 작업장 등) | 200 |
| 보통작업, 중간 디테일 (접객장소, 일반 사무실 등) | 400 |
| 다소 신중한 작업, 작은 디테일 (세밀한 목공,양재 등) | 600 |
| 매우 신중한 작업, 작은 디테일 (슈퍼마켓, 정밀 조립) | 900 |
| 아주 신중한 작업, 매우 작은 디테일 (보석 컷팅 등) | 2000 |
| 예외적인 작업, 미세한 디테일<br>• 광학적 방법에 의한 정밀계기작업 | 3000 |

③ 조명 방식의 검토 (1. 기본조명 2. 국부조명 3. 분위기 조명)

• 조명방식 선정시 고려사항 : 실(室)의 성격을 확실히 하여 명시를 위한 조명인지 분위기를 위한 조명인지를 분명히 한다.

④ 광원의 선정

설계자는 광원의 a.크기 b.밝기 c.빛의 질 d.연색성 e.효율 f.수명을 고려하여 선정.

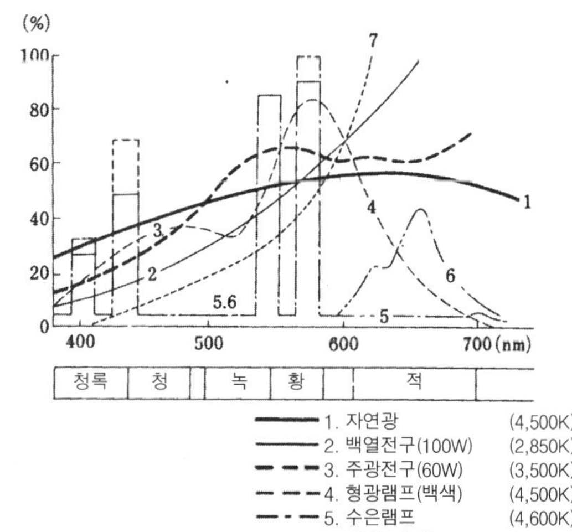


그림 29 각종 광원의 분광분포

⑤ 조명기구의 선정(maker의 catalog 및 Data book 이용)

- 조명기구의 선정시 고려사항

  a. DESIGN : 목적과 사용장소에 부합여부 검토, 스타일

  b. 재료 - 빛 제어용 재료(반사판/ 추과재료)/ 구조체 재료(황동, al, stainless, plastic)/ 전기부품

  c. 견고성

  d. 색상

  e. 발열반응에 따른 형태의 변질. 안전성

  f. 광원 내의 조도 차

  g. 기구 크기의 경제성 고려

- 조명기구 취부 방법상의 분류

  a.노출식 b.pendant식(1.pipe식 2.chain식 3.cord식) c.반매입식 d.벽취부 (Bracket 식) e.기타(Movable)

⑥ 등기구 수량 산정

(평균 조도 E의 경우, 소요 등수 N = EA/FUM )

E = lux(조도 기준), A = 상면적(M), F = lamp 광속 lumen(lm) (광원 광속표)

U = 조명률, M = 보수율( 수명, 먼지, 벌레 등의 - FACTOR )

⑦ 등기구 배열

- 등기구 배열의 등 간격 규제 일반사항

  a. 기구 간격 L≤1.5H

  b. 벽과의 간격 L≤H/2(일반적인 경우) L≤H/3(벽 가까이 작업할 시)

  ( L = 거리, H = 작업면에서 광원까지의 거리 )

- 등기구 조정(arrange) 시 고려사항

  명시를 위한 조명과 분위기를 위한 조명에 따라 다소 차이가 있다. 램프의 방향, 야경 등도 중요한 요소이다. 천장의 미관을 위하여 모듈과의 관계를 적절히 고려 (a.조도분포 b. 시고의 난이도 c. 기구 취부 d. 경제성 e. 천정의 미관 f. 칸막이의 융통성)

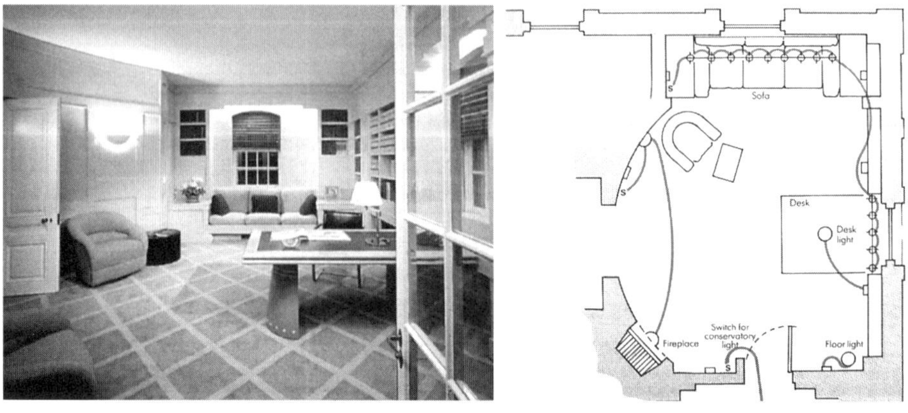


그림 30 주택거실에서의 등기구 회로계획. 회로의 적절한 구성은 실내분위기에 다양성을 준다.

⑧ 조도 및 휘도 검토 후 등기구 배열 결정

⑨ 점멸 방법 검토

⑩ 스위치. 콘센트 배치 및 배선 계획 결정

— 실내조명계획 추세

① 집무공간에서의 조명방식의 추세

대다수의 실내조명이 지나치게 밝고, 질적인 면에서 만족하지 못하며 비용 면에서 고가의 유지비가 소요된다. 실험결과 인간의 눈은 빛에 상당히 적응성이 좋아서 높은 조도보다는 적당한 빛의 양이 어떻게 전달되느냐에 따라 좋은 질의 조명이 얻어질 수 있다. 현재는 집무공간 가까이에 광원을 설치하고 확산시키는 방법으로 주변과의 심한 대비를 제거하고 있다.

그림 31 에너지 보존의 세계추세로 낮은 조도의 전반조명과 국부조명의 적절한 배치로 사무공간의 업무효율을 높인다.

과거의 광천장방식은 1)지나친 밝기와 2)확산판의 유지 관리와 화재에 대한 안정성에 문제가 있어 좋지 않다고 한다. 근자에는 고가의 전기료와 에너지 보존의 세계추세로 낮은 조도의 전반조명과 국부조명의 적절한 배치로 효율을 높인다.

② 주거공간에서의 실내조명계획

- 계획순서

  a. 가구 배치

  b. 국부조명의 필요위치 선정

  c. 전반조명과 악센트 조명의 위치를 방의 성격과 색채, 표면의 질감과 고려하여 계획

  d. 회로구성의 다양화를 통하여, 경우에 따라 분위기를 바꿀 수 있도록 고려.

- 각 위치에서의 고려사항
  - a. 현관 : 친근하면서 환영하는 분위기의 밝고 명랑한 분위기의 조명으로 계획
  - b. 거실과 가족실 : 전반조명을 전체적으로 하고 국부조명도 동시에 고려
  - c. 식당 : 직접 혹은 간접조명의 혼합계획. 음식물의 색채가 식욕을 돋우도록 조명에 고려.
  - d. 부엌 : 밝은 작업공간 조성.
  - e. 욕실 : 이용자의 얼굴에 그림자가 지지 않도록 한다. 건강미를 느낄 수 있도록 광원 선택 고려.
  - f. 홀 : 다양한 조명방식 채택 고려.
  - g. 계단 : 계단의 디딤판(Tread)과 챌판(Riser)를 분명히 볼 수 있도록 함.
  - h. 외부에서의 고려사항 : 입구를 조명으로 분명히 한다.
  - i. 테라스, 중정, 정원 : 조명을 설치하여 밤의 운치가 살도록 하고 외부조명이 실내 유입을 유도

그림 32. 조명회로의 적절한 구성은 단조롭기 쉬운 실내공간에 다양성을 부여한다.

## 3. 실내 빛 환경 조절 및 절약 방법

빛 환경측면에서 실내공간은 주간의 경우, 자연광과 인공광이 겸하여 사용되는 경우가 대다수이다. 일반적으로 측창에 가까운 곳이 지나치게 밝은 반면에 내측은 어둡고, 실의 기능에 따라 사용인원이나 사용빈도가 낮은 경우, 잘못된 조명계획이나 관리에 의하여 인공조명을 위한 에너지 낭비가 의외로 많아질 수 있다. 자연광을 실내 깊숙이 사입시키는 노력 외에 인공조명에 대한 절약대책이 초기 계획단계에서 고려되어야 한다.

① 자연광에 대한 대응방법

- 전략 : 광전지(photocell)와 연결된 인공광 조절장치에 의하여 건물 외주부의 조도조절
- 방법 : 스위치 방법 a. on/off 방식 b. 다단방식 c. 연속디밍방식 d. 수동식 · 자동식

② 이용자에 대한 대응방법

- 전략 : 낮은 점유율의 경우나 낮은 조도 하에서 작업 가능한 경우에 조도를 낮춤.
- 방법 : a.타이머 부착 b.감지기 부착 c.수동식 벽스위치

③ 장소에 따른 대응방법

- 국부조명의 채용
- 방법

회로구성 : a.지역별 구성 b.등기구의 그룹화 c.개별 등 회로 설치

스위치방식 : a.on/off방식 b.다단방식 c.연속디밍방식

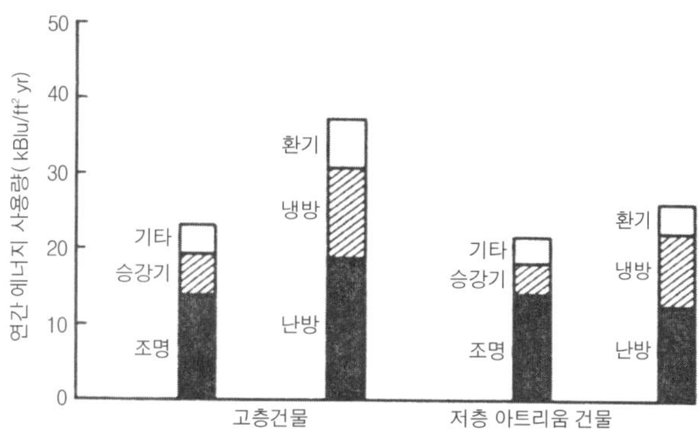


그림 33 건축물의 연간 에너지 사용량 비교표
(조명 에너지의 사용량이 의외로 높음을 알 수 있다)

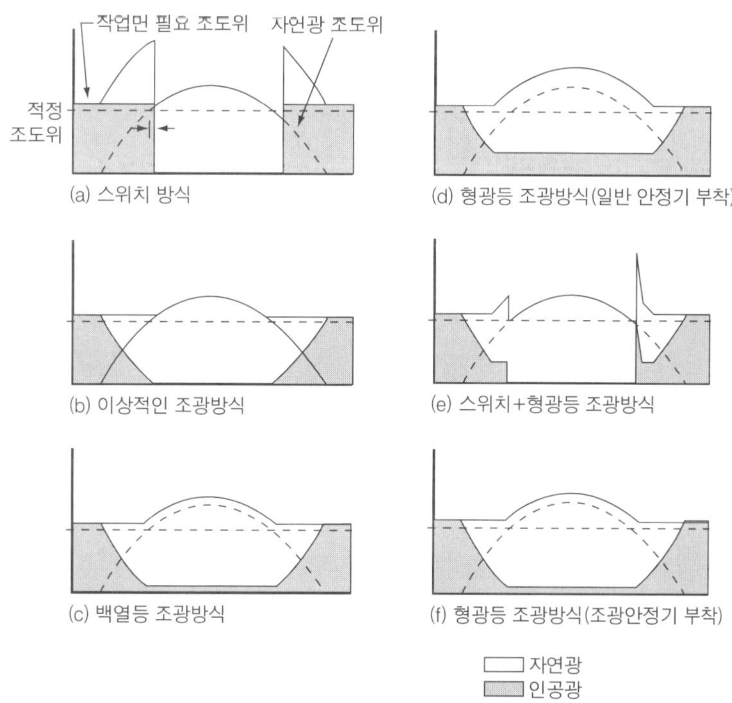


그림 34 실내 빛 조절 방법 개념도

CHAPTER 3

# 실내분위기 연출과 개념 설정기법

1. 실내분위기 연출과 디자인 개념
2. 실내분위기 연출방법
3. 분위기 연출요소의 적응방향(형태 색채, 질감, 조명, 기타)
4. 공간별 분위기 연출기법 및 사례(주거, 식음료, 전시, 기타)

# 1. 실내분위기 연출과 디자인 개념

## 1.1 실내분위기 연출방향

실내공간은 사용자에게 편리성과 함께 적절한 심적 반응, 즉 분위기를 제공해야 한다. 이러한 입장에서 볼 때, 실내공간은 이용대상자의 성격과 공간성격, 즉 공적 내지는 사적공간 여부에 따라 실내연출 방향이 변해야 한다. 대체로 여러 사람이 이용하게 되는 공적 공간일수록 추상적이거나 상징성에 의한 공간형성이 요구되고, 개인공간일수록 사용자의 취향에 맞는 실내분위기 연출이 요구된다.

그리고 고급 실내공간의 주류를 이루는 영리목적의 실내 휴식공간은 필요기능 및 최적의 분위기 형성을 위하여 다양한 디자인 기법이 동원된다.

그림 1 실내디자인은 그 공간의 성격 즉, 이용대상자와 공공성의 정도에 맞추어 분위기를 형성하여야 한다.

## 1.2 디자인 개념

대체로 디자인에서 가장 중요시 되는 것은 창조성(creativity)과 개념(concept)에 관한 문제로서, 창조성은 디자인 과정의 직관적인 측면과 관련된다. 이러한 창조적 접근을 위한 기본요소로써 심상과 상상력을 들 수 있고 창조적 변형작업의 기본 재료로써 개념의 도입수법이 사용되며, 이의 설정 및 발전기법으로 흔히 사용되는 것이 유추, 유형 및 수사학의 기법을 들 수 있다.

또한 디자인의 진행과정은 ① 자료의 설정단계 ② 대안의 설정 · 검증 · 발전 ③ 해결안의 표현단계로 나눠지는데, 이러한 단계별 진행은 초기상황의 분석과정을 거친 후 개념의 설정, 검증, 발전을 거쳐 최종적으로 확정되며, 전체 형태 및 세부사항에까지 일관성을 유지하며, 진행되어야 하기 때문에 개념에 대한 이해는 디자인 과정에서 그 무엇보다 중요하다. 이러한 디자인 개념은 크게 다음과 같이 분류된다.

① 디자인 개념의 단계별 분류 : 기본개념/ 상황개념/ 요소개념

② 개념의 내용에 따른 유형별 분류 : 형태개념/ 구성개념/ 체계개념

기본개념은 대개 포괄적이고 추상적인 개념이며, 요소개념은 보다 한정적이고 구체적인 개념으로 되어 있다고 볼 수 있다. 이들 기본개념, 상황개념 및 요소개념은 상호 중첩되어지면서 형태, 구성, 체계 개념을 점차 세부적이고 구체적인 개념군으로 진행하게 된다.

각 단계별 분위기 연출은 수사학 특히 은유법이나 주제의 설정, 유추, 유형에 의한 디자인 개념을 설정하여 형태, 구성, 체계 개념은 점차 구체적, 시각적인 방향으로 접근시키게 된다. 이러한 진행과정은 초기 기본개념에서부터 세부적인 요소개념까지 일관성을 부여하고, 실내공간디자인이 가져야 하는 창조적 연출에까지 이끌게 된다.

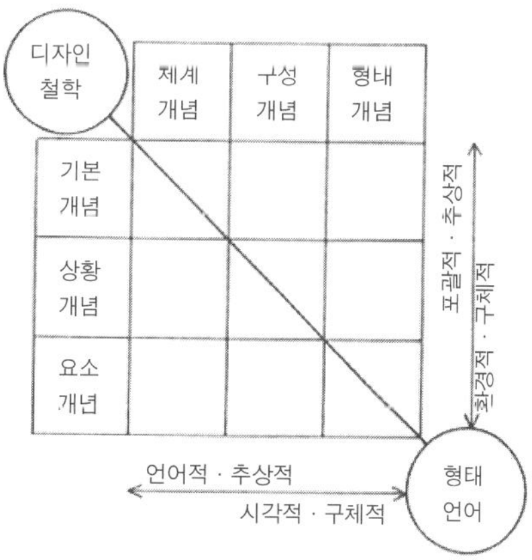


그림 2 디자인 개념분류의 기본 방식

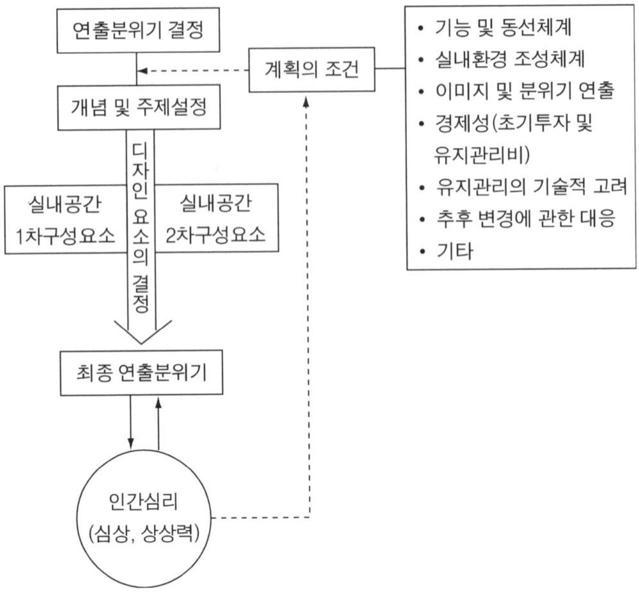


그림 3 분위기 결정 과정

이러한 창조적 연출은 논리와 분석만으로는 불가해한 신비와 무한의 세계, 불확실하고 모호하며 기복이 심한 과정의 일부로서 끊임없이 유동하며, 지성과 대비되는 감정의 표현 또는 분할되지 않는 연속체로서 구성되는 작품의 소재로 연상과 미지의 것들이 동원되기도 한다. 꿈, 자연, 역사의 기억, 이국적이고 괴기한 것 등 모든 다양한 요소들이 도입된다.

## 2. 실내분위기 연출방법

실내분위기 연출의 대체적인 방법으로는 ① 건축양식의 인용 ② 현대건축 및 실내디자인 흐름의 적용 ③ 지역적 스타일의 적용 ④ 인간 성심리에 의한 분위기 연출'로 나눌 수 있으며, 이를 설명하면 다음과 같다. 이 때, ①, ② ③이 직유 내지는 응용에 의한 적용이라 한다면, ④는 인간심리의 저변에 잠재하고 있는 무의식에 근거한 분위기 연출이라 할 수 있다.

그림 4 실내분위기 연출방법은 대체로 '① 옛 건축양식의 인용 ② 현대 디자인 흐름의 적용 ③ 지역적 스타일의 적용 ④ 인간 성심리에 근거한 분위기 연출'로 나눌 수 있다. 이 때, 모두 유추, 유형, 상징기법 등에 의한 개념설정이 중요하다.

## 2.1 건축양식의 인용에 의한 실내계획

실내디자인의 흐름은 건축의 역사적 흐름과 맥을 같이 하며 변화해 왔다. 인테리어 사조란 주로 유럽을 중심으로 한 역사적 양식과 각 지방의 기후 풍토에 의한 지역성이 짙게 나타난 지역적 스타일로 나눌 수 있다. 이러한 실내양식은 건축, 장식, 가구 등에서 고유의 특징으로 나타난다.

시대별로 형성된 각각의 실내분위기에 대한 해석은 적용된 실내디자인 기법과 형성 분위기의 상관성을 알려준다. 이에 대한 이해를 바탕으로 실내디자인에 적용하는 것이 적절한 방법이다.

현대 실내디자인에 가장 영향을 많이 끼친 기간, 즉 인간성이 재부각된 15C 르네상스를 기점으로 바로크, 로코코를 거쳐 19C의 신고전주의의 실내양식에 나타난 공간의 특징과 실내디자인 요소의 차이점을 정리하면 다음과 같다.

그림 5 역사적 양식과 그 실내 분위기의 상관성에 대한 이해는 실내디자인 접근의 적절한 방식중의 하나이다.

① 각 시대별 양식이 갖는 분위기
르네상스 : 절제미 질서
바로크 : 남성적 극적
로코코 : 성적 쾌활
신고전주의 : 맑은 정신

② 바로크 양식과 신고전주의 후기양식이 권위와 위엄이 중시된 공적공간의 분위기에 적합하였다고 할 때, 로코코 양식과 신고전주의 전기양식은 작은 스케일, 파스텔조의 전체색조, 정교한 선형의 잔잔한 장식요소 등으로 편안함과 안락을 유도하는 분위기, 즉 개인의 프라이버시 위주의 사적 내지는 그와 유사한 용도의 공간에 적용되었다.

그림 6 19C 조경의 실내도입은 공간에 자연의 풍성함을 얻게 하였다.

③ 로코코 양식의 경우, 자연의 아름다움과 동양예술에 대한 새로운 인식을 통하여 실내장식에 적용함으로써 자연요소와 이국적인 요소의 실내도입은 공간의 분위기를 더욱 편안함과 아름다움으로 이끌게 하였다. 이에 반하여, 바로코 양식의 극적인 공간연출로 형성된 강렬함 · 위엄성은 관공서와 종교건축에 알맞는 것으로써 사적공간, 즉 주거공간에 적용될 때 지극히 한정되어 쓰여 현관입구 · 벽난로 · 가구의 장식에 제한적으로 쓰였다.

④ 조경의 실내도입 시도는 19세기에 들어 영국과 기타 유럽지역에 온실의 형태

로 시작하였다. 주로 주택 거실이나 서재에 면한 남측에 설치하여 자연채광과 실내식물이 이루는 쾌적한 공간으로 시작하여 차츰 이러한 유행은 도심의 옥탑층 온실 설치와 함께 대중식당 공간에도 실내조경이 도입되어 자연 속의 휴식과 낭만을 제공하게 되었다.

이상과 같이 시대 양식에 대한 이해는 전체 실내공간구조와 디자인 구성요소들의 성격, 즉 - 스케일, 색조, 형태, 마감재의 선정, 장식요소의 적용 등을 통하여 최종적으로 의도한 실내분위기를 형성시킬 수 있다. 또한 각 시대양식에 따라 형성되는 실내분위기의 연출효과를 응용하여 목표하는 실내분위기에 맞도록 효과적인 실내디자인 인자 적용을 다음 표 1과 같이 할 수도 있다.

**표 1 건축양식에 근거한 실내분위기 연출방법**

| 실내분위기 / 디자인 인자 | 부드러운 실내분위기 연출 | 이지적인 실내분위기 연출 |
|---|---|---|
| 스 케 일 | 작고 섬세한 스케일 | 적당히 작은 스케일 |
| 색조연출 | 파스텔조 | 파스텔조 |
| 형태연출 | 각면의 지양을 통한 부드러운 형태 | 기하학적 형태구성 |
| 장식요소 | 섬세한 장식요소의 평면적 적용 | 지나침이 없는 장식요소의 적용 |
| 조 경 | 실내조경 | 실내조경 |

**표 2 인테리어 양식의 실내분위기에 대한 해석 사례**

| <디자인의 특징><br>• 공간의 특징 | 통일성 | 극적인 공간연출 | 완곡한 형태를 통한 공간의 통일성 추구 | 이지적 |
|---|---|---|---|---|
| • 좌우대칭 | 대칭적 균형 | 중심성이 강한 좌우대칭 | 좌우대칭의 기본형 /비대칭적 장식요소의 부분도입 | 좌우대칭 |
| • 리 듬 | 힘과 품위 위주의 건축적 리듬 형성 | 형태와 그림자에 의한 시각리듬 형성 | 잔잔한 리듬의 장식요소 (포도, 물결) | 직선의 연속성 강조를 통한 규칙적 리듬 형성 |
| • 변 화 | 통일속의 변화 | 중심성이 강한 위계질서속의 변화 | 장식요소의 균질적 적용 | 내외부 변화요소의 단순성 |
| **양식 / 내용** | **르네상스** | **바로크** | **로코코** | **신고전주의** |
| <분위기 해석><br>• Faber Birren | 영적, 외향적, 감각적 | 남성적 | 여성적 | 고전적, 우아, 솔직 |
| • Lay Faulkeer | 명료, 질서, 절제미 | 극적 | 낙천적, 쾌할 | 맑은 정신 |
| • N. Pevsner | 정적. 인간척도화 | 남성적인 자태 | 부드러움의 극치 | 고전적 복고주의 |
| • John F.File | 질 서, 완결미 | 극적, 의아, 역동성 | 자제된 형태와 장식성 | 정제와 안정 |

표 3 인테리어 양식의 전체 분위기와 디자인 적용 내용

| 양식구분<br>조사내용 | 르네상스 | 바로크 | 로코코 | 신고전주의 | |
|---|---|---|---|---|---|
| | | | | 전기 | 후기 |
| **공간 성격** | 명료성, 질서, 절제미 | 강렬, 위엄 | 편안함, 아름다움 | 세련미, 안락 | 위엄 |
| **전체 분위기** | 정형적, 강건, 안정감<br>대담한 공간형성 및<br>풍부한 장식요소 | 위풍당당, 과시성 | 여성적, 친밀감, 명랑,<br>안락, 자유스러움 | 섬세한 우아 | 위엄 |
| **디자인 인자**<br>• 스케일 | 절제된 스케일 | 과장된 스케일 | 작고 섬세한 스케일 | 적당히 작은 스케일 | 장대, 기념비적 스케일 |
| • 전체 색조 | 강하고 풍부한 색상<br>명암의 현저한 대비 | 색채의 대담성<br>금박의 다량사용<br>화려한 대비 | 고명도 · 저채도의 섬세하고 부드러운 색조연출 | 화사한 파스텔풍 | 짙고강한색조 |
| • 형태 | 고전형태 및 수평요소에 의한 질서 | 팽창 및 비정형의 실내공간형태<br>고전형태의 과장된 변형 | 잔잔한 와류형의 섬세하고 자유스러운 곡선의 풍부한 적용으로 부드러움과 품위형성 | 정교한 선형의 기하학적 형태 | 입체적인 건축 구조미 강조 |
| • 마감재료 | 목재 : 호두나무<br>기타 : 금박, 목세공, 대리석,플라스터 | 목재 : 너도밤나무, 호두나무, 흑단<br>기타 : 착색도장, 황동, 상감 | 목재 : 호두나무, 참나무, 마가목<br>기타 : 금박, 착색도장 | 목재 : 새틴우드 참나무, 흑단, 장미목<br>기타 : 착색도장 | 목재 : 마호가니, 흑단, 느릅, 장미목<br>기타 : 착색도장 |
| • 장식요소 | 로마양식의 장식요소 | 과장되고 정교한 장식요소의 적용<br>(인간 및 동물의 얼굴상, 잎새 장식, 와류형 장식) | 미려한 장식요소<br>(레이스, 리본, 화환, 조개, 잎새, 꽃, 포도송이류 등)의 평면적 장식 | 고대양식의 장식요소 적용 | |
| **주적용공간** | 부유층의 저택 및 궁전, 별장 | 공공건물과 종교건물 등의 대규모 건축 | 개인의 프라이버시를 위주로 한 실내공간 | 대 저택들 실내 | 정치성을 띤 건축물 |

그림 7 16C 르네상스풍의 거실

그림 8 18C 로코코풍의 실내

그림 9 18C 영국 아담스풍의 거실

그림 10 17C 이탈리아 바로크풍의 천장 돔 모습

## 2.2 현대건축 및 실내디자인 사조의 적용

근대 이후 건축과 미술의 새로운 흐름과 동승하며 실내디자인이 함께 변화한다. 즉 실내디자인 방법의 하나는 현 시대에 건축과 미술에 나타난 시대정신의 표현성과 전위적 특성을 이해하고, 이를 디자인에 적용하는 방법이 또한 유용하다. 주요 흐름과 실내디자인 방법을 정리하면 다음과 같다.

① 모던(modern)

모던양식은 양식적인 장식을 거부하고 기계미학에 근거한 고기능성과 합리성을 추구한 표현형식으로서 추상화한 형식을 취한다. 따라서 실내 도입의 경우, 공간의 기능성과 상호관입에 우선적으로 충실하고, 점 · 선 · 면 · 매스에 의한 기하학적 실내구성과 예술품(회화, 조각 등 비구상 내지는 추상계열)을 적재적소에 배치하여 공간의 질을 높여 나가는 방식으로 실내공간을 형성시킨다.

그림 11 철과 유리를 이용한 유기적 실내 거실풍경(시카고 미국, 1983)

② 포스트 모던(post modern)

1970년 이후 반모더니즘의 흐름 속에서 형성된 것으로서, 상징미학에 근거하고 있다. 즉 과거의 형태, 색채, 디테일 요소에 의한 연상이 갖는 중요성을 재인식하고 이를 공간에 적극 도입함으로써 대중과의 커뮤니케이션을 적극 부활시킨 흐름으로 해석할 수 있다. 실내에 도입방법은 다음과 같다.

그림 12 Aldo Rossi, 일 팔라초 호텔의 바(후쿠오카, 일본, 1989)

그림 13 Hans Hollein, 유리 세라믹 박물관 실내(테헤란, 이란, 1977)

- 방식 1 : 토속적 · 전통적인 형태에서 유출한 모티브로 의미를 전달하고 특성을 상징적으로 표현.
- 방식 2 : 과거의 경험, 이미지 등을 지닌 모티브의 실내도입 적용/ 모티브

선정은 익히 알 수 있는 대중성에 근거하며, 그 대상은 인간, 자연, 동물 등으로 다양하다. 통속적인 은유방식을 채택하여 형이상학적으로 표현.

- 방식 3 : 다른 문화에서 연유된 모티브를 적절히 각색하여 의미를 부여하고 예술적으로 표현.
- 방식 4 :'맴피스 그룹'처럼 상업적이고 대중미학에 근거하여 지적보다는 감각적 공간인식의 경향으로서, 강렬한 색채와 장식적 패턴의 대입으로 대중과의 교류를 시도할 수도 있다.

③ 하이테크

발달된 공학기술을 바탕으로 테크놀로지의 이미지를 표현하며, 장식을 지양하고 기능이 우선된 경쾌한 스타일의 디자인이다. 최신 구체 축조공법의 노출에 의한 실내구성과 금속성 또는 화학제품 등의 첨단 마감재 등으로 구성하게 되며, 무채색과 금속 고유의 색이 기본이 된다.

그림 14 하이테크 주방

그림 15 Jean Nouvel, 아랍 문화연구소(파리, 1987)

④ 해체주의

실내구성에 있어서, 예각의 사선구성에 의한 시각적 긴장감 유발, 불규칙적 곡선, 비인간적 스케일, 비정형의 구성 등으로 공간구조에 고조된 역동감을 표현하고, 이질재료의 혼합사용을 통하여 일상성에서 벗어난 공간과 분위기를 지향한다.

그림 16 Zaha Hadid, Moonsoon바, 일본 삿뽀로(1989)

그림 17 Morphosis, 시나이 암센터 홀 실내(LA, 미국, 1987)

⑤ 미니멀리즘

극소화한 형태와 절제된 간결함 속에서 그 순수성을 강조시키며, 특정 위치에 배지된 오브제가 디자인의 관건이 되도록 하는 표현 형식을 취하도록 한다.

그림 18 안도 다다오의 Wall House 거실풍경(효고, 일본, 1977)

⑥ 시간적 서술성 대입을 통한 개념공간의 표현

공간과 장식요소의 이야기성에 근거하며, 접근방법으로서 '스토리가 있는 공간'과 '시적인 공간'으로 대별 할 수 있다. 이 때, 이야기성에 충실할 수 있는 주제의 선정과 전개요령이 영화나 소설의 전개방식처럼 심적 에스카레이션을 일으키도록 함이 중요하다.

---

- **스토리가 있는 공간** : 정신적 차원과 시간적 차원의 문제를 통하여 서술적 차원으로의 진입을 추구하며, 과거와 미래에 관한 언급들이 현재 공간에 표현될 수 있도록 하는 것. 현대 이미지의 교묘한 결합과 3차원적 교차를 통하여 공간경험자의 인상을 자극시키는 방법을 이용하는데, '정보와 인용, 장식과 은유가 풍요로운 디자인'을 창조함으로써 실내공간에서 하나의 소설(fiction) 또는 시나리오(scenario)를 읽는 것과 같은 심리적 반응을 도출토록 연출함.
- **시적인 공간** : 강한 컨셉을 중심으로 한 스토리 완성을 추구하며, 과학적 측면보다 철학적 의미의 공간도입을 시도. 표현으로서의 디자인을 강조하여 시각적 전달 느낌을 중시하는 경향.

---

⑦ 환경친화 디자인

외부공간화 된 실내 거대공간에 친환경 요소(실내조경, 자연채광 등)의 도입과 거리환경의 시각요소를 도입하며, 현대도시의 외부환경과 실내공간의 연결공간에 주로 적용할 수 있다.

그림 19 실내조경과 자연광이 풍부한 아트리움 실내공간이나 주거공간에는 자연요소의 생기가 실내를 활달하게 한다.

## [참고사항 : 현대 건축 및 실내디자인 흐름의 이해]

근대 이전의 실내공간은 공간과 장식요소로 이루어진 양식 위주의 디자인으로 해석되며, 근대 이후의 경우 동반자적인 위치에서 상호 교류하는 건축과 미술의 새로운 흐름과 동승하며 실내디자인이 함께 변화한다. 이러한 배경에서 볼 때, 근대 이후 추상미술에 나타난 시대정신의 표현성과 전위적 특성은 건축에도 같은 이념과 형태 추구의 동반자적 흐름으로 나타나고, 실내에도 같은 흐름이 형성된다.

현대까지 건축과 회화의 개별적 자체 발전에도 불구하고, 그 표현성에서는 같은 조형예술로서 본질적으로 분리될 수 없는 공통성과 동질성을 갖고 있음으로써 근대 이후 건축과 실내디자인은 추상미술과 동반자적 입장을 꾸준히 견지하고 있다. 특히 기능우선의 모더니즘의 개념이 당위성을 상실한 이후 현대 건축조형은 기능을 초월한 순수예술로써 그 조형의 본질적 의미를 살펴 볼 때, 현대건축과 현대회화의 상관성은 더욱 많다고 할 수 있다.

이상의 견지에서 볼 때, 실내공간디자인은 건축과 미술의 중간적 위치에서 그 흐름에 동승하여 형태표현 원리나 이념이 부단한 교류의 선상에서 진행되어 왔다. 이러한 조형예술 전반에 걸친 전체적 흐름을 모더니즘과 그 이후로 나누어 큰 흐름에 나타난 개념의 변화를 정리하면 다음과 같다.

### (1) 모더니즘 초기-1960년 이전(1920-1960년)

19세기는 전통적 시대양식에서 근대건축사조로 넘어가는 과도기적 시기로써 과다한 장식, 장식 위주의 환경, 공간의 폐쇄성에서 탈피하여 기능을 중시한 건축의 형태와 공간구성을 통하여 기계미학에 접근하였다. 이러한 배경에서 형성된 근대건축은 건축의 구축성에 대한 고정관념에서 점차 해방하여 구성의 개념이 강화된다. 과도기 현상으로

그림 20 모더니즘에 입각한 실내공간은 기계미학적 구성체계로서, 간결함과 단순성으로 요약된다.

써 데 스틸(De stijl), 러시아 구성주의 등에 의하여 건축의 구성요소들은 이질적 요소들의 모순된 관계(해체, 분절, 전이 등)로 변질되어, 구성방식의 중심은 요소의 전체화와 단편에 의한 시각적 콜라주의 양상을 띈다. 이러한 과도기는 공간의 유동성과 함께 순수한 형태를 추구하는 대체적 경향으로 귀결된다. 이와 같이 근대건축은 공간의 공간감, 개방감, 상호관입 추구와 함께 형태의 간결성과 단순성으로 요약된다.

### (2) 1960년대 이후 - 1980년대

① 1960-1970/ 커뮤니케이션을 위한 실내디자인

1. 대중예술의 도입으로 시각적인 실내디자인의 흐름이 형성된다. 미술을 부차적인 역할로 간주하던 기존의 경향에서 벗어나 현대미술의 개념과 기법을 공간의 주요 요소로 등장시켜 시각적으로 토털디자인 된 환경으로 이루어지게 된다. 사무공간과 주거공간 등에 팝 아트, 캠프 아트, 키네틱 아트 등의 그래픽 요소가 주요한 실내구성 요소가 된다.
2. 조형적인 실내공간
3. 다양한 표현의 실내공간

그림 21 Gae Aulenti, 예술품 수집가의 집 거실풍경(Milan, Italy, 1970)

이와 같이 60년대 인테리어 경향은 대중예술이 실내의 그래픽 도입 현상과 함께 매너리즘, 이에 반한 미니멀리즘의 두 가지 상반된 표현 특성으로 나타난다 할 수 있다.

[참고 : 매너리즘과 미니멀리즘]

- 매너리즘 : 1960년대 중반부터 나타난 매너리즘적 경향은 그 표현 특징으로써 역사적 양식의 변화를 절충하여 작가의 개성적 형식언어로 공간의 재구성하고, 반근대적 요소의 채용 등으로 기존 환경질서에 난해(難解), 다원적 경향을 상징적으로 표현하고 있다. 실내의 경우 모방과 창조, 비합리적인 모순의 구성, 자아도취적 경향이 짙게 나타나고 과장된 장식으로 인간의 내면의식을 강하게 표현한 예로써 벤츄리는 '건축에 있어서 복합과 대립'에서 건축의 2중성, 즉 대중성과 엘리트적 요소의 결합으로 해석하였다. 이는 순수성에 기초를 둔 근대적 이념의 쇠퇴기에 나타난 현상으로써 대중과의 커뮤니케이션을 위한 새로운 공간개념으로 평가됨.
- 미니멀리즘 : 미니멀리즘은 1960년대 후반 미국의 젊은 작가들이 주체가 되어 최소한의 조형수단과 표현으로 회화, 조각 등에서 연유된 것으로 칼빈주의의 엄격함과 간결성에서 영향을 받아 작가 개인의 감정과 주관적 표현을 극도로 배제한 순수, 무표정한 형태의 반복을 특징으로 하고 있다. 실내의 경우 극소화한 형태와 절제된 간결함 속에서 그 순수성을 강조함으로써 더 이상의 건축적 표현을 지양하고, 특정 위치에 배치된 오브제가 디자인의 관건이 된다.

그림 22 R. Meier의 Smith 주택 거실 모습(1967)
장식을 배제한 단순한 기하학적 구성에 의하여 공간감이 형성되어 있다.

② 1970-1980/ 실내디자인의 다원화 현상(pluralism)

근대건축이 갖는 순수주의와 기능주의의 몰역사성에 대한 반발과 획일성에 대한 반성은 역사주의, 장식주의, 맥락주의 등의 건축사조의 흐름을 형성시킨다. 이는 포스트모더니즘의 큰 흐름으로 합류하고, 또한 상업공간에서도 과거의 체험에 근거한 연상의 재인식에서 출발한 상징적 재현방식의 도입이 시도되었다.

한편 모더니즘의 정신을 재해석 내지는 발전시켜 나가려는 움직임은 New-York 5(the white / 그레이브, 아이젠만, 과스메이, 헤이덕, 마이어)가 주축이 되어 네오 코르뷔지어리언적 경향(neo-corbusierian)으로 나타난다. 또한 근대건축의 전통을 발전적으로 계승하고 있는 레이트모던 디자인은 기계미학의 계속적 추구로 슬릭테크(slick- tech)로 지칭된다.

(3) 1980-현재/ 실내디자인의 다양한 접근-새로운 디자인의 물결

현대건축과 인테리어의 전체적 표현경향은 지역성을 바탕으로 한 독립된 자체 특성과 함께 전 세계적 디자인의 공유현상을 보여준다. 보수적 경향과 전위적 실험방식적 접근에 의한 다양하고 통일되지 않은 이론형성을 보이며, 커다란 디자인 사조의 출현이라기보다는 탈근대성에 입각한 개인적으로 독특한 성향의 디자이너의 활약으로 볼 수 있다.

인간의 감성에 호소하고 소규모의 아름다움을 느끼며, 시간성과 개성을 창조하고자 하는 현대사회와 현대인의 경향이 디자인으로 구체화되는 흐름이며, 일상 자체가 뉴스, 이벤트의 연속으로 표현되고 있다. 이러한 현대의 큰 흐름은 다음과 같이 대별된다.

그림 23 Rem Koolhaas의 네덜란드 Dance Theater 입구 현관홀 모습

그림 24 맴피스 가구

① 급진적 디자인

국제화된 소규모 집단을 주축으로 다양성, 자율성, 독자성을 강조한 급진적 경향이다. 대표적 예로 멤피스 그룹(memphis group)의 경우, 상업적이며 대중미학을 추구한다. 지적보다는 감각적 공간인식의 경향을 띠며, 강렬한 색채와 장식적 패턴의 대입으로 대중과의 교류를 시도한다.

② 해체주의 경향

과거 형태와 기본원리의 해체 · 예각의 사선구성에 의한 시각적 긴장감 유발, 불규칙적 곡선, 비인간적 스케일, 비정형의 구성 등에 의하여 고조된 역동감을 표현한다. 이질재료의 혼합사용으로 일상성에서 벗어난 새로운 공간을 지향한다.

③ 하이테크 디자인

발달된 공학기술을 바탕으로 테크놀로지의 이미지를 표현하며, 이 외에 트랜스 하이테크(trans-high-tech) 표현, 즉 파괴된 현대의 전자 · 기계 제품에서 미래의 미학을 발견하고 적용을 시도하는 경향이다.

그림 25 하이테크 디자인은 첨단공학기술의 이미지를 골조나 재료에 부각시킨다.

④ 하이터치(신감성주의)

™인간성 회복∏을 위하여 잊혀져 가는 가치와 기억의 표현, 인간의 감정과 반응 · 열망을 수용하고 전달할 수 있는 가능성의 실현 추구를 목표하고 있다. 도외시되었던 재료 사용을 통하여 시각적인 풍부함을 연출하며, 의미 있는 소재의 구성 시도와 파스텔 색조의 사용으로 대량생산의 이미지에서 탈피하려는 노력을 경주한다.

그림 25 하이터치풍의 침실

⑤ 시간적 서술성 대입을 통한 개념공간의 표현성향

공간의 시간적 서술성 대입을 통하여 개념공간(conceptual space)으로 표현코자 하는 경향을 보인다. 접근방법으로서 '스토리가 있는 공간'과 '시적인 공간'(narrative/poetic design)으로 표현하고 있다.

⑥ 환경친화 디자인

지구환경의 황폐화는 자연환경의 재인식과 함께 생태, 그린, 환경친화 등의 개념으로 실내환경디자인에 영향을 미치면서 외부공간화 된 실내 거대공간(urban interior)의 환경화, 환경의 시각화 등이 현대 도시건축의 실내공간에 적용되고 있다.

그림 27 환경친화의 개념은 자연 에너지요소와 조경요소를 실내에 적극 도입하는 방향으로 전개되었다.

## 2.3 지역적 스타일의 이해와 적용

각 지방의 기후풍토에서 정착한 지역 스타일은 건축 · 장식 · 가구 · 색채 등에서 고유의 특징을 지닌다. 이러한 지역스타일 중에서 널리 알려진 것으로 지중해 및 스페니쉬 스타일이 있다. 이것은 지역적 스타일을 재해석하여 현대의 실내공간에 적용하는 방법으로서, 융통성 있는 평면 · 가구 · 디테일 처리 등을 통하여 이국적인 분위기를 얻게 된다. 이외에 자연재료의 소박함을 살린 컨트리풍이나 중남미 카리브해 연변의 레게 스타일도 또한 선호하는 지역 스타일이다.

① 지중해 스타일의 적용

지중해를 둘러싼 나라들인 이태리와 그리스, 터키, 북아프리카, 스페인 등 지중해에 면해 있는 지역스타일이다. 밝은 핑크와 청색, 레몬, 노랑색이 주로 사용되며 하얀색의 벽과 함께 산뜻한 느낌을 갖도록 한다. 등가구와 단순한 목재가구가 사용되며, 차양을 통해 들어온 햇빛이 흰색의 리넨을 눈부시게 하는 이미지를 나타내기도 한다.

그림 28 지중해 스타일의 예(거실, 식당, 옥상 등)

② 컨트리 스타일의 적용

컨트리 스타일은 나라와 지역에 따라 다르지만, 공통적인 것은 흙과 돌, 벽돌, 나무와 등나무, 면 등 자연재의 간결한 디자인에 의한 편안함과 따뜻함이 있다. 회반죽과 대들보가 튀어나온 천장, 도기풍의 타일과 돌, 폭넓은 나무, 마룻바닥, 소박하고 단순한 가구도 공통적이고 자연소재의 꽃과 풀, 과일 등이 어울린다.

- 미국 컨트리 스타일은 페인트칠을 한 판자 벽, 흔들의자와 퀘이커풍의 소

박한 가구 그리고 작은 꽃무늬의 프린트 직물이 많이 사용된다.

- 프렌치 컨트리 스타일은 주로 플로렌스 지방의 스타일로서 테라코타를 사용한 독특한 디자인을 가진다. 바닥에는 돌을 사용하고 때로는 매트를 깐다. 호두나무재의 테이블과 의자의 다리는 약간의 곡선으로 의자받침은 등나무로 한 것이 많다. 특징적인 것은 직물의 패턴, 파랑색과 노랑색, 초록색 등이 프린트 무늬의 테두리와 함께 사용된다.

그림 29 미국 컨트리 스타일(우)과 프렌지 컨트리 스타일

## 2.4 인간 성심리에 의한 디자인 개념설정 기법

실내분위기는 대체로 이성과의 교재와 밀접한 관계를 갖고 있으며, 이는 인간의 성심리와 연계하여 구분할 수 있다. 즉 이성교제의 초기단계는 에로스의 공공적인 측면이 적절히 사회적인 통로를 통하여 표현되는 심적 상태이며, 이러한 분위기에는 로맨틱한 환경이 필요하게 되며, 점차 에로틱 에너지가 강해지는 유혹적인 분위기에서는 이성에 대한 매력으로 흥미가 고양될 수 있는 여건 조성의 공간연출이 요구된다. 이러한 과정이 지나간 후의 안정된, 그러나 은밀한 개인적인 공간, 즉 감성적(sensuous)인 실내공간은 깊고도 풍부한 분위기를 요구하게 된다.

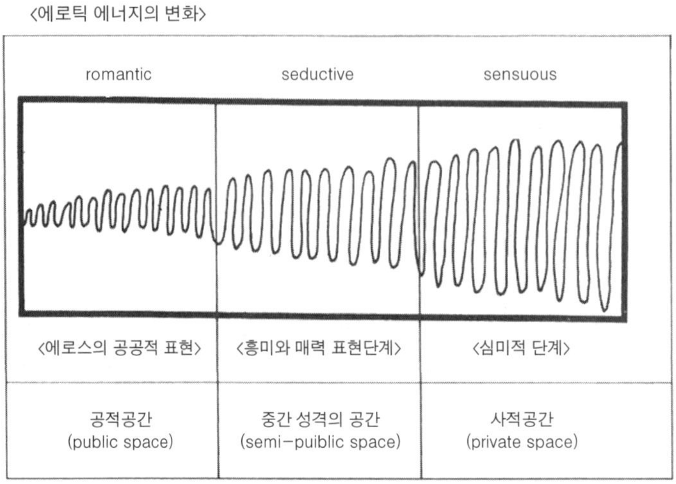


그림 30 에로틱 에너지의 변화와 공간성격의 상관성

디자이너는 에로틱 에너지를 발산시킬 수 있는 공간 디자인을 위하여 개인적인 경험과 욕구를 재조명하여 많은 사람에게 영향을 줄 수 있는 단서나 심벌을 사용함으로써 낭만적, 유혹 매혹적, 감성적(romantic, seductive, sensuous) 각 단계마다 그 목적하는 분위기를 창조하기 위한 요소, 즉 장소요소, 시간, 색, 형태, 음악, 질감, 향기, 조명 등 이들의 활발한 상호작용을 통하여 에로틱한 공간형성을 이루게 된다.

### ◆ 일반적 디자인 기본개념의 설정 기법

#### (1) 로맨틱(romantic)한 분위기

시간 · 공간상으로 현재의 주변환경에서 이탈시킴으로써 얻는 인간 심성의 경이로움이 주된 분위기 연출방법이며, 이러한 분위기는 시간상으로 과거나 미래, 장소에 있어서 이국적인 장소나 자연과의 접합 등의 방법이 동원되며, 전체 분위기는 형태, 색채, 질감, 음향, 조명연출 및 향기 등의 구성요소들이 대체로 완곡하고 부드럽고 밝은 경향으로 흘러가게 된다. 분위기 연출을 위한 개념설정 및 적용 주제의 예를 들면 다음과 같다.

그림 31 '낭만적'은 완곡하고 부드러운, 밝은 분위기의 느낌이다.

- 이국적인 풍경 도입 : 동양의 신비, 이집트, 중동지역의 낯설음, 지중해의 낭만, 아프리카의 원시성, 야자수가 있는 열대군도의 해변가 등
- 자연요소와의 접목 : 황혼, 무지개, 폭포, 연못, 암석, 이끼 낀 숲, 동물형상, 사막, 산 정상, 바다, 동굴, 호반, 정원 등
- 과거나 미래와의 만남 : 원시시대, 고대 그리스, 로마, 이집트 등의 시대, 아르 데코(Art Deco) 시대 등의 근대, 2000년대의 미래, 우주시대 등.

그림 32 시간에 의한 개념설정의 예 : 로마 콜로세움의 영광과 아르데코의 추억

그림 33 자연요소와 접목개념의 예 : 해저 이만리, 열대우림, 사막의 환상

상기와 같은 시간 장소와의 변이를 통한 시공의 변화로 다양한 개념이 도입될 수 있어서 다음과 같이 설정하여 진행될 수도 있는 것이다.

– 옛 로마와 콜로세움

– 사막의 유목민 텐트

– 산정의 오두막집 실내분위기나 호숫가의 산장

– 열대 우림속의 빈터

#### (2) 유혹적 매혹적(seductive)인 분위기

성격상 로맨틱한 분위기에서 감성적 분위기로 옮겨가는 중간과정에 있는 관계로 양쪽의 요소와 분명히 구별되기는 어려우나, 기능상 필요한 구성요소의 차이점은 있다.

보통 유혹적인 분위기에 접근하는 방법에는 개인차가 있으나, 보통 여성에게는 부드럽고 감성적 접근방법을 취하며 남성의 경우는 저돌적이고 호전적인 형태를 취하게 되는데, 이는 심리적으로 적극적으로 이성간의 관계를 촉진시키고자 하는 상태인 것이다. 이 때, 촉매작용으로서 디자인상 고려될 수 있는 단서나 심벌로서 바람둥이, 성적으로 호소될 수 있는 상징, 혹은 남성의 권력이나 여성의 성적매력을 배가시키는 주변요소로써 분위기를 유도할 수도 있다. 분위기 연출을 위한 개념 설정의 단서나 상징요소는 다음과 같다.

① 돈환적 분위기 : 색채, 질감, 형상 등에서 눈에 띠는 요소

② 페티시즘의 도입 : 동물의 표피, 육감적인 의상, 육체 국부 형상의 조형물 등

③ 최음요소 도입 : 인조모피, 물을 이용한 조형장식물(연못, 수족관 등), 향기 등

그림 34 유혹 · 매혹적 분위기는 ① 돈환적 분위기 ② 페티시즘의 도입 ③ 최음요소의 도입 등으로 형태, 색채, 질감, 문양에 반영된다.

이와 같은 개념설정은 실내연출 요소를 다음과 같이 통상 처리하게 된다.

① 거울 및 표면의 광택이 심한 마감재의 풍부한 사용
② 여러 가지 광원이 조합된 노출된 직접조명방법의 구사
③ 선명하고 강한 색채의 사용
④ 고혹적인 가구, 집기의 배치
⑤ 곡선형을 이룬 가구, 집기류 배치
⑥ 꽃향기에서 모과향에 이르기까지의 진한 향기

이러한 요소의 연출은 서로 복합 상승작용을 일으켜 점차 유혹 매혹적 분위기 연출이 되나, 크게 여성 취향적 미묘한 연출은 '낭만적(romantic)', '안온한(cozy)', '육감적(sensual)' 방향이며 남성적 저돌적 연출은 '자극적(provocative)', '현란한(dazzling)', '육감적(sensual)' 방향인 것으로 판단할 수 있다.

그림 35 유혹 · 매혹적 분위기는 여성의 미묘한 연출, 남성의 저돌적 연출로 차이가 있다.

### (3) 감성적(sensuous)인 분위기

감성적인 분위기란 안온함 풍부함을 통하여 마음의 넉넉함이 요구되는 실내공간으로서, 지극히 개인적인 공간이며 낭만적(romantic)이거나 유혹적(seductive)인 요소를 공유함과 동시에 개인적인 취향에 많이 좌우된다 할 수 있다. 그러므로 사적인 공간이 갖는 배타성은 적절한 규모와 균형을 통한 조화가 요구되며, 때에 따라 권태롭기 쉬운 실내분위기에 생동감이 가미되어 공간의 안락함이 질과 함께 공존되어야 한다.

이러한 감성적 분위기는 'a.이지적 b.감상적 c.열정적인 분위기'로 구분할 수 있으며, 이러한 구분은 개인의 취향에 의해 다소 차이가 있을 수 있다. 구성요소의 차이를 열거하면 대략 다음과 같다.

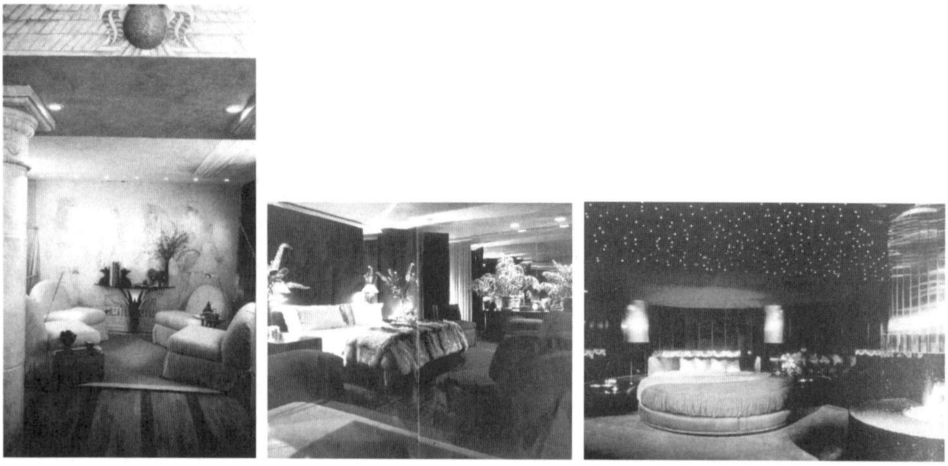

그림 36 감성적 분위기는 'a. 이지적 b. 감상적 c. 열정적인 분위기'로 구분할 수 있으며, 낭만적(Romantic)이거나 유혹적(Seductive)인 요소를 공유함과 동시에 개인적인 취향에 많이 좌우된다.

① 이지적인 경향의 경우 : 세속과 일정한 거리를 두고 항상 도덕 절제된 생활을 유지코자 하는 계층에서 요구하는 감성공간으로써, 형태의 순수미에 맞춰 절제된 고상함이 표현될 수 있는 깊고 짙은 색조의 순수형태 · 질감이 감춰진 간접조명에 의해 분위기 연출을 원하며, 이런 분위기에 고가의 예술품으로 공간을 채우게 된다.

② 감상적인 경향의 경우 : 보통 일반인이 선호하는 감성공간으로써 자연적, 유기적인 형태와 깊고 진한 색조의 자연곡선의 파동치는 형태에 깊고 광택있는 마감을 선호하며, 실내조경 요소의 적극적 도입으로 마음에 즉각 와 닿는 분위기를 좋아한다.

③ 열정적인 경향의 경우 : 세속과 밀착하여 삶의 기쁨을 적극적으로 수용하는 계층에서 요구하는 감성공간으로써, 짙은 색조의 어두움에 둘러싸여 시각적으로나 촉각적으로 기분이 좋은 풍부한 실내를 형성하는 가운데 심적으로 산란함이 없는 분위기를 통하여 휴식을 취하고 싶어 한다.

[참고 : T. Seidman과 S.S.Cohens에 의한 감성적 분위기의 구분]

1. 유럽의 전통장식 기법(european opulence)
2. 과거양식의 현대적 기법으로 처리 수용하는 기법(classic contemporary)
3. 동양풍의 품위(oriental garce)
4. 목가풍의 향수(country charm)
5. 미국 고유의 귀족문화의 계승(american pedigree)(한국의 경우 한국 선비사회의 문화적 요소의 계승으로 간주할 수 있다)

## [참고사항 : 남녀의 성별에 따른 심리구조의 차이와 개념설정 기법]

인간 본능은 성장과정을 통하여 무의식에 내재해 있던 성의 심리가 외부세계로 발산되며, 이러한 성적 본능은 남녀 사이에 차이를 보이고 있다. 심리학에서 보면 인간은 힘, 섹스, 사랑(power, sex, love) 사이에서 성장과정을 겪게 되며, 남자의 경우 힘을 통한 이성의 사랑을 얻고자 부단히 노력하고, 여성의 경우 후자를 통하여 힘 있는 이성의 사랑을 얻고자 교육되어진다고 한다. 이러한 본능적 추구는 환상이라는 심리적 방법을 통하여 개인적 갈등해소의 일면이 보이기도 한다. 이러한 배경 하에서 성별 심리에 의한 적용 예는 다음과 같다.

① 어린시절 동화에 나오는 모험이야기, 흑기사, 신데렐라 및 요정 이야기는 이러한 남녀가 유아시절부터 갖고 있는 인간의 성적 본능의 상대적인 표현현상으로 간주될 수 있으며, 성년이 된 후에도 표현방식이 세련되었나 하더라도 근본적으로는 변함이 없다 하겠다.

그러한 예로서, 남아의 방은 배 모양의 형상으로, 여아의 방은 주름 장식이나 레이스 장식으로 꾸며진 공주의 방이 가장 선호되며, 이는 남녀 유년기의 성적본능이 작용한 결과이다. 또한 사춘기 소녀의 방은 순결 청결 등의 분위기가 나는 백색 계열의 부드러운 마감을 선호한다는 것은 잘 알려진 사실이다.

② 그 후 성장하여 사회인이 된 후의 경우, 남성 위주의 실내공간은 근엄함과 장식이 배제된 단순함을 통하여 강한 힘이 암암리에 나타나도록 요구되며, 이는 "모든 남성의 집은 그의 성이다"라는 말과 상통한다.

일반적으로 남성과 여성의 공간에 대한 인식이 상이하여, 남성은 인테리어 디자이너에게 의뢰할 때 장차 다른 사람과 함께 할 수 있다는 가능성을 배제한 상태에서 디자인해 주기를 원하나, 독신녀의 경우, 가까운 장래에 다른 이성과 같이 있을 것을 전제로 공간을 꾸미는 것을 가장 중요시 여긴다. 이리하여 독신남녀의 방은 성적본능이 작용되어

꾸며지는 반면에, 결혼 후 부부의 개인적인 생활공간은 여성에게 맡겨지는 경향이 많다 하겠다.

그림 37 남녀 성별에 따른 본능은 성장과정에서 차이를 보인다. 심리학에서 볼 때, 인간은 힘, 성, 사랑(Power, Sex, Love)사이에서 성장과정을 겪게 된다고 한다. 남자는 강한 힘을, 여성은 순결 · 부드러움을 암암리에 선호한다.

### ◆ 디자인 요소개념의 적용

인테리어 실내분위기 연출을 위하여 적용되는 관련요소 별로 서술하면 다음과 같다.

#### (1) 형태 및 질감

보통 에로틱한 실내공간에는 에로틱한 형태를 갖는 구성요소가 등장하며, 이러한 상징물은 융(C. Jung)이 언급한 것과 같이 다수의 무의식 속에 본능적으로 내재해 있는 비밀스런 소통언어로 간주할 수 있다. 형태상의 성적 상징물은 자궁형태의 자연물이나 귀엽다든가, 약한 것, 즉 동굴 · 꽃병 · 조개의 나선형과 뱀 · 물고기 등은 여성을 상징하고, 수직적인 요소, 강력한 힘을 상징하는 요소, 즉 기둥 · 문 · 사자 · 황소 등은 남성을 상징한다. 또한, 질감의 경우 부드러움에서 매끄러움으로 갈수록 에로틱해지며, 특히 반짝거리며 매끄러울 때 가장 강렬해진다.

① 남성의 상징물

벽에 요철이 없는 집, 일반적으로 3이라는 숫자(세 개의 가지를 가진 나무, 세 잎 클로버), 형태가 닮아 있는 것〔스틱(stick), 우산, 몽둥이, 나무, 넥타이〕, 끝이 뾰족한 무기〔매스, 단도, 창, 지휘도, 총포, 활, 소총(소총), 피스톨〕,수도꼭지, 물이 들어있는 병, 분수, 연필, 펜대, 손톱 다듬는 칼, 해머(hammer), 코, 파충류(뱀..),어류

② 여성의 상징물

공동, 용기, 병, 함, 상자, 트렁크, 깡통, 짐을 넣는 상자, 주머니, 배, 찬장, 방, 문, 달팽이, 조개, 입, 보석함, 보물, 구두, 슬리퍼, 사과, 복숭아, 바위, 산림 및 물이 있는 풍경, 꽃

그림 38 재료의 질감은 부드러움, 표면처리에 의한 광택성에 의하여 심적으로 느끼는 에로틱의 강도가 변하는 경향이 있다.

그림 39 실내에 설치된 에로틱한 상징물은 무의식에 잠재된 성심리를 자극하여 그 공간을 에로틱하게 만드는 강력한 매체이다.

### (2) 색채

생리학적으로 색채는 인간의 맥박과 육체적 반응에 관계되며, 또한 각 개인의 취향과 과거 연상이 다르기 때문에 색채에 의한 심적, 감정적 반응이 각각 달라 한마디로 규명하기 어렵다.

에로틱한 공간의 색조에 대한 개인취향이 다양하게 나타나는 반면, 색조의 농도에 있어서는 공통적인 반응을 표시하고 있다. 즉 로맨틱한 분위기에는 부드럽고 가벼운 색조를 선호하고, 점차 에로틱의 농도가 강해질수록 색조의 농도도 같이 진해지는 경향이 있다. 특히 무채색, 즉 흰색과 검정색의 강한 색조대비는 질감과 함께 반응하여 동물적 이미지를 인간에게 전달하게 되며, 특히 검정색 동물의 강열함은 유혹적, 감성적 이미지 외에 악마적 요소까지 지니게 된다.

그림 40 강한 색채연출에 의하여 구성된 실내 카페

그림 41 거실 분위기의 예. 조명연출기법에 의하여 직접적으로 영향을 받는다.

### (3) 조명연출

일반조명에 어울리지 않는 방식이라도 에로틱한 분위기 연출을 위한 조명이 있을 수 있다. 이는 일반적인 장소가 높은 조도를 요구하는 반면, 에로틱한 장소는 이와 달리 좀더 낮은 조도를 요구하게 된다. 즉 달빛, 별빛, 촛불, 장작불, 심지어는 반딧불까지도 응용될 수 있다. 이와 같이 에로틱한 분위기 연출을 위해서는 조도, 광원의 종류 및 형상, 빛의 방향 등이 고려된다.

대체로 광창을 통한 자연광의 실내도입은 아늑한 실내공간 연출로 많이 사용되며, 인공광의 경우는 천장과 벽에 설치되는 매입형 혹은 벽부등(bracket)의 간접조명방식, 바닥에 설치되는 플로어스탠드(floor stand)방식, 아트워크(art-work)가 설치되는 곳을 집중 조명하는 국부조명방식 등이다. 이 중에서 가장 로맨틱한 분위기를 형성하는 데에는 벽부등이나 스탠드를 이용한 상향조명의 은근하고 부드러운 실내조명 연출이 적합하고, 유혹적인 실내공간을 위해서는 다양한 광원의 직접노출조명방식이 금속성이나 거울, 유리 등에 의하여 반사되어 현란한 분위기로 꾸미는 경우이다.

### (4) 기타 요소

그림 42 실내를 구성하는 2차 요소들의 성격도 또한 분위기를 좌우하는데 영향을 미치므로 세심한 고려가 요구된다.

그 외적요소로 거론될 수 있는 것이 향기, 음향 등으로서 향기의 경우, 인간의 반응은 기억과 연관되어 빵 굽는 냄새나 커피 냄새는 어떤 장소나 특정한 사람을 연상시키게 된다. 그리고 여성용 향수의 경우 그 특성상 색채, 질감, 느낌, 분위기와 어우러져서 에로틱한 분위기를 더하게 된다.

음향의 경우 음향이 인간에 미치는 영향이 대단히 크다는 것은 이미 잘 알려져 있으며, 실내 분위기에 맞춰 적절한 음악이나 자연의 소리를 방송함으로써 좀더 아늑한 분위기를 이끌 수 있으며, 이를 위하여 많은 비용이 투자되고 있는 것이 현실이다. 대체로 파도치는 소리, 빗방울 소리는 사람의 심성을 달래서 아늑한 잠으로 초대하나, 지나침이 없도록 함이 또한 중요하다.

이상과 같이 에로틱 에너지가 요청되는 실내분위기 연출에서 초기의 기본개념의 설정이 중요하며, 세부적인 요소개념까지 일관성을 부여하고, 실내공간디자인이 가져야 하는 창조적 연출에까지 이끌게 된다. 이를 요약하면 다음 표와 같다.

표 4 실내분위기의 구분 및 적용기법

| 분위기 | | 낭만적 분위기 | 유혹적 분위기 | 감성적 분위기 |
|---|---|---|---|---|
| 실내공간의 적용범위 | | 레스토랑<br>호텔객실 | 카페 및 바<br>디스코<br>나이트 클럽 | 개인침실 |
| 개념설정 | | • 이국적인 풍경도입<br>• 자연요소와의 접목<br>• 과거나 미래와의 만남 | • 돈환적 요소 도입<br>• 페티시즘의 도입<br>• 최음요소 도입 | 낭만적 및 유혹적 분위기의 개념의 선별적 적용 |
| 전체 분위기 | | 온화한 분위기 | 다소 강하고, 자극적인 분위기 | 안락함과 감각적 분위기 |
| 디자인요소 | 형태 | 부드러운 형태 | 자유곡면 및 각진요소 도입 | 낭만적 및 유혹적 분위기 연출기법의 선별적 적용 |
| | 전체색조 | 파스텔풍 | 다소 강하고, 진한 색조대비 | |
| | 마감재 | 자연스럽고 부드러운 마감 | 동물적, 금속성 마감의 부분도입 | |
| | 조명연출 | 부드러운 조명처리 | 의도된 조명연출 도입 | |

표 5 실내분위기 단계별 개념 및 요소 적용기법

| 기 법<br>단 계 | 개념설정 기법 | 디자인요소 적용기법 |
|---|---|---|
| • 1단계<br>낭만적 분위기 | • 이국적인 풍경도입<br>동양의 신비/지중해의 낭만/<br>아프리카의 원시성/열대군도의 해변 가등<br>• 자연요소와의 접목<br>황혼/폭포/산 정상/바닥/동굴/호반 등<br>• 과거나 미래와의 만남<br>원시시대/고대유적지/아르테코시대/<br>서기 2020년대/우주시대 | <온화한 분위기 연출><br>• 형태 : 부드러운 형태<br>• 색조 : 부드러운 색조<br>• 질감 : 부드러운 질감<br>• 조명연출 : 간접조명 위주의 부드러운 조명연출<br>• 향기 : 꽃향기<br>• 음악 : 왈츠계열 |
| • 2단계<br>유혹적 분위기 | • 돈환적 분위기<br>• 페티시즘의 도입<br>동물의 표피/ 기괴한 의상/에로틱 형상물<br>• 최음요소의 도입<br>향기/ 상징적즙기/ 인조모피 | <강하고, 자극적 분위기 연출><br>• 형태 : 곡면처리 형태<br>• 색조 : 강하고, 농도짙은 색조대비<br>• 질감 : 모피의 부드러운 질감 및 금속 질감의 부분 도입<br>• 조명연출 : 의도된 조명연출 부분도입<br>• 향기 : 과일향, 이끼향, 향신료 등<br>• 음악 : 탱고 및 하드 · 럭 계열 |
| • 3단계<br>감성적 분위기 | • 이지적 분위기<br>• 감상적 분위기<br>• 정열적 분위기<br><br>• 유럽풍의 전통기법<br>• 현대감각 도입<br>• 동양풍의 품위<br>• 목가풍<br>• 선비풍의 여유 | <안락함과 감각적 분위기 연출><br>• 낭만적 및 유혹적 분위기 연출요소와 공유<br>• 개인취향에 의한 실내장식 요소의 도입 |

## 3. 분위기 연출요소의 적용방향(형태, 색채, 질감, 조명, 기타)

### 3.1 실내 휴식공간 분위기 연출기법

휴식 위주의 실내공간(레스토랑, 카페 및 바, 디스코 나이트클럽 등)은 영리를 목적으로 하는 상업공간이며, 이를 위한 분위기 연출은 디자인 초기 단계에 주 이용대상자의 성별과 연령에 대한 뚜렷한 성향을 파악하여 요구되는 분위기 및 기본개념 설정이 이루어져야 한다. 또한 초기에 설정한 기본개념은 연출과정을 통하여 제반 요소개념까지 일관성을 갖고 유지되어 통일성을 구축해야 한다. 각 업장에 대한 분위기 연출기법에서 주 이용자 및 공간성격과 연출요소에 대하여 공통적으로 고려해야 할 사항은 다음과 같다.

그림 43 실내휴식공간 특히 상업공간의 경우, 주 이용자의 성향에 맞는 분위기 연출이 우선적으로 요구된다.

① 분위기 설정에서 이용객이 젊어질수록 제시된 분위기에 다소 이지적, 자극적 요소를 형태, 색채, 질감, 조명연출 등에 부가시키며, 이용객의 연령이 많아질수록 자극적 이미지를 완화시킨다. 또한 레스토랑에서 카페 및 바, 디스코 나이트클럽 분위기로 갈수록 강한 분위기 연출이 요구되므로 형태의 굴곡, 복잡성, 색채의 온난 경중감, 마감 질감의 연마도, 조명 연출 분위기 등이 강하게 연출되어야 한다.

② 연출요소에 대한 고려사항

- 색채연출에서 레스토랑의 경우 자연계 난색계 중심으로 동일 또는 유사색상을 통한 명도 채도대비 혹은 무채색으로 조화시킨다. 그리고 분위기가 인위성 자극성으로 갈수록 강한 대비와 자극적 색채를 도입시킨다.
- 조명연출에서 레스토랑의 경우 부드러운 전반조명과 국부조명에 의하여 분위기가 형성되나, 점차 인위적, 자극적 분위기는 광원 및 연출기법에 다양성과 변화감을 부여해야 한다. 또한 주변상황에 의하여 조명연출에 융통성이 요구되는 바, 스탠드류 및 트랙방식의 이동식 조명과 회로의 다양한

구성, 조광기의 설치를 적절히 고려함이 좋다.

• 장식예술품의 경우, 그 표현형식의 비율은 레스토랑의 경우 추상 비구상과 구상으로 반분시키고, 주 이용층이 젊어질수록, 업장 분위기가 자극적일수록 추상 · 비구상의 비율 및 에로틱 표현성을 증가시키기는 좋으나 암시적 표현한계 범주 내에 있도록 해야 한다.

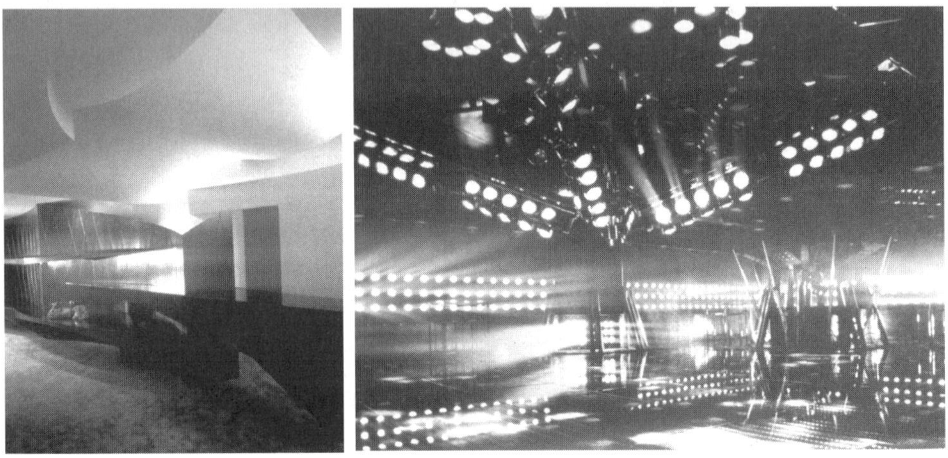

그림 44 실내 휴식공간의 분위기는 이용자의 성격(성별, 연령층 등)에 따라 공간, 형태, 색채, 조명연출 등에서 차이를 두어야 한다.

표 6 실내분위기의 구분 및 적용기법

<table>
<tr><th colspan="2">에로티시즘 도입단계</th><th>낭만적 분위기<br>(romantic stage)</th><th>유혹적 분위기<br>(seductive stage)</th><th>감성적 분위기<br>(sensuous stage)</th></tr>
<tr><td colspan="2">실내공간의 적용범위</td><td colspan="3">레스토랑<br>카페 및 바<br>디스코 · 나이트클럽</td></tr>
<tr><td colspan="2">개념설정</td><td>• 이국적인 풍경도입<br>• 자연요소와의 접목<br>• 과거나 미래와의 만남</td><td>• 돈환적 요소 도입<br>• 페티시즘의 도입<br>• 최음요소 도입</td><td>낭만적 및 유혹적 분위기의 개념의 선별적 적용</td></tr>
<tr><td colspan="2">전체 분위기</td><td>온화한 분위기</td><td>다소 강하고, 자극적인 분위기</td><td>안락함과 감각적 분위기</td></tr>
<tr><td rowspan="5">디자인 요소의 적용</td><td>형태</td><td>부드러운 형태</td><td>자유곡면 및 각진요소 도입</td><td rowspan="4">낭만적 및 유혹적 분위기 연출기법의 선별적 적용</td></tr>
<tr><td>전체색조</td><td>파스텔풍</td><td>다소 강하고, 진한 색조대비</td></tr>
<tr><td>마감재</td><td>자연스럽고 부드러운 마감</td><td>동물적, 금속성 마감의 부분 도입</td></tr>
<tr><td>조명연출</td><td>부드러운 조명처리</td><td>의도된 조명연출 도입</td></tr>
<tr><td>실내장식 요소와 에로티시즘 관계</td><td>상징적 도입</td><td>암시적 · 사실적 도입 허용</td><td>개인취향에 의거하여 도입</td></tr>
</table>

표 7 실내 상업공간의 조명연출 기법 (● 적극적 활용 ◎ 다소활용 ○ 소극적 활용)

| 연출기법의 적용 | 레스토랑 | 카페 및 바 | 디스코 · 나이트클럽 |
|---|---|---|---|
| • 강조기법(high lighting) | ◎ | ● | ● |
| • 월워싱(wall washing)기법 | ● | ◎ | |
| • 빔플레이(beam play)기법 | | | ● |
| • 그림자 연출(shadow play)기법 | ○ | ● | |
| • 실루엣(silhouette)기법 | ○ | ● | ◎ |
| • 후광조명(back lighting)기법 | | ◎ | ● |
| • 다운 라이트(down lighting)기법 | ● | | |
| • 상향광(up lighting)기법 | ◎ | ● | |
| • 건축화 조명 기법 | ◎ | ○ | |
| • 그레이징(grazing)기법 | | ● | ◎ |
| • 스파클(sparkle)기법 | | ◎ | ● |
| • 조명 예술품(light as art) | | ● | ● |
| **조명연출 융통성의 적용** | **레스토랑** | **카페 및 바** | **디스코 · 나이트클럽** |
| • 조명위치 및 각도조절 (트랙/ 회전성) | ◎ | ● | ● |
| • 이동 조명기구 활용 (스텐드 류) | ● | ● | ◎ |
| • 회로구성의 다양성 | ● | ● | ● |
| • 조광기 설치 | ◎ | ● | ○ |

## 2.2 침실공간(호텔 객실 및 개인침실) 분위기 연출기법

침실공간은 사적 공간으로서 배타적 공간이다. 그런데 호텔 객실은 투숙자가 불특정인이고 투숙기간이 타 휴식공간에 비하여 장기간이므로 공적 공간과 지극히 사적 공간의 양면성을 갖게 된다. 따라서 요구되는 분위기는 사적 공간의 편안함과 공적 공간의 대중성을 동시에 요하게 된다.

한편 개인침실의 경우, 지극히 배타적 · 주관적 공간이기 때문에 분위기 및 개념 설정에 있어서 이용 부부의 성격, 취미, 선호 등에 대한 전문디자이너의 사전 지식이 부족하면 적절한 디자인을 제시하기 어렵다. 따라서 디자인 초기과정에 다음과 같은 사전 작업과정이 필요하다.

① 대상 부부와 대화, 설문, 관찰 등을 통하여 가족사항, 성격, 취미, 선호 등을 파악하며, 자세히 파악해야 할 부분은 직접 · 간접적 방법을 병행하여 인적사항과 직업 등의 일반사항, 개인취미 · 선호하는 자동차 · 오락물 · 여가 활용방법 · 구독 잡지 등의 개인사항, 그리고 현 주거상태 및 실내분위기 관련 제반

장식요소에 대한 자세 등을 수렴하여 대상 부부의 취향을 파악한다.

② 예측되는 침실 분위기 사진을 제시하고 충분한 의견교환을 통하여 요구되는 전체 분위기를 파악한 후, 디자인 기본개념 및 요소개념을 설정한다.

침실공간에 대한 일반적 선호 분위기는 온화한 분위기, 이지적 분위기, 선비풍의 여유 멋의 분위기로 대별할 수 있고, 이에 대한 각각의 연출 분위기 및 기법을 정리하면 다음과 같다.

### (1) 온화한 분위기

보통 일반인이 선호하는 감성공간으로써, 시각적으로나 촉각적으로 편안한 실내 형성 가운데 심적으로 산란함이 없는 분위기 연출이 중요하며, 실내 장식품이 다소 풍부해도 무난하다. 호텔 객실의 경우, 아트워크 및 악세사리 선정 시 보편성에 입각하여 주관성, 자극성을 배재하여, 비구상 추상 계열의 표현형식이나 풍경 정물 계열로 선정함이 좋다.

### (2) 이지적 분위기

세속과 일정한 거리를 두고 항상 도덕적이고 절제된 생활을 유지하고자 하는 계층에서 요구하는 감성공간으로써, 형태의 순수미에 맞춰 절제된 고상함이 표현될 수 있는 다소 깊고 진한 색조, 순수형태, 매끈한 질감이 감춰진 간접조명에 의해 분위기가 연출되도록 해야 하며, 또한 고가의 예술품을 정선하여 배치하는 것이 중요하다.

그림 45 온화한 거실분위기의 예

그림 46 이지적인 거실 풍경

표 8 개인 침실공간 분위기 연출기법

<table>
<tr><th colspan="2">전체 분위기</th><th>• 온화한 분위기</th><th>• 이지적 분위기</th><th>• 여유 · 멋의 분위기</th></tr>
<tr><td colspan="2">개념 설정</td><td>이국적 풍경 · 자연풍경 요소와 접목하여 개념추출하여, 전체색조 · 문양으로 삼는다.</td><td>자연의 재현상, 결정체, 제품디자인에서 순수 이미지를 추출하여 기본 · 요소개념에 도입</td><td>한국 선비적 기품이 내포된 사랑방의 검소담백성을 주 이미지로 기본개념을 추출하여 제반요소개념까지 확대도입</td></tr>
<tr><td rowspan="7">디자인 요소</td><td>형 태</td><td>단순한 직면구성에 각진 모서리의 부드러운 처리와 곡면요소 부분도입</td><td>단순한 형태와 장식요소 배제</td><td>단순한 형태와 완자형의 디테일 도입</td></tr>
<tr><td>색 채</td><td colspan="2">자연계 · 한색계를 중심으로 동일 · 유사색상을 통한 명도 · 채도 대비나 무채색의 조화</td><td>장판색과 유사조화 혹은 무채색의 조화</td></tr>
<tr><td>마감 질감</td><td>무광택의 부드러운 질감의 마감재 선정</td><td>연마도가 높은 표면질감재 부분적 도입</td><td>장판과 자연재질의 무광택 마감재 선정</td></tr>
<tr><td>조명 연출</td><td colspan="3">국부조명, 벽등조명과 스탠드류를 이용한 간접조명, 반직간접조명, 확산조명으로 부드러운 분위기 연출</td></tr>
<tr><td>가구 성격</td><td>부드러운 형태와 자연가공재료의 감촉이 딱딱하지 않은 재질의 가구</td><td>단순한 형태와 고급 연마재료 사용</td><td>사랑방 가구류(문갑, 사방탁자 등)</td></tr>
<tr><td>장식품</td><td>주관적 선정</td><td>고가 예술품 · 골동품의 선별 배치</td><td>한국 고가구 · 족자 · 골동품 등 정선 배치</td></tr>
<tr><td colspan="4"><비고> 호텔 객실의 경우<br>불특정 다수를 수용해야하는 침실공간의 특이성 때문에 보편 타당성에 의거한 실내분위기 연출이 요구된다. 대체로 온화한 분위기로 유도할 필요가 있다. 특히 장식품의 선정에서 주관적 선정을 지양하고, 풍경, 정물, 비구상 등으로 선정함이 무난하다.</td></tr>
</table>

### (3) 여유 멋의 분위기

한국의 경우에 대입해 볼 때, 선비적 기품인 검소함과 담백성을 통하여 여유와 멋의 분위기 형성이 중요하다. '사랑방'의 실내분위기처럼 기본 공간형태의 단순성에 완(卍)자, 아(亞)자 등의 문양을 창호나 등기구에 적용하여 다소의 변화를 가미하고 온돌방의 장판 색을 주조색으로 하여 유사조화 또는 무채색으로 조화를 이루게 한다.

가구 및 장식품의 경우, 비례감각이 뛰어난 문갑, 사방탁자, 탁장, 좌등 외에 문인산수, 사군자, 골동품 등을 정선배치 함이 중요하다.

이러한 침실공간은 분위기 연출의 다양성이 중요하며, 특히 조명연출의 경우 따뜻한 광원의 부드러운 실내분위기를 벽등, 스탠드등을 주종으로 한 간접조명, 반직간접조명, 확산조명 방식의 병용 외에, 회로구성의 다양성 및 조광기를 필히 설치하여 분위기 연출에 융통성을 부여하여야 한다.

그림 47 검소 · 담백한 분위기는 동서양 문화에 따라 구성방법이 다르겠지만 추구하는 바는 같다.

표 9 침실공간 조명연출 기법 (● 적극적 활용 ◎ 다소활용 ○ 소극적 활용)

| 광원의 적용 | | 연출기법의 적용 | |
|---|---|---|---|
| • 백열등 계열 일반표준형I.L. | ◎ | • 강조기법 | ○ |
| R형 I.L. | ● | • 월워싱 기법 | ● |
| 할로겐등 | ◎ | • 그림자 연출 기법 | ○ |
| • 형광등 계열 주광색 F.L. | ● | • 실루엣 기법 | |
| 은백색 F.L. | ◎ | • 후광조명 기법 | |
| 백색 F.L. | ○ | • 다운 라이트 기법 | ◎ |
| P.L.등 | ○ | • 상향광 기법 | ● |
| **배광방식의 적용** | | **조명연출 융통성의 적용** | |
| • 직접 조명 | ○ | • 트랙 및 각도조절 기능 | ○ |
| • 반직간접 조명 | ◎ | • 이동 조명기구(스텐드류) 활용 | ● |
| • 간접 조명 | ● | • 회로구성의 다양성 | ◎ |
| • 확산 조명 | ● | • 조광기 설치 | ● |

# 4. 실내디자인 분위기 연출사례

## 4.1 주거공간 사례

▶ 공　간　명 : 광장동아파트 M

분　　　류 : 주거공간
기 본 설 계 : (주)엔케이디자인 / 남호우
실시설계 · 시공 : 엔케이디자인
위　　　치 : 서울시 광진구 광장동
면　　　적 : 48평
마　　　감 : 바닥(강화마루)
벽체 - 벽지/ 인테리어 필름/ 패브릭 도배
천장 - 벽지도배

Concept

미니멀+내추럴

착색된 이미지 느낌의 우드필름과 광택 있는 소재의 패브릭을 배치하여 거실 이미지 월을 연출형태의 간결함과 소재의 자연스러움으로 공간에 의도하였다.
하나의 선으로 디테일이 끊어지는 간결함 대신 소재가 주는 풍부한 느낌으로 형태의 차가운 느낌을 상쇄해 주고자 하였다.
화이트와 실버톤을 기본으로 하여 자연스러운 질감의 우드 느낌과 우아한 광택의 수지 실크와 벨벳으로 매치하여 색재와 질감 연출을 의도하였다.

▶ 현대산업개발 I-PARK

설　　계 : 월가디자인
시　　공 : 디자인스튜디오
위　　치 : 경기도 성남시 분당구
면　　적 : 181.5m$^2$
마감재료 : sisal mat, bisazza tile, bamboo wall covering, 자개

Concept

그릇의 효용성은 그 그릇의 비움에 있다. 건축공간의 인간에 대한 가능성은 공간체험에 따른 감동의 깊이에 연유할 것이다. 이 때, 공간은 음식이나 의상처럼 인간생활에 기본적인 적극성을 띤다. 밥이나 옷 없이 우리 일상생활은 상상할 수없다. 이제 음식이나 의상처럼 내 몸에 맞는, 내 격에 어울리는 우리 정서에 이로운 공간을 찾고 느껴야 할 때가 온 것이다.

## 4.2 상업공간 사례

▶ 공　간　명 : 쉬언/중식당

위　　　치 : 서울시 양천구 목동 현대백화점 6층

면　　　적 : 548m²

마　　　감 : 바닥-카펫, 플로어링, 타일

벽체 - 컬러래커, 무늬목, 파벽돌, 부식도장

천장 - VP도장

기 본 설 계 : 배대용/B & A

실시설계, 시공 : B & A

Concept

공간의 입구가 해낼 수 있는 일 중에는 그 안 공간 전체의 인상을 대표하는 일이 있다. '쉬언' 의 입구에서 그러한 상징성에 대해 언급하고 싶다. 내부를 눈에 익히고 돌아 나오는 길에 더욱, 혹은 비로소 인상적일 수 있는 입구이다. 내부에서 만났던 가지가지의 이야기들이 함축시켜져서 상징적인 뉘앙스로 그곳에 있다는 것을 발견할 수 있는 것이다. 함축은 이편과 저편의 대칭적 극대감을 설정한다. 대칭은 편을 나누듯 양쪽으로 갈라져서 1대1의 편안한 균형을 이루어 존재한다. 매끈한 인공미와 편안한 자연미의 공존, 그것은 '지금의 시간과 지난 시간의 공존' 그리고 '이 땅과 다른 땅의 공존' 으로 이어지는 이야기의 시작이다.

디자이너가 '한국인이기에 만들 수 있는 독특한 중국풍' 의 공간이라고 설명하는 '쉬언' 은 상하이의 옛 모습을 기본으로 하고 있다. 하지만, 굳이 이곳에서 지난날 상하이의 모습을 꼼꼼히 따져볼 마음을 먹을 필요는 없다. 단지 옛 상하이 그리고 200년인 오늘 그리고 대한민국이라는 단어들과, 그것들을 따라 오롯이 떠오르는 감성을 쫓아가는 편이 옳다. 샤프한 컬러래커 마감과 털털한 파벽이 이어지고, 우아한 클래식 조명과 터프한 노출천장이 머리 위 공간을 공유한다. 홀 중앙을 버티고 선 클래식한 기둥의 주두와 노출된 구조의 이어짐에서 대립미가 팽팽하다. 다른 시간의 어울림은 생뚱스러운 효과를 낸다. 이곳에서는 어느 시대의 산물이건 이미 본연의 시간에 머물러 있지 않다. 다가오는 오늘, 그 새로운 시간의 소유물이 된다. 시간을 아우르는 매력이 '쉬언' 에는 있다.

< 2002. 10월 인테리어지 >

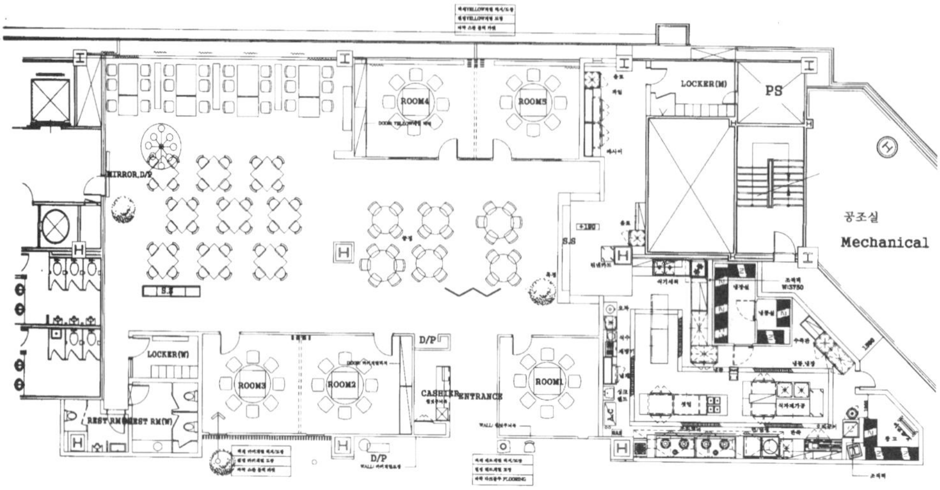
ROOM4
ROOM5
LOCKER(M)
PS
공조실
Mechanical
MIRROR D/P
LOCKER(W)
ROOM3
ROOM2
ROOM1
D/P
CASHIER
ENTRANCE
D/P

### ▶ 공간명 : 문학궁

분 류 : 식음공간
기 본 설 계 : 오픈스페이스 / 김진수
실시설계, 시공 : 오픈스페이스 /
위 치 : 인천시 남구 문학동 385-4
면 적 : 대지면적 : 1,706.4m
건 축 면 적 : 994.24m
연 면 적 : 2,195.20m(지하1,지상2층)
마 감 : 바닥 - 미송원목, 온돌마루, 콩자갈, 전돌
벽체 - 미송판재, 청단청, 적단청, 창호지, 황토
천장 - 청단청, 적단청, 창호지, 미송판재

Concept

누(樓)

· 벽, 문을 설치하지 않아 공간의 생명력을 극대화시킨 건축물
· 기둥, 지붕, 바닥이 있을 뿐 벽과 문이 없는 공간
· 사방으로 트여 건축물이 없는 것과 똑같은 효과
· 바닥과 지붕으로 한정된 트인 공간을 얻는 것이기 때문에 공간과 시설, 바람이 건축물이 없었던 이전처럼 통하게 이루어진 공간
· 문학궁 입구의 전이공간을 공간의 요소로 역할
· 한국인의 자연관과 건축관을 분명하게 드러남. 자연을 존중, 순응하는 소박한 심성의 공간

마당

· 한국전통주택의 상류주택에 있어 그 외부공간은 사랑채, 안채 등의 몸채와 행랑채, 중문 간 행랑채 등의 각종 부속채, 그리고 이들 사이에 건축된 여러 개의 담들로 나뉘어지고 크고 작은 마당들로 구성된다.
· 행랑마당 : 옥외 작업장과 장작광 앞은 장작 패는 곳이 되며, 가마고와 마구간 등을 중심으로 그 앞의 마당도 이에 따른 일들이 행해진다.
· 사랑채 : 사랑마당은 집안의 큰일이 있을 때에는 처마 끝에 차일이 쳐진다.
· 사랑마당 : 사랑채와 행랑 사이에 자리 잡는 공간으로서 남성을 위한 정원구실을 하는 자리였다.
· 안마당 : 안채와 사랑채 사이에 생기는 공간. 채광과 통풍을 고려하여 전혀 수목을 심지 않는 것이 통례가 되어 있고 약간의 조화류도 심어서 가꾼다.

- 후정 : 안채 뒤의 완경사지를 살린 공간. 아녀자를 위한 위락공간으로서의 성격이 농후했다.
- 일반서민의 생활과 지역적인 자연여건이 공간구성을 차지해서 생활공간인 건물과 작업 공간인 마당으로 구성되어 바깥마당 혹은 마을마당과 타작마당의 생활공간이 된다.
- 바깥마당, 마을마당 : 안채와 바깥채 사이에 만들어지는 안마당과 대비되는 집밖의 마당으로 보통 집보다 낮은 지형인 앞쪽에 위치. 집안으로는 반드시 바깥마당의 크기만큼의 여유공간을 두었고 별도의 대문을 두지 않았다.
- 타작마당 : 생활행위들이 이루어지는 공간은 크게 집의 바깥마당과 마을의 안뜰이었다.

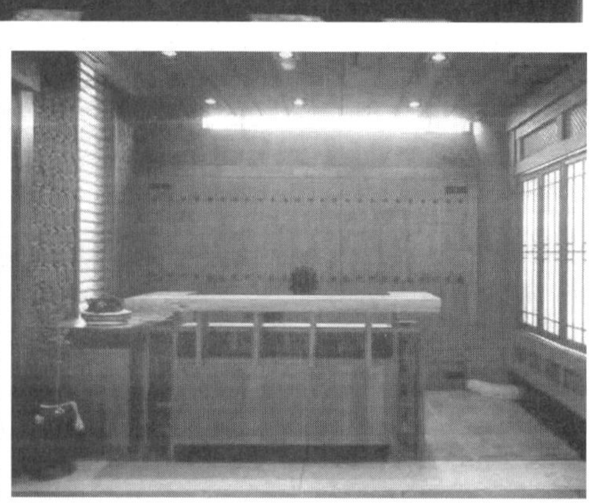

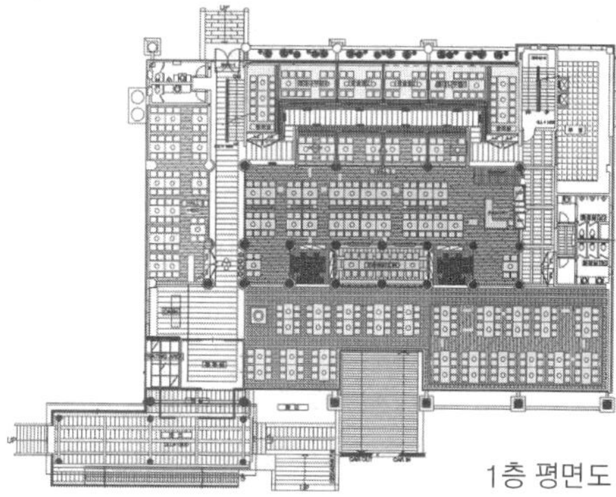

1층 평면도

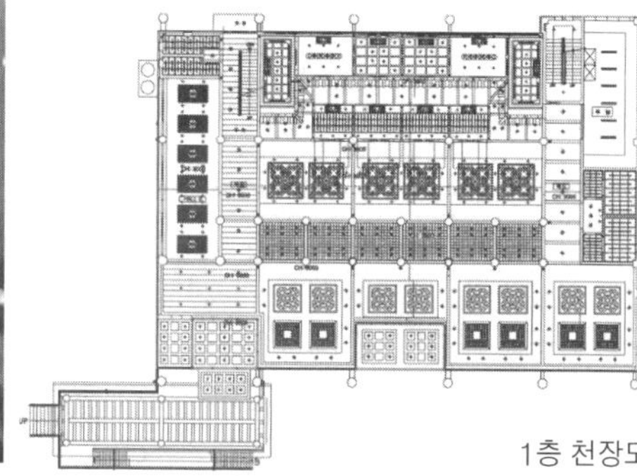

1층 천장도

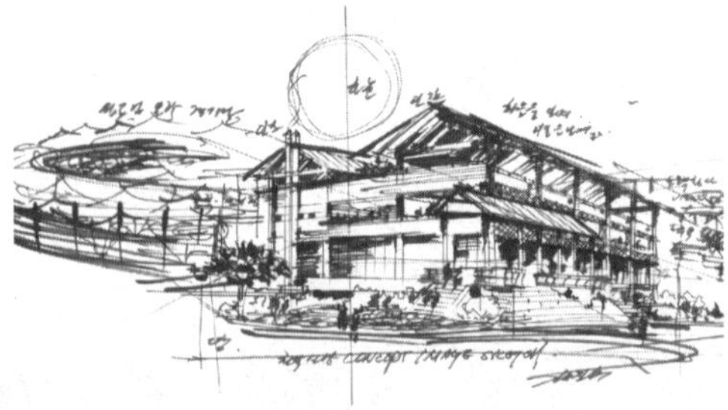

▶ 공간 명 : MJ 피부과

분　　류 : 상업공간
기 본 설 계 : 장순각
실시설계, 시공 : jay is working
위　　치 : 대전시 서구 둔산동 1165번지
면　　적 : 491.7$m^2$
마　　감 : 바닥 - 폴리싱타일, 플로어링, 데코타일, 강화유리
벽체 - 래커도장, 실크패널, 가죽쿠션, 벽지, 강화유리패널
천장 - VP도장, 실사인쇄

Concept

M. J 피부과는 네이밍부터 인테리어 디자인, C. I, 내외부 사인 및 광고 디자인에 이르기까지 통합적으로 집행된 '브랜드 메이킹 프로젝트' 였다. 이에 초기개념인 'Milky & Juicy' 라는 키워드를 시각화하고, 이를 통한 각 부문별로의 적용작업이 진행되었다. 프로그램은 아래층 40평, 위층 110평의 절대적인 공간부피의 부조화 속에서 ①진료－상담섹션, ②치료－관리섹션, ③에스테틱 섹션의 3가지로 구분되며, 매개공간을 사용하여 상호호환성을 부여해야 하는 복잡한 양상을 가지게 되어 조닝부터 상당한 고민을 안겨 주었다. 일반적으로 이런 경우에는 주출입구를 큰 공간에 두고 작은 공간은 부수적 기능을 수행하는 섹션으로 계획하기 쉽다.

하지만, 이들 세 가지 섹션의 기능성, 연계성과 유사성을 검토해 본 결과 상담-진료섹션을 주출입구와 함께 작은 공간에 분리 배치하도록 결정되었고, 치료-에스테틱 섹션과의 유기적 연결을 위해 내부계단의 배치가 불가피했다. 매개공간으

로서의 역할과 시각의 공감각적 확장을 위한 내부계단은 상부 오픈형 직선계단안이 확정되었다. 이는 특유의 아래층 40평 공간의 상대적 협소함이 병원의 첫 이미지로 작용하게 될 것을 우려하는 건축주를 설득하는데 효과적으로 작용하였다. 동시에 공간부피의 부조화를 해결하기 위한 또 하나의 개념이 적용되었는데, 그것은 '동선의 의도적 연장'이었다.

흔히 '동선은 짧을수록 효과적이다.'라는 통념이 있으나, 이는 극히 기능적 조사의 산물이다. 영화에서도 러닝타임이 똑같아도 관객이 느끼는 심리적, 시각적 즐거움과 반대로 그 지루함을 고려한다면, 동선의 거리가 연장된다 하더라도 이들이 느끼는 운동거리는 더 짧게, 또한 동선의 거리가 연장된다 하더라도 이들이 느끼는 운동거리는 더 짧게 함과 동시에 공간의 크기를 더 확장되게 유도할 수 있을 것이다. 이렇게 연장된 동선과 함께 '리셉션 → 대기공간 → 진료실'의 동선상 뷰는 부정형적 매스들의 중첩으로 이루어져 있어, 마치 작은 오솔길을 걷는 느낌을 받으며 확장되어 간다. 이는 3가지의 매스를 서로 그 축을 달리하여 배치한 결과인데, 동선의 의도적 연장개념과 함께 본 설계에서 가장 주안점을 두었던 부분이다.

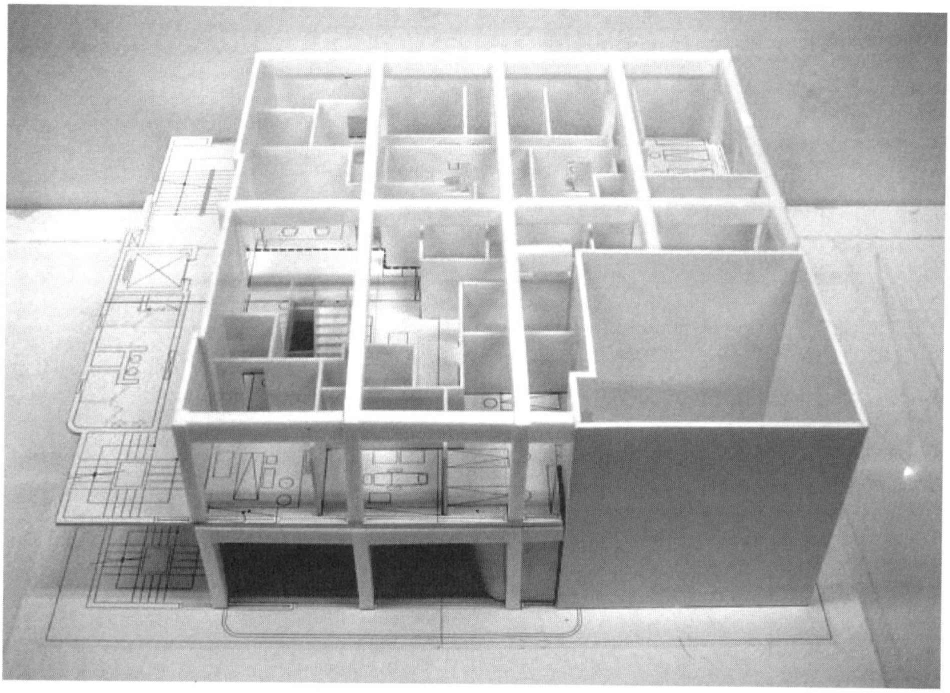

▶ 공간 명 : 우리그릇 '려'

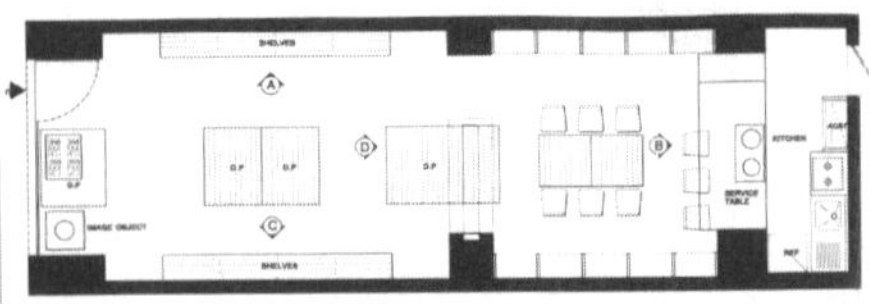

분　　　류 : 판매공간
기 본 설 계 : 월가디자인 / 박성칠
실시설계, 시공 : 월가디자인 / 권윤정
위　　　치 : 서울시 강남구 신사동 548-2
면　　　적 : 56m²
마　　　감 : 바닥 - 시멘트 + 백시멘트 혼합경화제
벽체 - 시멘트 + 백시멘트 혼합경화제
천장 - V.P.

Concept

그릇 Korea Vessel and Space

연식이위기(埏埴以爲器)로되 당기무(當其無)하여 유기지용(有器之用)이라 -찰흙은 이겨서 그릇을 만들되 거기가 비어 있어서 그릇의 쓸모가 있다- 언제부터인가 노자 할아버지의 이 말씀을 알듯 말듯 기억하며, 공간을 규명하고 싶을 때, 우리들은 젊잖게 이 글귀를 인용하곤 했었다. 이처럼 공간을 작업의 주 대상으로 하는 우리에게 그릇은 친숙한 사물이었고, 더욱이 한국적 그릇만을 고집하겠다는 우리그릇 '려(麗)'의 클라이언트는 소중한 인연이었다.

공간의 비유로 회자되던 그릇, 이번 작업 내내 우리는 그릇을 찾아다녔다. 가깝게는 서울 인사동부터 멀게는 경남 하동의 사기골로, 조선의 막사발에서 웨지우드(wedge wood)까지. 그릇을 정말 알고 싶었다.

배부른 밥이 중요하지 그까짓 용기가 뭐 그리 대수라고, 다도가 어떻고 그릇의 미학이 어떻고 지껄이는 사람들은 모두가 살만하니깐 사치스런 치부한다고, 대충 그렇게 생각한 적도 있던 우리에게 이번의 작업은 새로운 눈을 뜨게 해주었다.

똑같은 흙, 똑같은 온도의 불 속에서 구워낸 그 많은 그릇들이 제각기 만든 사람에 따라 그 사람을 많이도 닮는다는 것.

어김없이 하나의 선, 한쪽의 때깔마저도 만든 이의 몸짓을, 내면의 그(emotionnal feeling)를 참으로 많이도 닮았음을, 우리는 그릇을 통하여 사물과 인간이, 우리가 만든 공간 작업과 우리의 얼굴이 무관하지 않으리라는 공명의식을 깨닫게 되었다.

## 시멘트(Cement)

1824년 영국의 벽돌공 죠셉(Jesepe Aspdin)은 석회석과 점토를 주원료로 하여 현재의 포틀랜드시멘트를 만든다. 시멘트가 골재와 더불어 물로 경화되면 콘크리트가 된다.

인테리어디자인 작업에서 마감재나 미장재로서의 시멘트는 다양한 가능성을 가진다. 하지만 때로는 회록색의 단편성 때문에 사용의 제한을 느끼는 소재이다. $Fe_2O_2$, MgO가 만들어 내는 고유의 회록색은 그들의 조합배율을 낮춤으로써 백색으로부터 다양한 조색이 가능하다는 것을 그리 많이 알고 있지 못하다.

그동안의 작업에서 볼 때, 정직한 소재의 물성 표출은 디자인의 형식적 가치창출과 분위기의 단순성에 도움이 된다. 바닥재로서의 미장, 시공성은 시멘트가 갖는 장점 중의 일부이다. 여기에 백색시멘트의 착색 가능성을 다양하게 배합한다면 미장재로써 시멘트의 효용은 마감재로까지 확대할 수 있을 것이다.

어둡고, 차갑고, 칙칙한 회록색의 시멘트여, 환하고 따뜻하고 부드러울 수 있는 너의 속살을 우리에게 보여주렴.

시간의 얼굴들 Image of time

시간을 볼 수 있는가.
방향을 알 수 없는 벡터(Vector)의 흐름을 우리가 만약 시간의 벡터를 규정할 수 있다면 공간 자업은 좀더 생명력을 가질 수 있을 텐데.
기껏해야 우리는 황학동과 장안동의 후미진 골목을 누빈다.

그 골목 어귀에서 불어오는 어눌한 냄새
녹슨 구리장식의 암청색 가방, 먼지 쌓인 문살틀
닳고 닳아진 육중한 돌
그 잠든 사물들에 드리운
잊혀진 손때와 냄새
단단한 돌맹이의 낙수 씻기운 얼굴에서
우리는 시간을, 세월을 만난다.

### 그리고, 미니멀과 우리공간(Minimal and Oriental Space)

우리는 미니멀을 좋아하기도 하지만 미니멀을 욕하기도 한다. 그 동안의 일련의 작업에서 미니멀 디자인의 효용성과 단편적 경향의 경박성을 얘기한다. 시대의 유행적 경향으로서가 아니라 내부공간을 대상으로 하는 인테리어디자인 작업의 원심적 작업 속성을 볼 때, 작업의 방법론적 수단으로서의 미니멀은 꽤나 유효하다는 결론에 이른다. 문제는 디자인의 깊이와 공간에 정서적 진실을 반영하는 것이다.

그리고 공간의 변이적 가변성과 분할, 이렇게 우리는 디자인의 깊이에 접근하고자 했다.

시골의 폐교된 교실바닥의 초 칠한 나왕판재로 집기를 만들고 백시멘트의 조합으로 바닥과 벽체를 단일화하여 바닥과 천장으로 이원화했다. 원형 홈이 파인 단순사각의 오래된 돌로 싱크대의 개수대를 대체하고 쇼윈도의 전시는 옥잠화 풀을 드리웠다.

이렇게 우리그릇과 더불어 시도된 미완의 이 작은 공간이 사람들에 회자되는 미니멀의 편린을 넘어 공간의 진실을, 디자인의 아주 작은 깊이라도 줄 수 있다면, 애정이 묻어 있던 세월의 흔적, 그 박제된 시간과 더불어 우리는 편히 웃을 수 있다.

## 4.3 사무공간 사례

▶ 공　간　명 : LA SENDAI
분　　　류 : 사공간
기 본 설 계 : NEED21 / 유정한
실시설계, 시공 : NEED21
위　　　치 : 서울시 강남구 청담동 100-6
면　　　적 : 1층 - 257m²
2층 - 230m²
외 부 마 감 : 블랙 스테인리스 스틸, blue wood veneer
내 부 마 감 : 바닥 - 현무암, wood flooring
천장 - v.p 도장, 열연강판

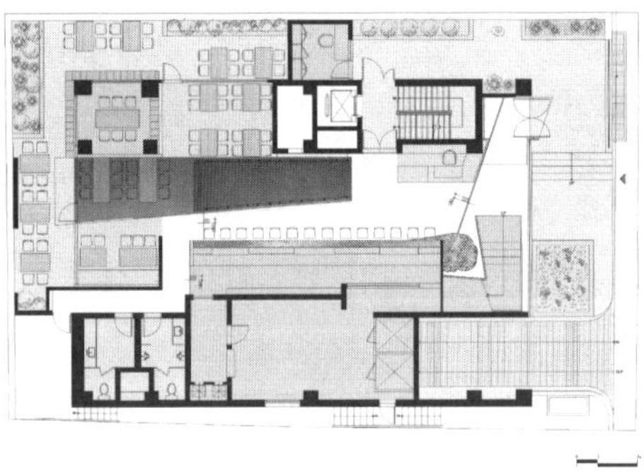

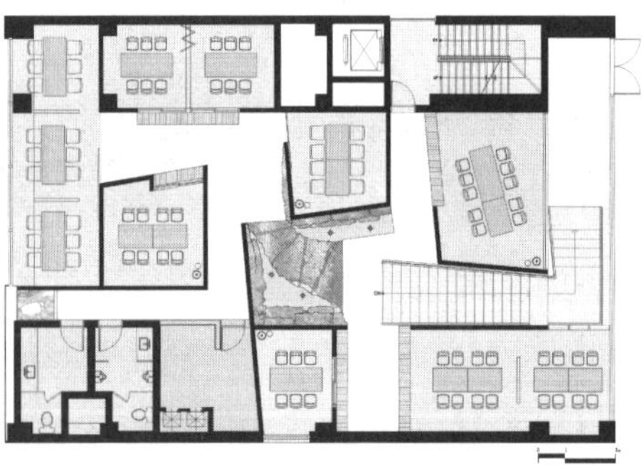

Concept

**墨의 空間**

먹(墨)은 대체로 焦 · 濃 · 重 · 淡 · 淸의 다섯 가지 묵색이 있다.
墨色을 내는 데는 접시의 표면과 삼투압과 毛筆의 흡수성에 의해서 만들어진다.
이 공간은 내가 좋아하는 墨의 세계 흑(墨)의 공간을 갖고, 공간의 濃淡으로 특별한 공간감을 자아내는 知覺을 느끼게 한다.
물체가 갖는 무형의 본질 내적성질, 물성의 표현은 관찰자에게 감각적 경험을 전달하는 미묘한 힘을 상징한다.

**모노톤**

Ansel Adams는 대부분의 사진을 흑백으로 찍는다.
흑백의 사진은 컬러보다 깊이 있고 묘한 감동의 숙성된 느낌을 전달하는데
동양의 먹이라는 재료는 濃淡을 사용 단순히 물과 함께 혼합하여신비한 자연을

담고 세상을 만든다.

이 공간 속의 모노톤은 어둠이라는 결정적 존재 속에 沈默한다

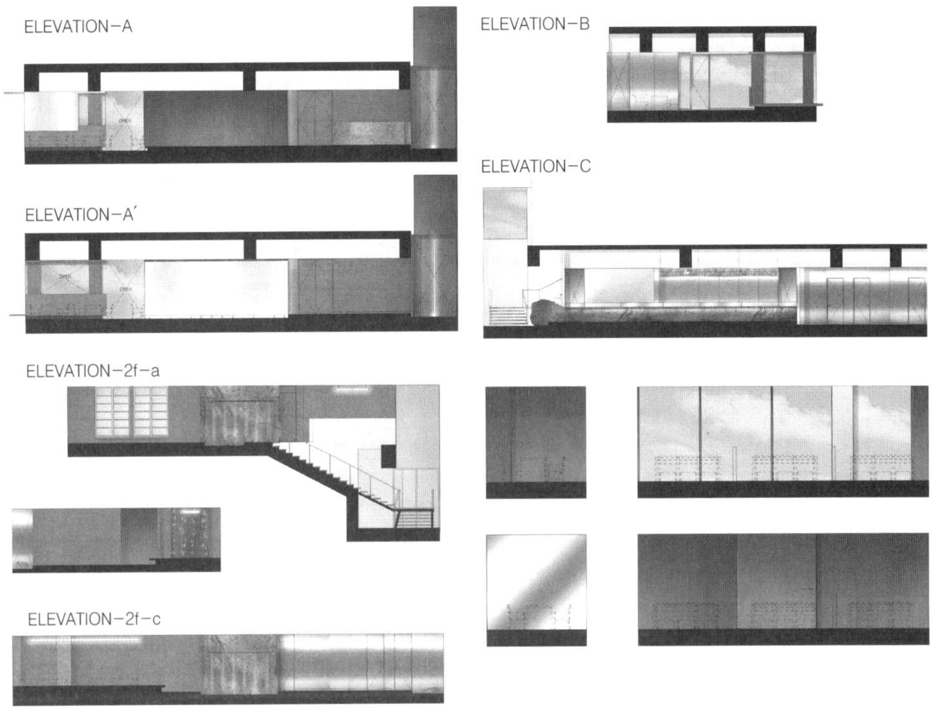


## 돌. 종이. 나무. 철 그리고 섬세함

자연적인 재료와 반자연적인 재료의 모순

철판은 공장에서 제작된 흑피상태 그대로, 종이는 먹을 염색한 자연스런 모노톤으로, 나무는 철의 피막이 갖는 어둠과 상반되는 밝은 스기목을 사용해 대비를 이룬다.

돌은 자연석을 인공적으로 가공한 면과 투박한 절단면을 그대로 적층하여 돌의 물성을 본질적으로 표현한다.

재료 본연의 色을 중요시하되 상반된 재료와의 충돌은 음식의 성격과함께 섬세한 디테일을 추구한다.

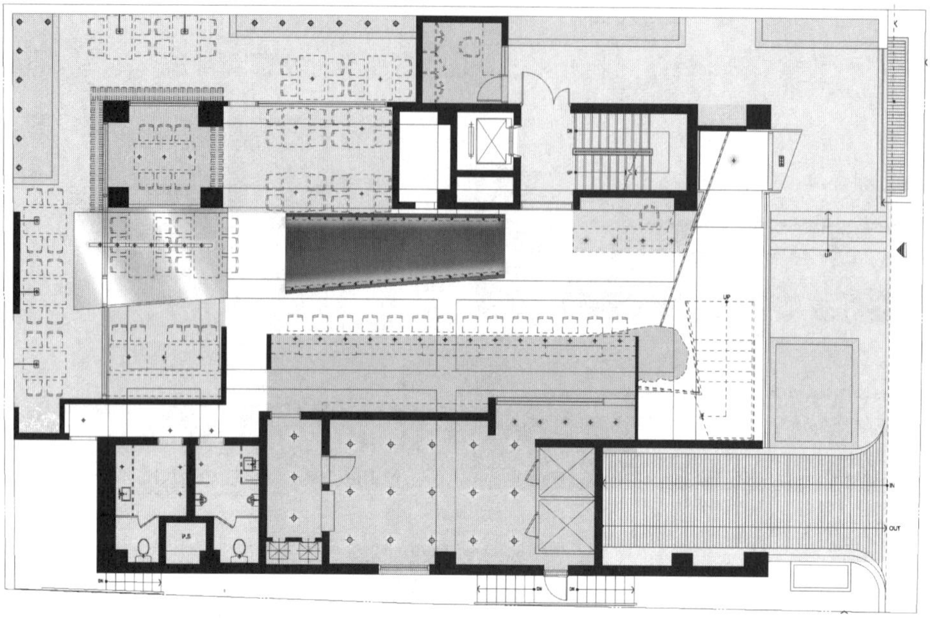

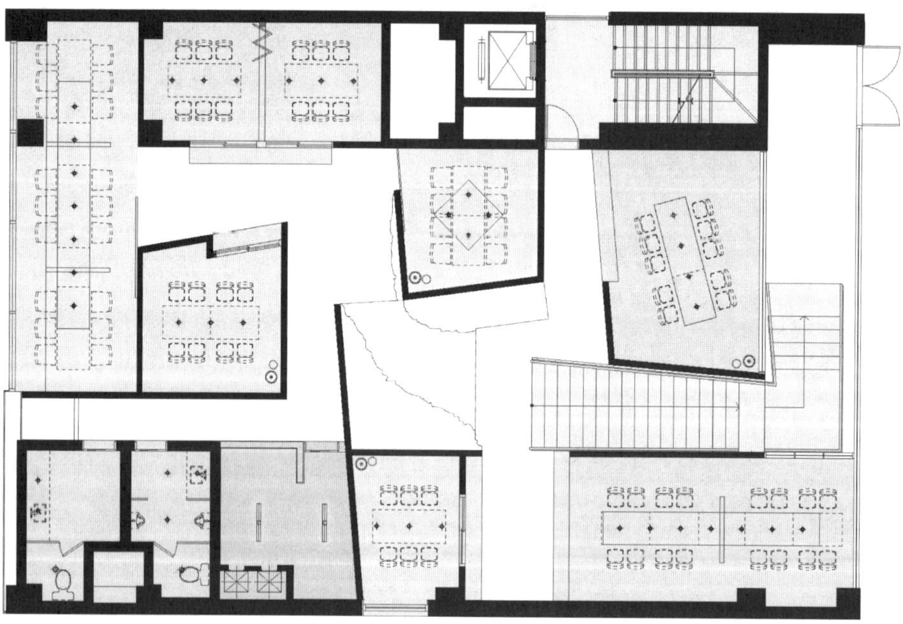

▶ 공간 명 : (주) 이미지 드롬

분 류 : 사무공간
기 본 설 계 : 남호우 / (주) 엔케이디자인
실시설계, 시공 : 엔케이디자인
위 치 : 서울시 강남구 역삼동
면 적 : 약 70평
마 감 : 바닥-우레탄도장, 체크프레이트
벽체 - 두랄루민, 슬레이트, V.P, 갈바스틸 위 도장
천장 - 노출천장 위 뿜칠

Concept

디자인 컨셉 = 창고 : 왜? 왜 창고였을까?

창고 아닌 번듯한 도심 빌딩 속 사무실을 허름한 창고로 바꾸는 행위는 무엇으로 정당화될 수 있을까?

좋고 나쁨, 아름다움과 그렇지 못함의 기준 자체가 모호해진 탓이다. 예전에 우리는 분명한 기준을 갖고 있었다. 홍부는 착하고 놀부는 나쁘다.

콩쥐는 착하고 팥쥐는 나쁘다.

개미는 바람직하고 배짱이는 그렇지 못하다. 지금의 관점으로 생각할 ㄸ, 이들 이야기속 주인공에 대한 가치관에 당신은 전적으로 동의하는가. 나의 경우는 아니다. 바야흐로 허름한 창고가 번듯한 사무실보다 훨씬 아름다울 수도 있는 시대가 온 것이다.

창고는 새 바지를 일부러 찢고 바닥에 문질러 너덜너덜하게 입고 다니는 세대의 감성으로는 '이보다 더 좋을 수 없는' 자유로운 공간이다. 흠집 나도 표도 안 날 것 같고, 좀 더러워져도 한 귀퉁이가 깨어져도 불안하지 않은 곳. 그래서 아주 어릴 때부터 내 행동을 제약하던 점잖은 실내공간에서의 규율 뛰지 말 것. 쓰레기를 바닥에 떨어뜨리지 말 것. 낙서하지 말 것. 벽과 바닥에 공 튀기지 말 것 등에서 벗어날 수 있다는 너무나 행복한 기대와 현실이 눈앞에 펼쳐지는 해방구다.

내 생각 vs. 네 생각

사실 말이 창고지. 진짜 창고를 빌딩 숲 속에 그대로 옮겨다 놓을 수는 없지 않은가. 이곳 이미지 드롬은 물건을 쌓아 두는 진짜 창고가 아니라 웹디자인을 하는 디자이너의 엄연한 오피스 공간이니까 말이다. 진짜보다 더 진짜 같은 가짜를 만

들어 내야 한다.

진짜와 가짜란 실제와의 이미지의 차이. 실제는 진짜로 그런 거고, 이미지는 그럴 듯해 보이는 거다.

직설적인 모방은 원본에 대한 기본이라는 위계상황에서 벗어날 수 없지만, 번안은 원본과 동일한 이미지를 공유한다는 점에서 파생된 원본일 수 있다.

빛으로 가득 찬 들에서보다 오히려 가느다란 한줄기 빛만이 새어 들어오는 어두운 동굴 속에서 더욱 빛의 속성을 강하게 느낄 수 있듯이, 적절한 번안과정에는 보여주기 위해 감추고 나아가기 위해 일보 후퇴하는 대조와 반전의 운용이 필요하다.

창고의 속성과 힘은 '덧' 붙임을 거부하는 데서 나온다. 덧입혀지지 않은, 치장하지 않은 모습은 '솔직한 드러냄' 이라는 미학적 코드를 갖는다. 뼈대가 되는 구조체, 신경망처럼 얽혀있는 설비배관들, 치장을 위한 마감재 사용의 절제, 재료의 물성을 극대화시키는 연출방법 등이 이 프로젝트를 위해 고려되었다.

### 속껍데기 vs. 겉껍데기

텅빈 것 같은 보이드한 공간감, 단순한 공간구성, '아직도 공사중 Under Construction' 을 알리는 재료, 물성의 존중

매끄럽게 다듬어지고 광택 나는 알루미늄으로 감싸여진 좁고 높은 출입구를 통해 빠른 속도로 이끌려 들어와 맞닥트려지는 텅 빈 공간. 속껍데기는 소리가 울

릴 것 같은 빈 공간이었다.

거기에는 무엇이든 담을 수 있을 것 같은 포용력과 그곳에서 무어라도 분출되어 나올 것 같은 무한한 잠재력의 힘이 숨겨져 있었다.

우리가 할 수 있는 일은 출입구 부분에서 매끄럽게 뽑아주기, 그리고 어느 한부분의 끝을 어둠 속으로 감추어 줌으로써 공허한 공간감을 강조하는 것이었다.

조명의 설치위치는 설비배관 아랫부분. 설비배관이 모두 노출된 천장 속으로는 빛이 스며드는 것을 막아 어디쯤에서 천장이 끝나는지 모호하게 흐린 탓으로 확장되는 공간감을 의도했다.

한 덩어리의 커다란 공기를 인위적으로 나누기가 내키지 않아 영역간의 공간구분 또한 바닥 마감재의 차별화로 끝내었는데,

그 결과 금 안쪽과 금 바깥쪽은 공기흐름의 속도가 달라졌다.

단지 '표식'에 의해서 만들어신 효과.

창고라는 겉껍데기를 위해서 거칠고 조야한 재료를 물색해야 했다.

그렇지만 진짜 조잡해 보여서는 안 될 말이었다. 지붕재로 쓰이는 슬레이트판을 구해 이어붙이고,

진귀한 장식재인 양 스포트라이트를 비추었다. 빛을 받아 드러나는 슬레이트의 패인 골들, 밝은 면과 그림자 면의 반복된 표현. 의도하지 않은 장식적 효과를 의

도함. 종이가 물을 먹듯 빛을 머금은 슬레이트판의 표면 재질감. 그 거친 미완성의 재료는 그렇게 해서 완성되었다.

▶ 공　간　명 : NEED21 사옥

분　　　류 : 사무공간

기 본 설 계 : NEED21 / 유정한

실시설계, 시공 : NEED21

대 지 면 적 : 127.35m²

건 축 면 적 : 70.67m²

연　면　적 : 262.56m²

외 부 마 감 : 바닥 - 콩자갈, 금잔디

벽체 - 스테인리스스틸 위 시멘트모르타르 마감, 셀라코트, 기와

내 부 마 감 : 바닥 - 셀프레벨링 위 에폭시, 열연강판

벽체 - 노출콘크리트, 열연강판, 밤라이트

천장 - 노출콘크리트, 셀라코트

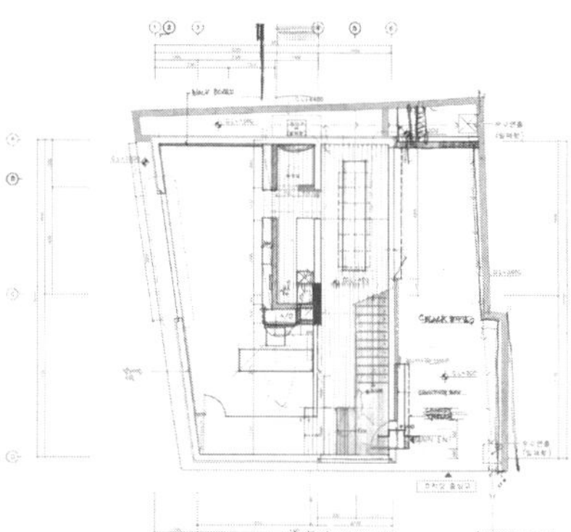

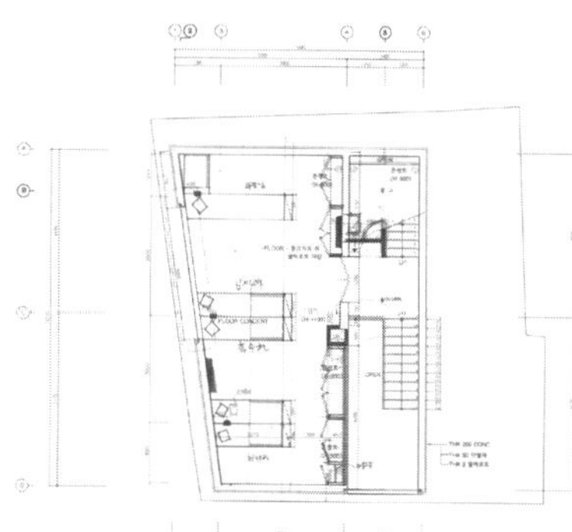

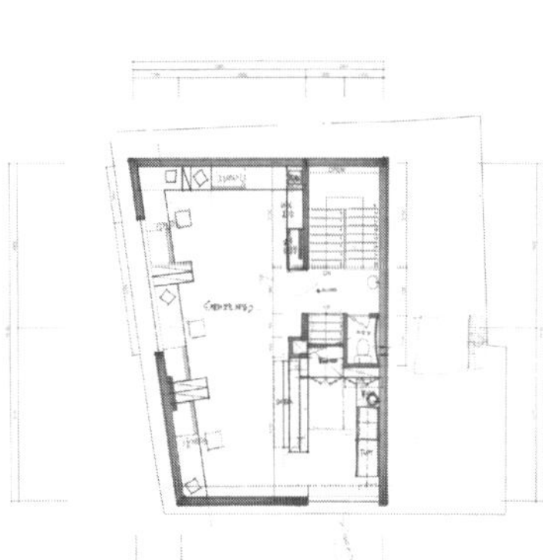

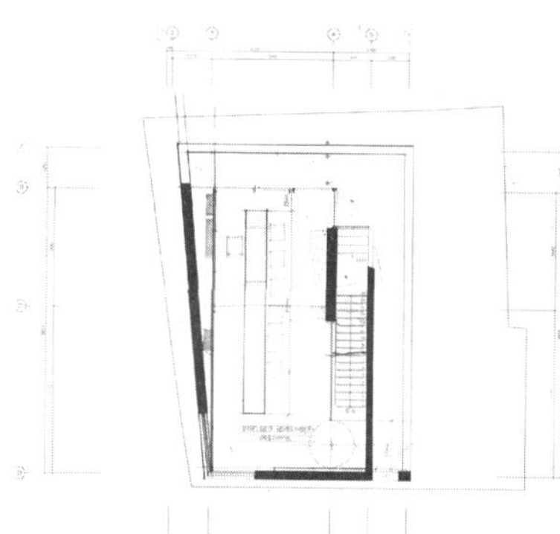

Concept

**默遊齋**

내 작업의 대다수가 경험을 통한 인식에서 해석되듯, 묵유제 역시 그간의 실험적 사고가 공간을 탐닉한다.

구법과 신법, 관계와 비의 관계, 자연과 비자연의 대위법적 구도가 축을 이루는데 그 중 이 공간의 빛은 공간의 성격을 결정함과 동시에 감각적 힘을 부여한다.

그림자와의 결합, 반사각의 변화는 어떤 재료와 만났을 때의 풍부한 감성을

일깨우며 공간을 충만시키는 감각질의 상태로 수용된다.

이 공간에서 재료에 대한 역할 또한 공간을 물리적으로 둘러싼 물질로 공간과의 호흡, 순환 그리고 연속적인 공간의 형식으로 순수하게 구현된다.

나는 어떤 대상이든지 벗었을 때 아름다운 것, 결국 있는 그대로의 작업이 훨씬 생명력을 갖게 하는데, 이 공간에는 단순과 간소가 늘 함께 한다.

"불필요한 것을 다 덜어낸 어떤 결정체 같은 것", 이 공간이 우리가 일하고 노는 뜻 그대로 默遊齋이다.

▶ 공 간 명 : 한양여대 디자인정보센터
분 류 : 교육공간
기 본 설 계 : 손유찬 / 한양여대
실시설계, 시공 : 팀시스템
위 치 : 서울시 성동구 행당동 17번지
면 적 :
마 감 : 바닥 - p-tile
벽체 - VP도장, / 인테리어 필름
천장 - 석고 보드위 VP도장

Concept

디자인의 상업화와 대중화 영향으로 디자이너는 컴퓨터를 통해 디자인 창조과정을 보다 빠르게 진행하게 되었다. 또한 컴퓨터의 분야가 급속히 발전하면서 정보산업분야에 맞는 인력양성이 중요해졌다. 디자인정보센터는 급변하는 시대적 요구에 적응하고 컴퓨터 환경에 대처할 수 있는 멀티미디어 교육환경을 준비하여 단기간에 집중적인 교육을 통해 멀티미디어 활용능력자를 육성하는 취지로 대학내에 개설하게 되었다. 조형관에 위치한 디자인정보센터는 안내를 겸한 휴게공간과 출력실, 강사실과 다수의 컴퓨터강의실로 구성되어 있다.

이 공간은 이곳을 찾아오는 교육생들의 희망을 키워가는 장소이다.

그동안의 교육기관이라는 진부하고 딱딱한 인식에서 탈피하여 방문하는 교육생들에게 시각적으로 즐거운 그래픽적인 공간이 되도록 하고자 하였다.

자연을 구성하는 태양과 구름, 바다와 모래, 숲과 바위 등의 형상과 색상으로 구성하므로 자연의 이미지와 다양한 색상으로 동적구성이 되도록 하였다.

복도의 길고 지루한 벽면을 강의실 입구 사인과 그래픽 이미지로 표현하여 안정감과 동시에 변화를 시도하였다.

이러한 시각적 이미지와 공간에서 학생들의 새로운 미래와 희망을 설계하는 장소로 되었으면 하는 뜻이다.

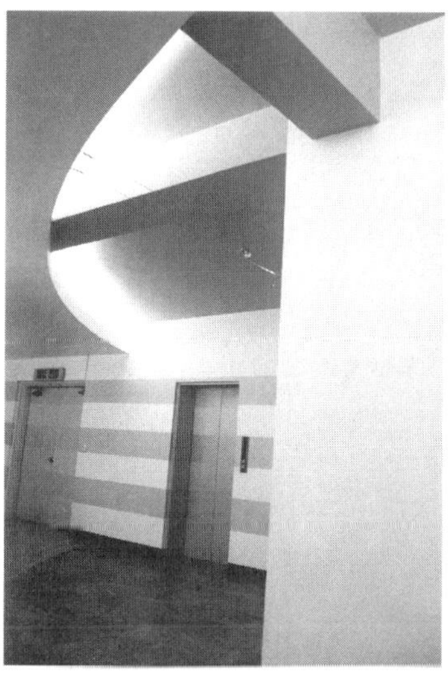

## 4.3 전시공간 사례

▶ 공 간 명 : 40계단 기념관

분 류 : 전시공간

위 치 : 부산시 중구 동광동 44-3(40계단 문화회관 5,6층)

기 본 설 계 : 정철

실시설계, 시공 : 우원 에스텍

면 적 : 421.3$m^2$

마 감 : 바닥 - p-tile,

벽체 - 유리, 스테인리스판, 사진인화, 석고보드 위 VP도장

천장 - 석고보드 위 V.P 도장

온 나라가 전쟁으로 변하고 우리 모두를 피난민으로 내몰았던'6.25 한국전쟁' 숨막히는 정치적 격동과 경제, 사회, 문화의 혼돈을 고스란히 떠안아야 했던 임시수도 '부산'

밀려드는 피난민으로 인해 산비탈은 물론 골목골목, 길섶에 이르기까지 판자촌이 숲을 이루었던 피난촌의 중심 '중구'

호구지책이 최대의 과제이던 시절, 구호물자를 내다 팔던 장터이자 판자촌 언덕길로 이어지던 삶의 길목 '40 계단'

이제 여기 피난민들의 삶과 애환을 고스란히 담고 있는 피난시절의 상징,'40계단'을 통해 처절하고 암울했던 시절, 그러나 결코 꿈과 희망을 버릴 수 없었던 사람들의 이야기를 함께 나누고자 한다.

훨씬 더 좋은 옷을 입고 훨씬 더 맛난 음식을 누리면서도, 그들보다 덜 행복해하고 더 작은 꿈을 키우며 사는 우리들의 어깨를 힘주어 잡아주고 싶다.

### 추진방향

한국전쟁 당시 피난민들의 애환과 향수, 중구지역의 어제와 오늘의 발전과정 안에 묵묵히 자리잡아 온 '40계단' 을 지역의 문화관광명소로 개발함에 있어 '40계단 기념관' 건립을 통해 잊혀져 가는 과거의 향수, 새롭게 도약하는 중구청의 비전을 소개하고, 나아가 부산 중구지역이 문화, 관광, 산업 중심지로의 옛 명성을 되찾는데 하나의 상징 거점이 되게 하였다.

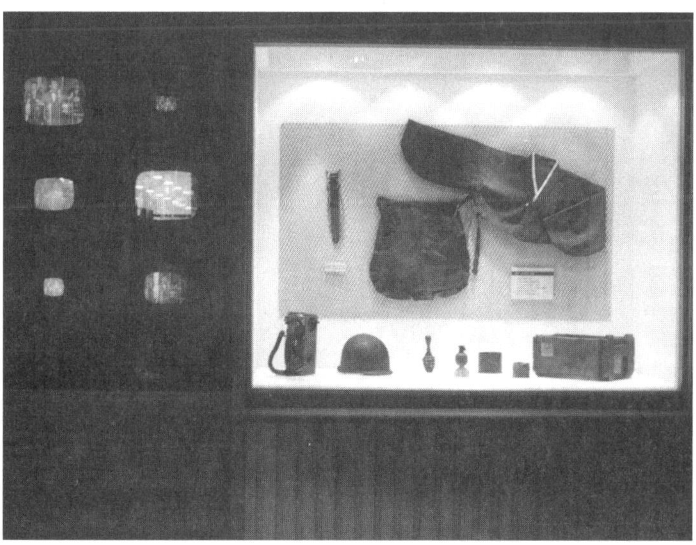

▶ 공 간 명 : 2003 디자인대학박람회 한양여대 관
분 류 : 전시공간
기 본 설 계 : 손유찬 / 한양여대
실시설계, 시공 : 필립디자인
위 치 : 서울 강남구 삼성동 COEX 컨벤션룸
면 적 : 60m²
마 감 : 바닥 - 합판위 카펫
벽체 - MDF + 클레임, 그래픽 실사출력 부착
연출 - 풍선, 메로시스템

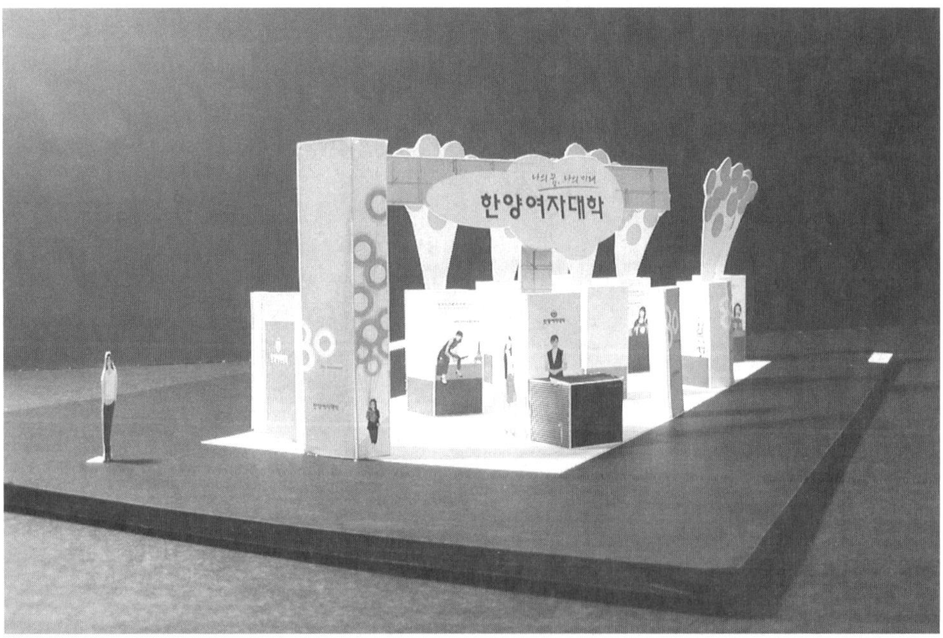


CONCEPT

꿈나무의 결실

디자인대학 박람회는 전국에 디자인학과를 가진 대학들이 예비 입학생들을 위한 홍보의 장으로 시작되었다. 많은 대학들이 재학생과 졸업하는 학생들의 작품이나 학교를 소개하는 내용으로 전시를 연출하고 있다. 한양여대전시관은"열매 맺은 꿈나무"라는 컨셉으로 학생들의 학교생활과 졸업작품을 소개하고자 하였다.

연두색 풍선의 7개 나무들은 이제 열매를 맺어 사회로 나가는 졸업생을 배출하는 디자인관련 7개 전공을 배치하고 있다. 평면상 대각선으로 교차되는 선 위에

점으로 반복되는 기둥은 공간을 구성한 나무들로 30년 성장해온 학교를 표현하고자 한다.

주로 인물 일러스트를 이용한 그래픽 작업으로 통일하여 일반적인 실물사진을 사용 않고 각과 벽에 있는 구멍을 통하여 이미지 사진을 볼 수 있도록 하여, 재미라는 요소와 장내에  많은 전시요소로 인한 번잡함을 해소시키고자 하였다.

CHAPTER 4

# 실내디자인의 실무

1. 공간별 계획방향
2. 실내계획의 실무 이해
3. 실내디자인 단계별 진행 및 점검
4. 실내디자인의 실무경영

# 1. 공간별 계획방향

## 1.1 주거공간의 계획방향

### ◆ 주거공간의 이해

#### (1) 주거공간과 계획

주거공간은 자연적 재해와 화재나 도난 등의 사회적 피해로부터 인간을 안전하게 보호 하고, 적절한 일조, 통풍, 환기, 냉난방을 통해 건강하고 쾌적한 환경을 제공해 주어야 한다. 환경은 육체적, 정신적 피로를 풀어 주고 새 활력을 제공해 줌으로써 노동력 재생산의 장소로서의 기능을 갖는다. 주거공간계획은 공간을 사용하는 거주자의 연구로부터 시작된다. 거주자는 개인 또는 가족단위로 취침, 휴식, 식사 등의 휴양행위, 친목 등의 여가행위, 그리고 주부가사와 같은 노동행위, 배설, 입욕과 같은 생리행위 등이 복합적으로 이루어진 생활을 영위하기 때문이며, 이들의 심리적, 심미적 요구사항도 매우 다양하기 때문이다.

그림 1 주거자의 취향에 맞게 디자인의 스타일을 결정하게 된다.

#### (2) 주거계획의 기본방향

① 생활의 쾌적함을 추구한다.

② 가족전체의 단란함을 중요시 하며 가족중심의 생활공간이 되도록 한다.

③ 개인의 프라이버시를 지키며 개인생활을 존중한다.

④ 주부가 직접 가정을 운영할 수 있도록 하고 생활의 편리함을 추구한다.

그림 2 편리하게 이동할 수 있는 가구는 실내공간의 변화를 주는 역할을 한다.

### (3) 주거공간계획의 고려사항

설계자는 주거하는 가족의 일반적인 사항과 개인적 취향과 여러 가지의 고려되어야 할 사항은 조사방법에 의해 설계자료가 정리되어야 한다.

① 거주인 : 가족관계, 가정의 욕구, 독신, 공동자치

② 생활양식 : 각자의 주택개념, 거주자의 개념과 선호도 반영, 편리한 설비, 현대 · 전통식

③ 이동성 : 이사 및 변경계획에 반영, 편리하게 이동, 변경 · 고정식과 이동식 가구

④ 위치, 기후, 방향 : 은신처로서 영향, 전망, 기후조건에 따라 디자인에 영향을 준다.

⑤ 공간에 대한 반응 : 휴먼스케일, 개인적 심리반응, 개인의 프라이버시, 적절한 폐쇄된 공간, 원룸

⑥ 빛과 색 : 개인의 취향, 빛의 양 조절, 색의 심리적 느낌

⑦ 스타일 : 디자인 역사와 유행, 개인적 기호(taste), 안락감, 안정성, 친밀성, 개성 있는 공간

⑧ 미학적 평가기준 : 환경과 시간은 변화, 기능, 경제성, 미, 개성

⑨ 자원 : 재정자원, 인적자원, 물적자원

그림 3 숨겨진 모서리 공간에 만들어진 주방수납공간

그림 4 1, 2층을 수직 개방한 공간은 커진 공간의 부피로 인하여 거주자로 하여금 흥분감을 느끼게 한다.

## ◆ 주거공간의 설계

### (1) 수평적 공간과 수직적 공간

① 수평적 공간

소규모 주택과 아파트에 적합하며 단층으로 평지와의 조화를 이룬다. 소요공간 증가로 인하여 구조물 비용이 증가되어 에너지 사용은 비효율적이다.

② 수직적 공간

다층으로 된 주거공간에 알맞고 집합주택, 연립주택 등이 있다. 노 · 소 · 장애인은 계단으로 인한 장애가 있을 수 있다. 청소를 위한 기구세트가 이중으로 필요하게 되는 단점이 있다.

③ 수직으로 개방된 공간

1, 2층의 수직개방공간은 공간의 용량을 느낄 수 있어 내부공간에 흥분감 준다. 에너지 효율이 나빠 여름에 열의 상승과 겨울에 에너지 낭비가 크다. 개방으로 일어난 소음이 상부로 전달되어 지장을 주는 단점이 있다.

### (2) 개방공간과 폐쇄공간

① 개방공간(open planning)

융통성 있는 사회적 공간으로 다목적 기능의 다양한 활용이 가능한 공간이다.

- 장점 - 넓은 느낌, 공간사용의 다양성, 생활 흐름과 많은 행위의 상호 관련성, 고립감에서 벗어나는 주부
- 단점 - 소음행위로 인한 방해, 격리장소 부재, 어수선해 보일 가능성
- 단점 보완 - 부분 벽 설치, 바닥높이 조절, 가구 배치, 흡음재 사용, 격리된 영역제공

② 폐쇄공간(closed planning)

공간마다 각기 다르게 활용하고 절충식 방식으로 다양하게 사용할 수 있다.

- 장점 - 연령별 · 활동별로 프라이버시 보장, 유시관리의 차별화 가능, 안 쓰는 영역 폐쇄, 에너지 절약
- 단점 - 답답함 , 공간사용의 융통성 부족, 동선의 엄격한 통제, 시선의 차단
- 단점 보완 - 밝은 색 사용을 넓게 함, 절충식 방법, 가구를 최소한으로 배치

### (3) 주거동선(circulation)

동선은 공간을 사용하기 위해 인간이 걸어 다니는 흔적이다. 동선은 빈도, 속도, 하중의 3요소에 따라 동선거리의 장단, 폭의 대소가 결정된다. 동선계획은 주거공간 내에서 일어나는 모든 움직임을 이 3요소에 의해 정리, 분석하는 것이다. 계획의 결과는 장소와 장소, 방과 방을 연결하므로 주택전체의 평면계획과 연결된다. 각 방의 동선계획은 실의 구성과 연결을 나타내는 동선도, 기능도, 구성도 등으로 표현된다. 또한 각 방의 동선계획은 가구배치로 융통성을 살린다. 거실, 식당, 부엌, 마루 등은 통로로 이용해도 좋으나 통로로 이용되는 면적을 최소한으로 줄이며, 이들 방안을 가로지르거나 하여 가구배치에 영향을 주지 않아야 한다.

### (4) 실내공간의 영역(interior zoning)

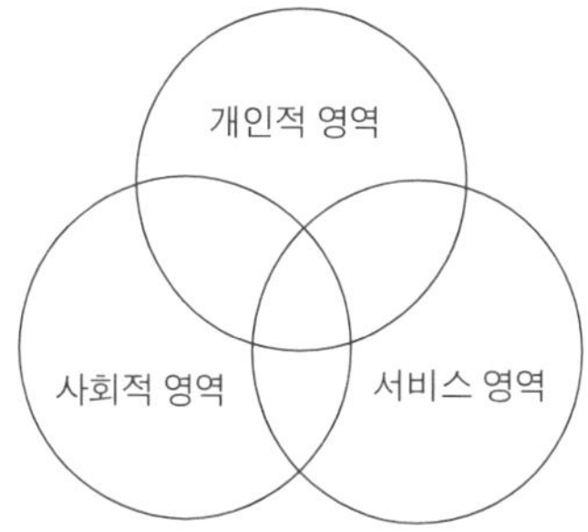


그림 5 인간 행위의 기능적 유사성과 사적 활동과 사회활동에 따라 3개 영역으로 이루어진다.

주거공간을 구성하는 데에는 전체를 이해해야 할 필요가 있다. 구성요소, 제품, 과정, 설비, 인간관계 및 환경적 관점 등 개별적인 것을 떠나 통합적으로 계획되어져야 한다. 공간계획은 환경 안에서 일어날 행위와 이를 수행하는데 필요한 비품 및 설비 유사한 행위들 서로의 관계 그리고 이 행위를 수용할 공간적, 구조적 요건과 제반 비품들에 대한 분석에서 시작된다. 주거공간을 구성하는 영역은 사용자의 요구와 충족시키는 인간의 행위가 수용되는 프로그램으로 계획된다. 행위의 기능적 유사성과 사적활동과 사회활동의 정도에 따라 사회적, 개인적, 서비스영역으로 나누어 볼 수 있다.

① 사회적 영역(group & social spaces)

거실, 식사실 등 2개로 분리된 사회적인 공간 추세이며 주차시설에서 현관으로 진입이 용이한 계획도 이에 해당한다. 생활유형과 가치에 맞는 환경을 제공하는 공간으로 구성되어 있다.

그림 6 주방은 가정의 중심지로 변하며 다기능을 가진 공간으로 변하고 있다.

② 개인적 영역(private zones)

침실과 함께 생리적 필요성에 의해 흡족한 배려가 필요한 공간이며 휴식의 장소가 된다. 화장실은 경제적 발전과 비례해서 좋은 환경을 갖게 되었다. 시각적인 방향을 고려해야 하며 갱의실과 옷장의 배치는 프라이버시를 고려하면서 준비한다.

그림 7 개인적인 영역은 사적공간으로 휴식이 가능한 따뜻한 분위기 공간으로 디자인한다.

③ 서비스 영역(service areas)

에너지 보호, 열 효율화, 자원 재활용을 응용할 수 있는 공간으로 세탁장과 다용도실 등이 있으며,

주방은 예전과 달리 가정생활의 중심지로 문화가 변하면서 조리공간의 효율화, 즉 과학화로 부엌의 개선에 크게 이바지 한바 있다. 이는 인간공학적인 측면에서 이루어져야 보다 과학적이고 편리한 공간으로 계획될 것이다.

### (5) 계획공간의 평가

사회생활의 최소단위인 가족을 한지붕 밑에서 생활하게 함으로써 가족의 단란과 독립성을 보장해 주며 개개인의 인격형성에도 기여하게 한다. 이러한 가족은 주택 1인당 최소 5.5평(18.15m$^2$)을 확보하는 것이 적당하며, 1인당 13.9평(45.87m$^2$)이 되면 안락한 생활을 영위할 수 있다. 1인당 최소 평수에서는 프라이버시를 확보할 수 있는 계획에 주의를 기울여야 한다. 가족이 증가하게 되면 1인당 필요공간이 축소될 수 있으며 가족의 연령 폭과 관심분야에 따라 활동적인 생활은 공간의 증가를 요구하게 된다. 이에 맞게 적절히 할당할 수 있어야 하며 사회적 공간과 개인공간을 분리하므로 프라이버시를 중시하는 공간계획이 필요하다.

국내의 주거복지 연대에서 발표한 내용(2002. 9. 25)에서 보면 1인당 3.6평의 면적을 확보하는 것이 국내의 최저 주거기준으로 되어 있다. 전체가구의 23.1% 330만 가구가 최저 주거수준 미달인 국내의 주거환경은 선진국에 비해 낮은 수준에 있다.

## ◆ 각 실의 실내계획

### (1) 거실(living room)

가족중심의 생활을 지향하는 현대생활에 있어 거실은 가족 모두를 위한 일상의 장소로서 단란한 장소로 사용되고, 주생활은 거실을 중심으로 이루어지므로 주거공간에 있어 가장 중요한 부분으로 인식되고 있다. 따라서 거실은 가족 전체를 위한 융통성이 있는 다목적 공간으로 계획한다. 일반적인 거실의 이상적인 규모는 1인당 최소한 4~6㎡ 정도이며, 5인 가족이 식당을 겸할 경우 그 규모는 최소한 16.5m$^2$(5평)이나, 권장기준은 18~24㎡가 바람직하다. 최소한 5인이 앉을 수 있는 소파 한 세트와 TV를 시청할 수 있는 최소한의 거리를 기준으로 11~16.5m$^2$를 규정하였다.

거실의 가구배치는 거실의 규모, 형태, 개구부의 위치와 크기, 가구조건, 거주자의 취향 등에 따라 달라진다. 거실 소파세트를 중심으로 가구 배치유형을 살펴보면, 대면형, 코너형, U자형, 직선형, 복잡형, 원형, 자유형으로 나눌 수 있다.

거실의 바닥은 테라코타, 타일에서부터 목재 플로어링(flooring), 카펫에 이르기까지 다양한 재료로 사용할 수 있으나, 재질감의 조화와 함께 우리는 신발을 벗고 실내에서 생활하므로 촉감의 정도, 난방방법 등 제반사항을 고려하여 재료를 선택한다.

그림 8 2002년 미국 디자인하우스 행사에 출품된 디자이너의 주거공간 일부와 프리젠테이션 보드

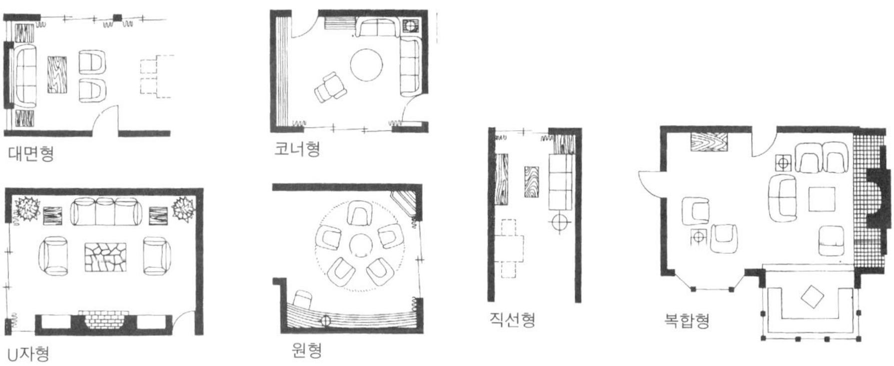


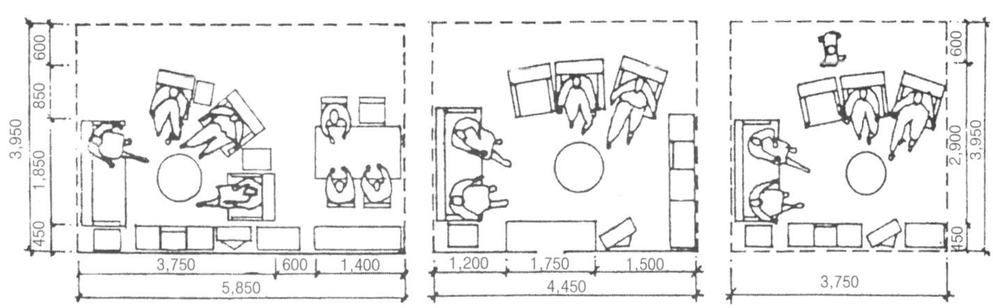

### (2) 식당(dining room)

그림 9 즐거운 식사와 함께 다양한 화제를 만들어 주는 식사공간

식당은 하루 세 끼 식사를 위해 사용하는 공간 외에도 가족단란과 주부의 독립적 공간이자 가사작업공간이기도 하다. 식당은 가족실로서 기능을 갖는다는 의미에서 거실과 함께 가족행위의 중심장소가 되어 거실-식당이 연결되는 것이 바람직하다.

식당의 규모가 작을 경우, 거실과 식당을 겸하는 리빙다이닝(LD) 또는 거실, 식당, 부엌을 겸하는 리빙다이닝키친(LDK)이 되어 거실공간도 넓어지고 식사공간도 여유가 있어 편리하나, 너무 작을 경우 기능적인 면만 치중하여 답답한 느낌을 주게 된다.

식당의 표준크기는 9m$^2$ 정도이며, 1인당 1.7~2.3m$^2$ 면적이 필요하다. 6인용 식탁일 경우에는 직사각형 1,800mm ×800mm 또는 둥근 식탁일 경우 직경 1,200을 기준으로 직사각형 식탁의 짧은 변을 벽에 붙여 배치하면 식당의 규모는 2,900mm × 300mm 정도가 필요하나, 둥근 식탁을 놓으면 3,350mm ×3,350mm 정도가 필요하다.

### (3) 주방(kitchen)

주방의 실내계획은 편리하고 능률적인 작업공간과 밝고 청결한 분위기의 위생적인 조리공간을 기본으로 다음과 같은 방향으로 전개되어야 한다.

① 각 가정의 식생활 패턴에 맞는 적절한 부엌의 유형이어야 한다.

② 조리작업의 흐름에 따른 작업대의 배치와 작업자의 작업동작에 따르는 합리적인 치수 및 수납계획이어야 한다.

③ 음식을 취급하는 곳이므로 먼지, 쓰레기는 깨끗하게 처리되어야 하며, 청소가 간편해야 하며, 아울러 환기와 통풍이 잘 되도록 고려한 위생적인 공간이어야 한다.

④ 전기, 물, 불을 함께 사용하는 공간이므로, 이에 대한 설비는 사용

그림 10 위생적인 재료를 사용하여 제작된 주방기기

상 편리하고 안전해야 한다. 아울러 이를 고려한 적절한 마감재료 이어야 한다.

⑤ 거실에서의 단란함이 식당, 부엌으로까지 자연스럽게 연결되도록 한다.

주방의 유형은 독립형 주방, 반독립형 주방, 오픈 주방(open kitchen), 아일랜드 주방(island kitchen), 키친네트(kitchenett)로 분류된다.

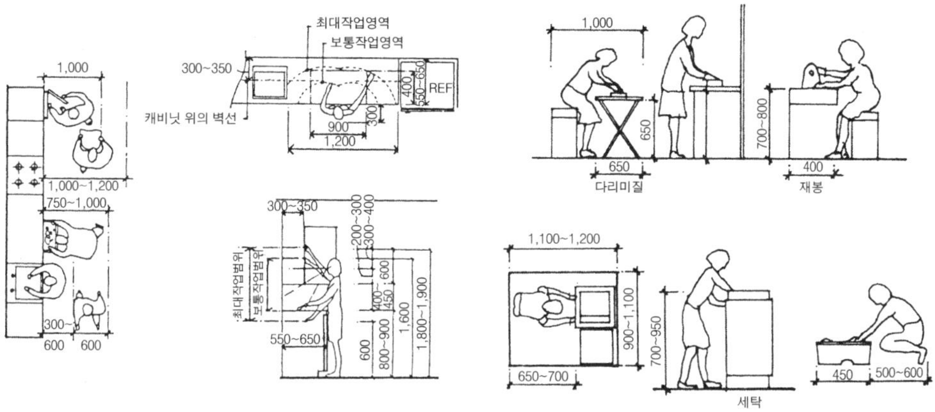


그림 11 주방과 기타공간에서의 작업범위

### (4) 침실(bed room)

침실의 주목적은 잠을 자기 위한 취침공간이며 주거공간 중 가장 사적인 개인생활공간이다. 자신만의 내실로서 자신의 기호, 취미, 개성에 따라 표현되고 독립성이 강한 공간으로 프라이버시가 확보되도록 계획한다.

### (5) 서재

서재는 사용하는 개인의 직업과 성향에 따라 기능도 달라지고 요구하는 분위기도 다소 다르다. 그러나 일반적으로 서재는 독서와 연구를 위해 집중할 수 있으며 안정된 분위기를 계획함이 기본이다.

### (6) 욕실

설비시설의 발달로 인한 주거공간의 많은 변화 중에서 욕실공간은 획기적인 변화를 이룬 부분이라 할 수 있다. 특히 화장실은 과거에는 불결하다 하여 가능한 격리시켰던 부분이나, 오늘날에는 생리위생공간을 욕실, 세면실, 화장실로 구분하여 각 실을 전체규모와 실의 목적에 따라 서로 근접시켜 배치하거나 욕실의 한 공간에 모두 통합하여 일실다목적 다공간화(一室多目的 多空間化)를 꾀한다.

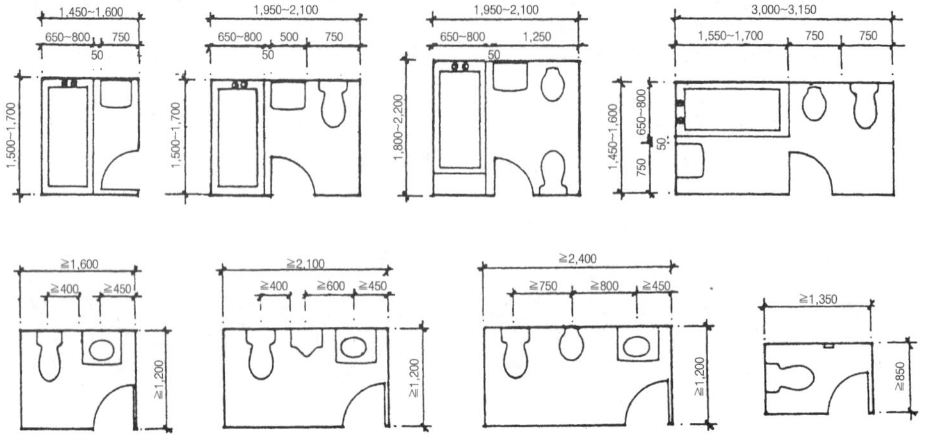

그림 12 화장실과 욕실의 유형

그림 13 외부 창이 있는 욕실은 몸과 더불어 마음까지 휴식할 수 있는 것이다.

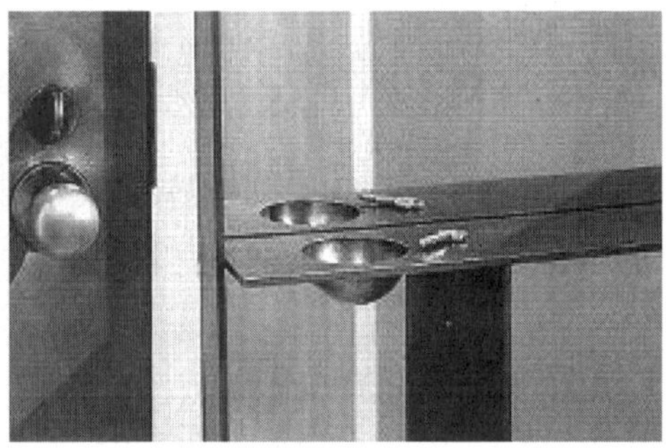

그림 14 현관 문옆에 열쇠를 놓아두는 자리를 준비한 소형아파트 공간

## (7) 현관

현관은 옥외에서 주택의 출입을 위한 개구부로서 주출입구의 개념을 갖는다. 따라서 도입공간으로서 실내 · 외부의 중간적인 성격을 가진 연결공간이면서 사회와 개인생활의 접점이 되는 곳이기도 하다.

### [참고사항 : 실내 환경오염]

우리나라는 실내 공기의 문제점과 중요성을 인식하여 2004년 5월 시행한 '다중이용시설 등의 실내 공기 질 관리법'에 따라 아파트 등 신축 공동주택에 대한 실내 공기질 관리를 의무화할 예정이다. 그러나 이 법령은 2004년 5월 이후 시행되기 때문에 이전에 지어진 1년 미만의 신축 건물에서는 계속적으로 유해물질을 완전리 제거할 수는 없는 현실이어서 새집증후군의 위험성에 계속 노출될 수밖에 없다.

최근 실내공기오염으로 인한 건강영향에 대해 중요하게 생각하는 것은 이들 원인물질들, 예를 들면 벤젠 도는 포름알데히드와 같은 건축 자재와 밀접한 물질들은 오래전부터 만성노출시 인체에 암을 유발할 가등성이 있거나, 고농도 노출로 인해 급성 독성을 일으킬 수 있는 인체에 유해한 물질도 알려진 것들이라는 것이다.

특히, 대도시의 외부 공기는 인구 밀집과 산업시설의 증가 및 교통량의 팽창으로 인하여 오염이 점차 심해지고 있으므로, 여기에 실내공기오염이 가중된다면 실내 · 외 공기오염으로 인한 인체 건강 위해성은 더욱 심해질 것으로 예측하고 있다.

미국에서는 이미 1980년대, 일본에서도 1990년대부터 사회적으로 문제가 되어온 새집증후군은 석유 화학문명이 만들어낸 '환경성 질환'이라 할 수 있다. 특히, 새집증후군 또는 알레르기와 같은 증상들은 단 한번의 자극만으로도 발현되는 것이 아니고 지속적이고 반복적인 자극으로 인해 인체가 바능하는 것이기 때문에 현대 사회 이후 건물의 밀폐화, 현대화로 인해 꾸준히 악화된 공기에 반복적으로 노출된 사람들이 이제야 그 증상들을 호소하게 되는 것이다.

실내 환경오염으로 인한 인체 유해 증상들이 아직까지는 가볍지만 무엇보다 환경재앙은 피해사례가 본격적으로 보고 될 때에는 이미 돌이킬 수 없는 단계에 이른 것이므로 지금부터 이에 대한 실내 건축 친환경자재 사용에 대한 관심을 기울여야 할 때이다.

### ◆ 아파트 리모델링과 시공

최초의 근대식 아파트 단지는 주택공사가 1961년 서울에 마포 아파트단지를 건설한 것이며, 그 후 많은 사람들이 아파트에서 살고 있다. 아파트는 편리한 생활을 하나 신축한 지 오랜 아파트들이 늘어나면서부터 리모델링 공사가 많아졌다. 아파트 리모델링은 오래 된 아파트를 대상으로 각종 내부의 낡고 지저분한 마감들을 교체하는 것이다. 내력벽을 손상하지 않는 범위 내에서 실내구조를 변경하는 것이 가능하며, 비내력벽을 교체하거나 제거, 바닥 및 벽지 마감재 교체, 발코니 바닥 높이기, 타일공사, 페인트 공사 등으로 집안 분위기를 바꾸는 것이다.

다음은 아파트 리모델링 공사 시 각 장소별로 고려해야 할 사항이다.

① 발코니

아파트 발코니는 새시, 시스템 창호를 설치하여 내부공간으로 변경 사용되고 있다.

- PVC새시는 재료 자체 하중에 비하여 여닫는 힘도 가볍고 특히 알루미늄보다 단열, 밀폐 방음성능이 우수하다. 두 장을 겹친 두께 16mm 이상에 페어글라스 복층유리 사용할 수 있다.
- 색상이 다양하여 내부 색상에 맞추어 체리, 월넛, 화이트 등으로 매치가 자유롭다.

- 조립식의 금속제 피스를 사용하여 조인하는 방법이 있다.

그림 15 시스템창호는 방음과 밀폐성이 뛰어나며 사용기능이 다양하여 편리하다.

② 거실확장

- 거실 앞 발코니를 내부면적으로 만들어 넓은 거실공간으로 활용하여 번적이 약 2-4평 확장 가능.
- 발코니 전망이 좋은 아파트는 확장공사 시 거실이 전면으로 이동하는 효과
- 대개의 아동방은 책상과 침대가 놓일 경우 공간이 협소한 구조로 설계가 되어 있다.
- 햇볕이 안 드는 작은방은 단열공사에 특별히 신경을 써서 공사를 진행한다.
- 동절기 결로현상 방지를 위해 목공 단열공사는 빈틈없는 규격에 단열재를 사용하여 시공.
- 우기에 발코니 누수현상이 없었는지 외부 새시 실리콘 상태는 양호한지 확인.

③ 바닥재

- 기름을 먹인 한지 종이장판, 최근 많이 사용하는 나무 무늿결에 u/v륨 온돌마루, 원목마루, 강화마루 등이 있으며 u/v륨에 기능성을 가미한 옥장판, 황

토장판, 참숯장판, 수맥차단장판 등이 기능을 강화한 제품도 있다.

- 바닥재 색상은 다른 실내재료 색보다는 조금 진한 색을 선택해야 안정감을 준다.
- 온돌마루를 시공 할 시는 반드시 기존 바닥재 철거 후 시공해야 한다.
- 온돌마루는 몇 겹의 합판구조에 표면 무늬목을 붙이고 코팅처리한 나무 마루판.
- 강화마루는 성형나무판에 표면을 pvc처리한 강도가 단단한 마루판으로 원목마루보다 폭이 넓고 충격에 강하며 관리가 쉬운 장점이 있다.

그림 16 온돌마루는 자연 질감으로 방안을 온화하게 만들어 준다.

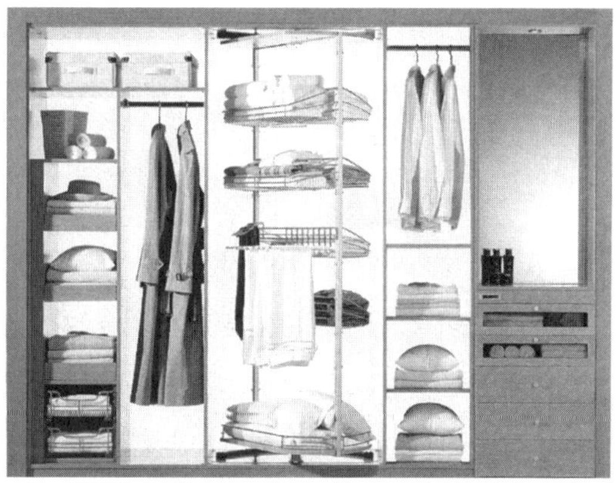

그림 17 붙박이장의 내부는 실속있는 수납구조로 되어 있어 사용에 편리하다.

④ 침실

- 안정된 침실을 위해서는 기본적인 냉난방 시설과 다른 방에 비해 독립성을 갖는 것이 중요하다.
- 가족 각자의 프라이버시를 중요하게 생각하는 것이 요즘의 추세인 만큼, 가급적 현관이나 거실에 바로 면한 방보다는 공용공간과 조금 떨어진 곳, 복층아파트 경우 1층보다는 2층에 침실을 두는 것이 좋다.
- 화장이나 옷을 갈아입는 행위, 독서 등 간단한 개인적인 취미까지 함께할 수 있는 공간이 있다면 더욱 좋다.
- 붙박이장을 설치하여 침실의 수납공간으로 활용하거나, 드레스 룸을 만들어 의류 수납이나 화장할 수 있는 공간을 확보할 수도 있다.
- 침실 내부에 욕실 겸 화장실을 두어 자녀 화장실과 구분하면 편리하다.

- 침실 조명은 전체조명과 국부조명을 함께 설치하고 문 옆과 침대 머리에도 스위치를 설치하여 편리하게 사용.

⑤ 욕실

- 아파트 대부분이 세면대와 변기와 욕조가 함께 있는 화장실로 가족들이 불편한 경우가 많다. 화장실과 욕실을 분리하여 각기 사용할 수 있는 방법을 생각해 볼 수 있다.
- 작은 여유공간을 내어 세면대만 별도로 분리하여 외출에서 돌아왔을 때나 식사 전에 손을 씻는다든지, 아이들이 무엇을 흘리거나 묻혔을 때 매우 편리하다.
- 화장실은 모든 방에서 쉽게 갈 수 있는 위치에 두는 것이 좋다.
- 현관에서 바로 화장실 문이 보인다든지 거실에서 화장실 드나드는 모습이 직접 보이는 것은 좋지 않다.
- 문은 화장실 안쪽으로 열리도록 하는 것이 자연스럽다. 하지만 노인이나 장애인이 있다면 안에서 열기 쉽도록 바깥쪽으로 열리도록 한다.

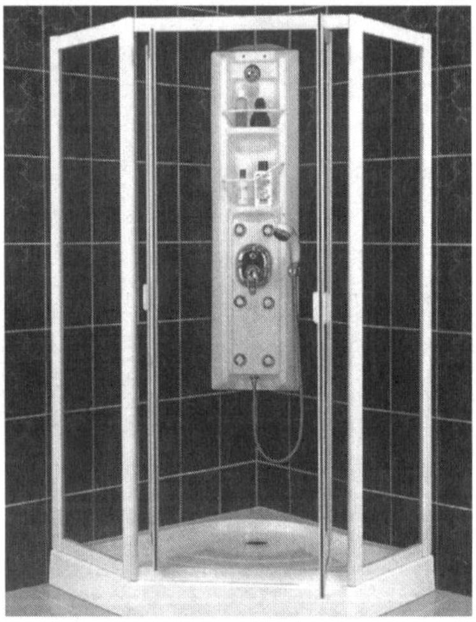

그림 18 욕조를 사용하지 않고 샤워 부스를 설치하여 공간효율을 높인다.

⑥ 주방

- 주방을 별도의 공간으로 독립시키는 경우도 없지 않지만, 보통은 식당이나 거실과 바로 연계된다. 따라서 항상 청결하고 쾌적한 공간으로 유지하는 것이 중요하다.
- 가족 중 집안에서 주부가 가장 많은 시간을 보내야 하는 곳이 주방이다. 주방을 남향으로 배치하는 적극적인 활용도 필요하다.
- 주방은 주부의 개성에 맞게 편리하고 능률적인 형태가 되어야 한다. 공

그림 19 주방 조리대의 상판은 내수성이 있는 재료의 깨끗한 제품이 이상적이다.

간이 넓다고 주방을 분리할 필요는 없다. 주방을 개방시켜 가족들과 대화도 나누며 작업 중 함께 텔레비전도 볼 수 있는 배치도 고려해 볼 만하다.

- 조리과정에서 음식물이나 기름이 튀어 벽이나 바닥, 천장이 쉽게 더러워지기 때문에 내화, 내수성이 있는 재료로 마감하는 것이 바람직하다.
- 우리 음식을 조리하는 방법에 맞는 주방을 준비한다.
- 흙이 묻은 야채류를 다듬고 씻어내는 공간을 위해 주방 옆에 수도가 있는 별도의 다용도실이 있는 것이 좋다.
- 장시간이 소요되는 끓이는 조리를 위하여 다용도실이나 발코니에 별도의 조리대를 마련하는 것도 효율적인 이용방법이다.

⑦ 거실

- 가족들이 모여 대화를 나누거나 텔레비전을 보는 등 단란을 위한 장소로서, 따로 응접실이 없을 경우 손님도 접대하는 집의 중심공간이다.
- 텔레비전을 향한 거실 가구배치로 인하여 가족 간 대화가 부족하다. 따라서 가구배치방법의 개선, 주방 조리대를 거실로 향하게 하는 등으로 새롭게 계획함.

그림 20 거주자의 성향이 표현되는 소형 아파트 공간의 거실

- 거실의 위치는 채광이 좋은 남향이 가장 좋다. 조건이 그렇지 못하면 인공조명을 사용하여 아늑한 분위기를 내도록 한다.
- 거실 벽면에 그림이나 가족사진을 걸어 국부조명을 이용하는 등 많은 장식보다 단순하고 마음을 끄는 개성 있는 공간으로 연출하는 것이 바람직하다.

노후된 아파트의 리모델링은 재건축으로 인한 사회적인 손실도 줄일 수 있다. 대한주택공사의 연구에 따르면 콘크리트 주택의 내구연한이 55년인데 비해 평균 21.8년만에 재건축에 들어간다고 한다. 그러므로 33.2년간의 가치가 손실되며, 이것은 아파트 건설에 투입되는 비용의 60%에 해당된다. 아파트단지 재건축 대신 리모델링을 할 경우 20% 정도의 비용으로 가능하다. 집의 개념이 재산증식이 아니라 더 나은 삶을 위한 터전이라고 생각하고 집을 항상 수리하여 생활에 편리하도록 하므로 안정된 가정생활을 누릴 수 있다.

## [참고사항 : 전통주거 공간의 공간적 특성]

우리의 전통공간은 오랜 역사와 습관으로 내려온 주거의 배치, 공간, 구조상 특성이 있다.

① 배치상의 특성

1. 여러 채로 구분되어 사랑채, 안채, 행랑채, 사당채 등으로 나누어져 있다.
2. 여성공간의 안채와 남성공간의 사랑채로 중심이 두 개의 공간으로 구분되어 있다.
3. 신분에 따른 구분은 상류주택에서 노비들의 공간으로 주택지 고저가 이를 말해 주고 있다.

② 공간상의 특징

1. 온돌과 마루구조의 2가지 구조를 가지며 창호를 상부에 고정시켜 가변성을 가진 공간으로 만들고 온돌방에는 덧문을 사용하여 난방의 효율을 높였다.
2. 문지방, 천장, 가구들의 높이는 좌식생활 공간을 고려하여 만들었으며 전망을 위한 창이나 문을 내었다.
3. 공간의 융통성을 갖고 공간적인 한정을 필요할 때 제거 및 설치하는 등 융통성이 있어 개방과 폐쇄의 조화를 이룬다.
4. 시간적 연속공간을 이루어 채와 채 사이의 담 높이, 살창이 있는 담, 열려진 창호로 연결된 공간을 만들어 준다.

그림 21 공간의 융통성을 갖고 개방과 폐쇄의 조화를 이루는 특징이 있다.

5. 자연을 수용할 수 있는 공간으로 자연을 조망할 수 있는 창, 계절변화를 알 수 있는 식재와 부재의 자연스러움으로 알 수 있다.
6. 외부공간의 내부화로 안마당, 사랑마당, 행랑마당, 부속건물과  밀접한 관계에 있는 내부공간의 연속이 되며 축이 강조된 공간을 이루고 있다.
7. 공간의 조형성과 소박성, 포용성, 탈기교성, 사물에 내재하는 정신적 의미를 가치 중심으로 하는 아름다움인 관조성을 지니고 있다.

③ 구조상의 특징

1. 목가구 단층조립식 구조 : 접합방식의 구조는 주택, 부재재 사용이 가능한 조립식이다
2. 구조의 신분적 표현 : 기단의 재질과 높이로 신분을 표현하며 기둥과 창호의 커짐도 이에 대한 표현이다.
3. 가옥의 척도 융통성 : 건축규모의 척도는 간(間) 네 개의 기둥 사이를 표시하며 사이의 크기가 부정확하여 약 6척~10척에 해당된다. 같은 가옥 내에도 크기의 변화가 있어 구조적, 기능적 이유를 갖는 융통성을 갖고 있다.

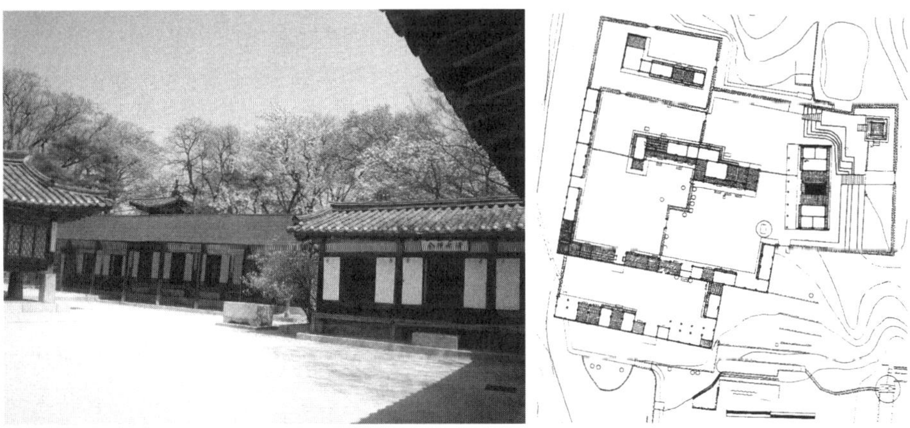

그림 22  연경당 사랑마당에서 바라본 사랑채와 연경당 도면

## 1.2 상업공간의 계획방향

### ◆ 상업공간의 계획

#### (1) 상업공간의 성격

상업공간계획을 하기 위해서 상 공간에 대한 성격을 두 가지로 나누어보면 다음과 같다.

① 상업공간은 생산과 소비를 연결시키는 매개공간.

② 모두에게 다양한 생활 서비스를 제공하는 문화공간.

그러므로 소비자의 생활문화 흐름을 고려한 미래 지향적 공간계획이 요구된다

#### (2) 업종과 업태

상업공간은 업종(業種)과 업태(業態)로 분류될 수 있다. 업종(사업 유형)은 취급상품의 종별에 의한 분류이며'표준산업분류'에 따라 세부적으로 구분되어 있다. 업

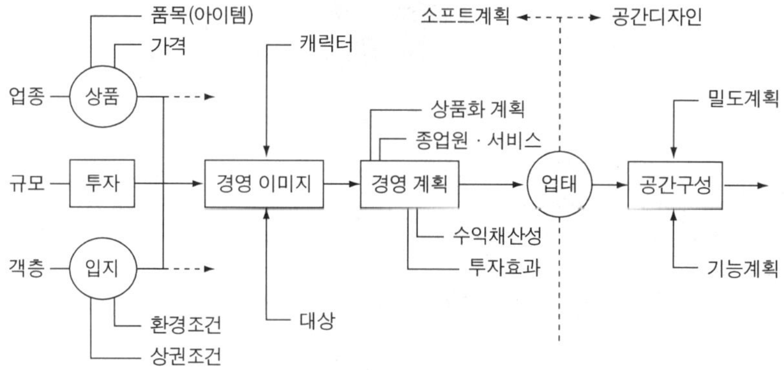


그림 23 상업공간의 계획 요소와 과정

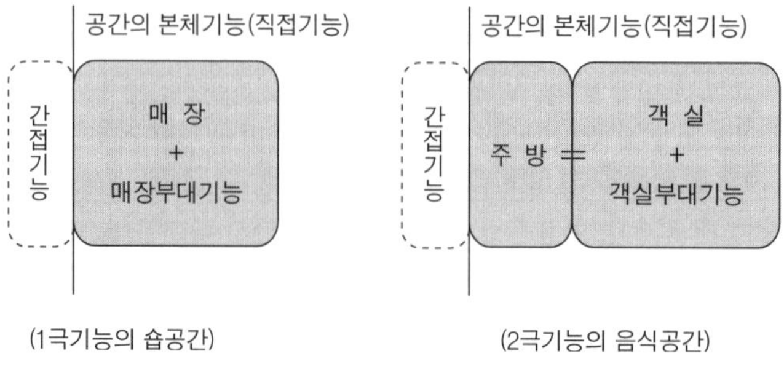


그림 24 공간기능에서 본 소매점과 음식점의 차이

태(점포 유형)란 구체적인 공간 이미지를 포함한 업(業)의 특정한 모습을 말하는 개념으로, 넓은 의미의 업태란 유사한 상품군을 취급하는 업의 종별에 따라 묶어 구분될 수도 있고 구체적인 의미의 업태란 상업공간계획이 최종적으로 만들어진 '기획단계의 결론'을 의미하는 것이다. 이 뜻을 쉽게 말하면 각각의 상업공간마다 각각의 업태가 있는 것이다. 이러한 업태의 공간 이미지를 결정하는 요인은 다음과 같다.

그림 25 점포내부의 높이와 구조를 이용하여 직선과 면 그리고 제품을 부각시키는 공간 / 런던 Anna molinari, Fabio Novembre

1. 상품, 서비스의 독자성
2. 중심 고객층의 연령과 의식
3. 상권의 범위
4. 대상입지의 성격과 환경조건
5. 매장 시설건물의 높이와 구조
6. 영업방침과 종업원의 자질에 의해 공간 이미지가 형성되므로 이러한 점에 대한 충분한 고려가 필요하다.

## ◆ 상업공간의 이미지

### (1) 상업공간의 컨셉

공간 이미지 계획을 위하여 상품과 고객에 대한 분석과 브랜드의 마케팅 전략과 이를 기초로 매장의 디자인 컨셉을 단계별로 설정한다.

① 1단계 업종별 요구조건과 기반 설비, 건축적 환경의 검토를 통해 우선 주어진 조건에서 문제점을 파악한다.

② 2단계 브랜드, 상호, 업태요인의 분석을 통해 수립된 구체적 영업전략을 충분히 이해한다.

③ 3단계 전체적 디자인 방향의 설정 : 디자인 정책 수립

### (2) 개념수립 계획과정

개념을 수립하는 계획과정에서는 단계별로 다음과 같이 진행된다.

① 문제를 명확히 서술하는 프로그램 요구사항을 작성해야 한다.

② 기능적인 면과 미적인 면이 고려된 공간의 연관성 및 동선을 나타내는 개략적, 도식적 표현과정이 필요하다.

③ 대략적인 소재와 이미지 컬러, 비주얼 이미지에 관한 단편적 아이디어들을 스케치하거나 기술해 보는 과정을 통하여 완성된다.

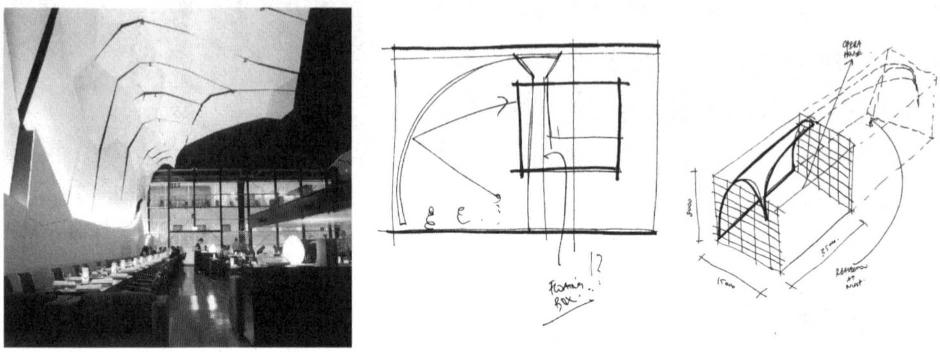

그림 26 호주 시드니 레스토랑 밤부의 실내벽면과 컨셉 스케치

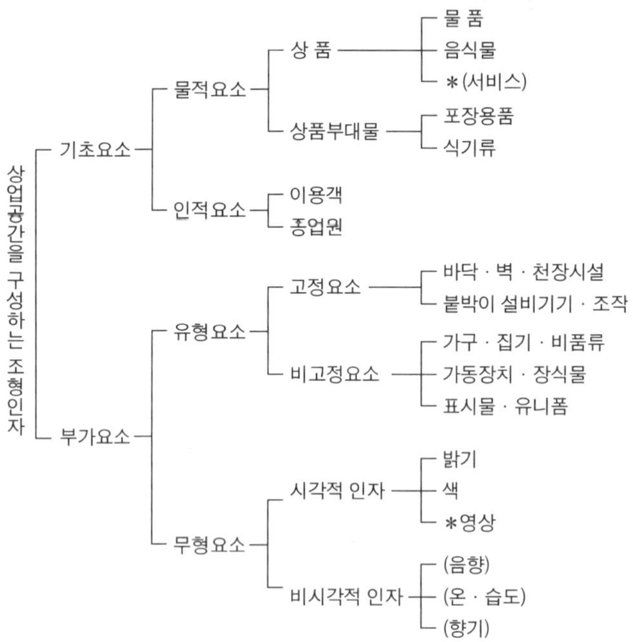


그림 27 상업공간의 조형인자는 컨셉요소로서의 역할을 하게 된다

공간의 컨셉 수립 시 다음과 같은 사항을 주의 깊게 생각하면 독창적이고 신선한

미래지향적인 공간계획이 될 것이다.

① 너무 추상적이지 않고 구체화 시킬 수 있는 개념으로 한다.
② 고객 대상의 감성 수준에 어필할 수 있도록 한다.
③ 트랜드를 선도할 수 있게 충분히 독창적으로 만든다.
④ 경쟁사 브랜드 점포와 확실히 구분되어진다.
⑤ 지속적으로 브랜드 이미지를 유지한다.

### ◆ 판매공간계획의 고려사항

#### (1) 상품의 판매방식

① 대면 판매

고객과 종업원이 진열대를 가운데 두고 상담, 판매하는 방식으로, 상품설명에 편리하고 판매원의 위치를 정하기 쉽다. 화장품, 제과, 귀금속, 의약품 등의 상품 설명이 요구되는 품목.

② 측면 판매

고객으로 하여금 직접 상품과 접촉하여 선택하게 하는 방식. 전기용품, 서적, 양장, 침구, 운동용품 등의 품목.

#### (2) 점포의 위치

① 광역형 : 대도시의 중심부에 위치하며 상점밀도 80~100%일 때, 호화, 고급, 개성적 이미지가 강조된 고급전문점의 입지 가능.

② 지역형 : 중소도시, 근린형을 몇 개 포함하는 경우로 상점밀도 70~90%일 때. 개성적인 이미지와 함께 친근감을 주며 품질을 중시.

그림 28 진열대를 사이에 두고 판매원이 손님을 맞이한다. / 일본 동경 제과점 Peltier

③ 근린형 : 주택지형, 일용품 중심, 도보로 구매 가능한 경우로 상점밀도 50~80%일 때. 접근하기 쉽고 대중적이면서 친근한 이미지를 주며 실용성, 저가격성 중시.

## ◆ 판매 상점의 공간구성

### (1) 판매부분(매장)

① 도입공간, 통로공간, 상품전시공간, 서비스공간으로 구성.

② 도입공간은 외부에서 판매공간까지 전입하는 부분으로 상품전시, 서비스 또는 공공공간으로 개방시키기도 한다.

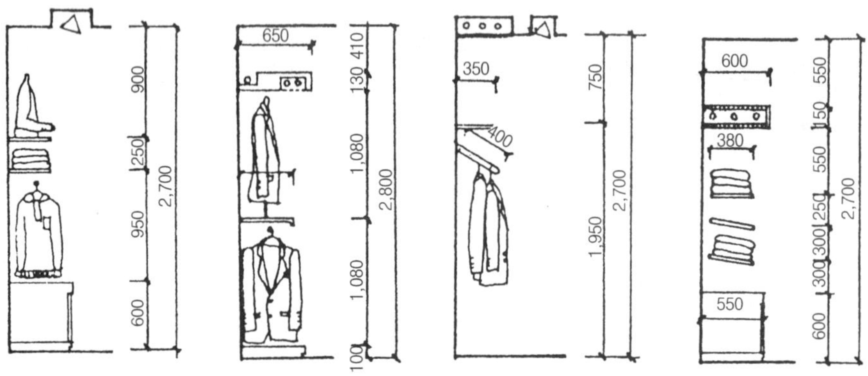


그림 29 의류진열을 위한 다양한 벽장의 기준치수

### (2) 부대부분

① 상품관리공간, 판매원의 후생공간, 시설관리공간, 영업관리공간, 주차장으로 구성.

② 상품관리공간은 상품을 보관하거나 발송하는 데 필요한 공간.

③ 판매원 후생공간은 종업원을 위한 화장실, 통로, 출입구, 갱의실 등.

④ 시설관리공간은 전기, 공기조화, 급배수 등의 기계실.

⑤ 영업관리공간은 사무실, 대합실 등.

⑥ 주차장은 고객용과 화물용, 직원용으로 구분.

### (3) 파사드

① 쇼윈도, 출입구, 광고판, 사인, 외부장치 등을 포함한 총체

② 상점의 취급상품, 업종 등을 쉽게 인지

그림 30 아트리움으로 된 입구공간이 인상적인 파사드 / 일본 동경 제과점 Petier

할 수 있으면서 고객에게 깊은 인상을 주어 구매의욕을 일으키게 디자인한다.

### ◆ 판매점 동선계획 및 설계

고객의 흐름을 의도대로 조종하고 매장 전체가 고객의 시선에 쉽게 들어오도록 입체적으로 계획한다. 고객 동선, 종업원 동선, 상품 동선이 서로 교차되지 않도록 계획한다.

#### (1) 고객 동선

① 고객의 걷는 방향, 보고 만지는 범위 등 상점 내의 행위와 심리를 예상하고 계획함.

② 고객이 상품을 보기 쉽고 사기 쉽게 하며, 시선과 행동에 막힘이 없도록 계획한다. 특히 입구부분에서 전체매장이 한눈에 들어올 수 있도록 한다.

③ 고객 동선은 가능한 길게 하여 상점 내에 오래 머물도록 한다.

그림 31 고객동선은 시선과 행동에 막힘이 없도록 계획한다. / 바르셀로나 향수점포 'Sepora'

④ 고객을 위한 통로 폭은 최소 900mm.
시선이 상품을 따르기 때문에 바닥의 단 차이는 가능한 피한다.

#### (2) 종업원 동선

① 종업원의 판매행위, 출납, 사무의 동선.

② 고객의 동선과 교차되지 않도록 하며 가능한 짧게 하여 피로를 적게 한다.

③ 고객 동선과 종업원 동선이 만나는 곳에 카운터, 쇼 케이스 등을 배치한다.

#### (3) 상품 동선

① 상품의 반입, 보관, 포장, 발송과 같은 작업이 이루어지는 동선으로 관리 동선이라고도 함.

② 상품의 취급방법, 포장방법, 운송방법 등에 따른 운반, 통행을 고려하여 여유 있게 통로 폭을 설계함.

### ◆ 매장의 상품구성과 배치

① 상품구성은 중점상품, 보완상품, 전략상품으로 분류.

② 중점상품은 주 통로에 접하는 부분에 배치.

③ 보완상품은 중점상품의 판매력을 높이기 위한 보조상품으로 부 통로부분에 배치.

④ 전략상품은 상점 내에서 가장 눈에 잘 띄는 곳에 배치.

⑤ 고객을 위한 휴게시설은 충동구매 상품과 근접시켜 배치.

## ◆ 상업공간의 시각 이미지와 파사드

### (1) 공간의 시각연출 스토리

시각적 순서에 따른 공간의 양감, 균형, 비례, 규모, Open & Closed, Visual Sequence, 기 · 승 · 전 · 결을 통한 공간의 스토리 구성은 일반적으로 대개의 소매점에서 단순히 '상품을 배치하는 일'이 레이아웃이라고 생각되고 있으나, 본래 레이아웃은 상품의 배치만이 아니라 고객에게 상품의 구매를 제공하는 장(場)'으로서 입구부터 매장의 가장 깊숙한 안까지 '장(場)의 스토리 구성'이 중요한 요소이다.

보이는 공간의 순서에 따라 '장(場)의 스토리'를 연출해나가는 Visual Sequence는 시각분석법이다. 공간의 연출 스토리도 입구에서의 경험에서부터 점포 내의 공간을 느낄 수 있게 한다는 것이다.

그림 32 보이는 공간의 순서에 따라 '장(場)의 스토리'를 연출해나가는 Visual Sequence는 시각분석법이다.

### (2) 파사드와 판매 상점

도입공간은 사인을 포함한 파사드와 쇼윈도는 점포의 상징으로서 고객이 처음 점포를 대할 때 순간적이며 무의식적으로 고객은 그 점포의 서비스와 상품의 품질 수준, 가격 등에 관한 강한 암시를 받게 되는데 이러한 판단을 하게 하는 시각적 단서는 어프로치 이미지(approach image)로서

1. 파사드 정면의 폭
2. 쇼윈도의 디스플레이
3. 점두조명의 연출과 형태

4. 마감자재의 우수성
5. 브랜드 사인의 이미지에 의해 좌우된다.

① 쇼윈도의 역할

- 도로면에 설치되어 상점의 얼굴부분인 파사드의 일부.
- 통행인에게 즐거움과 정서를 제공, 상점의 특색과 취급상품을 알려 상점 내로 유도.
- 상점에 대한 새로운 정보와 상품이 돋보이는 디스플레이로 구매의욕을 촉구

② 쇼윈도의 크기

- 상품의 형상, 종류, 크기, 특성을 고려, 상점의 규모, 전면 폭의 너비에 비례 결정.
- 상품이 클 경우 쇼윈도의 바닥면을 낮게 하여 고객의 시선 안에 상품을 진열.
- 상품이 작을 경우 쇼윈도의 면적을 작게 하고 바닥의 높이를 올려 주목성을 높임.

③ 쇼윈도의 분류

쇼윈도는 배면처리에 따라 내부를 보여 주거나 시선을 차단하는 형태로 분류한다.

그림 33 개방과 차단의 역할을 하는 일본의 시계점포 모리토라의 파사드

- 개방형 쇼윈도 : 의류, 선물, 기타 일반 소매점 등 고객이 많아 출입이 빈번한 경우.
- 차단형 쇼윈도 : 귀금속, 보석점, 골동품, 고급의류 등 고객이 적거나 오래 머무는 경우. 춘 · 하절기 등에 완전 개방된 전면을 구성하기 위해서는 날씨와 기온에 영향을 덜 받도록 해야 하며, 캐노피나 에어 커튼(air curtain) 등을 활용한다.

그밖에 주의사항은 다음과 같다.

- 셔터박스의 매입, 도난방지 장치의 배선 등이 노출되지 않도록 한다.
- 동절기 쇼윈도의 결로나 유리면의 흐림이 일어나지 않도록 한다.
- 도로에서의 눈부심과 먼지의 유입 방지.
- 파손 시 안전을 위해 쇼윈도와 출입문은 강화유리를 사용.

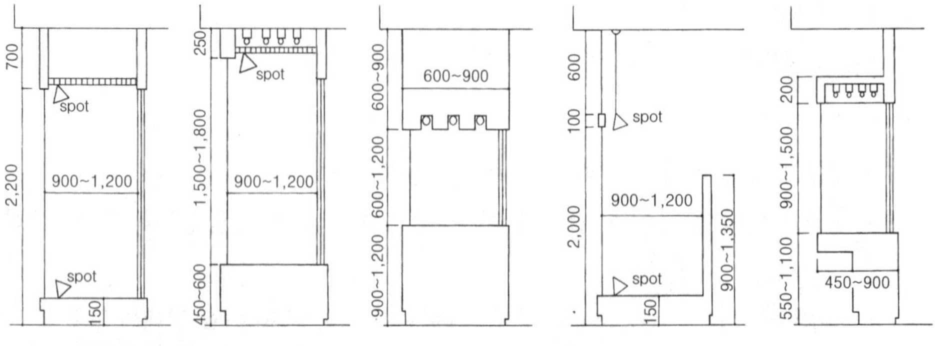


그림 34 판매 공간 쇼윈도의 여러 형태

### (3) 식음점(食飮)의 입구 어프로치 공간

식음점의 입구 어프로치 방법은 매우 중요하다. 입구는 고객에게 점포의 인상을 결정지어주며, 입구에서 어프로치되는 시간은 이미지와 대화시간이기 때문이다. 이 공간은 설계자의 의도가 숨어 있는 경우가 많다.

비객석 공간 부분으로 고객을 유혹하는 비일상의 터널공간이라 할 수 있으며, 점내로 유인하는 고객들의 기대감을 불러 낼 수 있다.

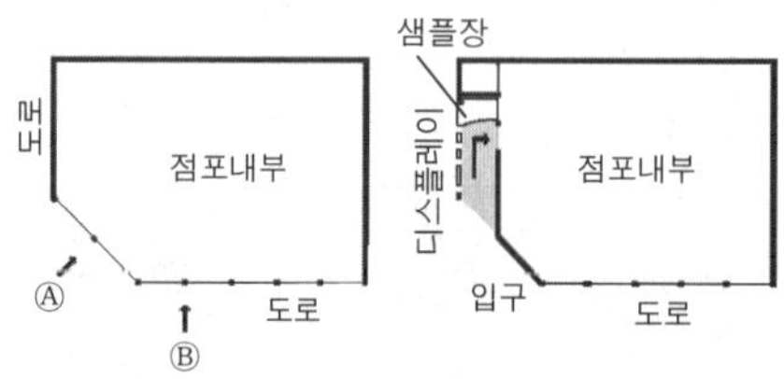


그림 35 좌측 평면에서 Ⓐ와 Ⓑ 중 입구 결정은 사람들의 흐름을 고려해서 우측 평면과 같이 모서리 부분에 접근을 유도하는 공간을 만들게 한다.

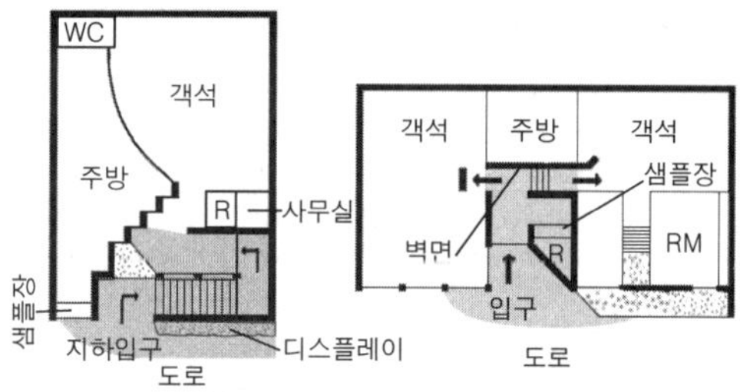


그림 36 좌측 지하층 점포의 경우 계산대 공간을 이용하여 동선을 길게 하여 접근하였으며 우측은 입구를 중앙에 설치하여 샘플장과 입구의 중앙 벽면을 이용하여 접근을 유도한 예.

## ◆ 식음점 공간계획

식음점의 공간구성계획은 다음과 같은 기능을 가진 3개의 공간에 의해 이루어진다.

① 영업부분 – 식당, 라운지, 로비, 현관입구, 화장실, 보관실, 대기실 등 고객이 주로 머무는 공간.

② 조리부분 – 주방, 매입실, 배선실, 팬트리, 세척실, 주류창고, 식품저장고.

③ 관리부분 – 접수, 사무실, 지배인실, 준비실, 기계실, 로커룸, 종업원 화장실.

### (1) 식음점 동선계획

식음점의 동선은 고객의 동선, 종업원의 서비스 동선, 식품 동선(음식재료의 반입, 쓰레기 반출)이다. 각기 동선에 대한 관계를 설명한다면 다음과 같다.

① 고객의 동선과 종업원의 서비스 동선은 서로 교차되지 않도록 원활한 주 동선을 계획한다.

② 서비스 동선은 주방에서 음식이 조리되어 테이블까지 가는 동선이다. 객석과 동선이 교차되지 않도록 특히 유의한다.

③ 또한 종업원의 서비스 동선은 가장 짧고 단순 원활해야 한다. 동선에 의해 식당의 영업 경영에 영향을 미치는 부분이 지대하므로 각 동선 간에 기능을 살려 충분한 계획을 해야 한다.

④ 식당의 규모에 따라 동선을 단축할 수 있는 서비스스테이션도 필요하다.

⑤ 식당에 있어서 주통로와 부통로의 충분한 치수와 요리의 출구, 식기의 반입에 유의하는 것도 중요하다.

객석과 주방, 배선실(Pantry service room) 등의 동선관계에 있어서 미관이 실내에 미치는 영향이 지대하므로 가급적 보이지 않게 배치하는 것이 좋다. 동선이 되는 통로는 규모와 종류에 따라 다르지만, 보통 주요통로는 900~1,200, 부통로는 600~900, 최종통로는 400~600으로 한다.

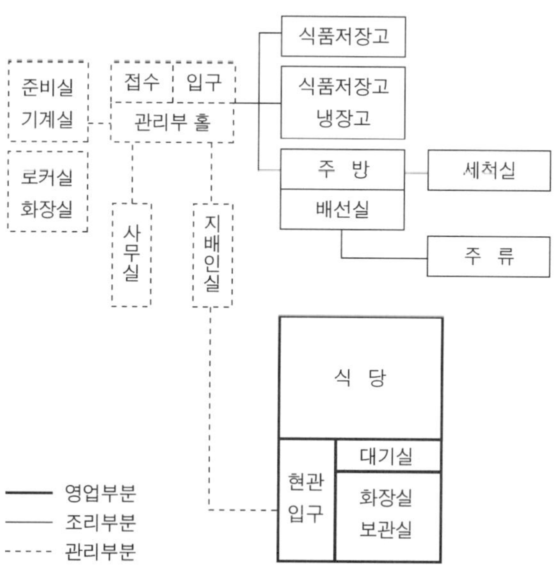


그림 37 식음료 상업공간의 기능도

그림 38 이스라엘 홍해 해저 레스토랑 Star의 실내공간

### (2) 식음점 가구계획

식음점의 가구의 크기는 계획대상의 조건, 즉 공간의 규모, 형태 및 업종, 객층, 입지 등에 따라 차이가 있다.

음료가 중심일 경우 최소한의 치수로 가구 크기를 정하는데, 식사가 중심이 되면 테이블 크기는 업종과 메뉴의 종류, 사용식기의 크기를 고려해야 한다.

2인용 테이블은(600~700) ×(750~850) 정도의 치수가 필요하다.

4인용 테이블은 850×50가 보통이나, 정식으로 음식을 하는 레스토랑에서는 960 ×960 크기로 사용된다. 또한 직사각형 테이블인 경우는 (1,000~1,200) ×(700~800) 정도가 사용된다.

6인용 테이블은 (1,350~1,800) ×(650~800) 정도가 보통 사용된다. 원형 테이블은 4인용인 경우 9900~1,000의 지름이, 6인용인 경우 1,200~1,300의 지름이 필요하다.

의자는 (400~600) ×(400~600)가 레스토랑 의자의 표준 크기가 된다.

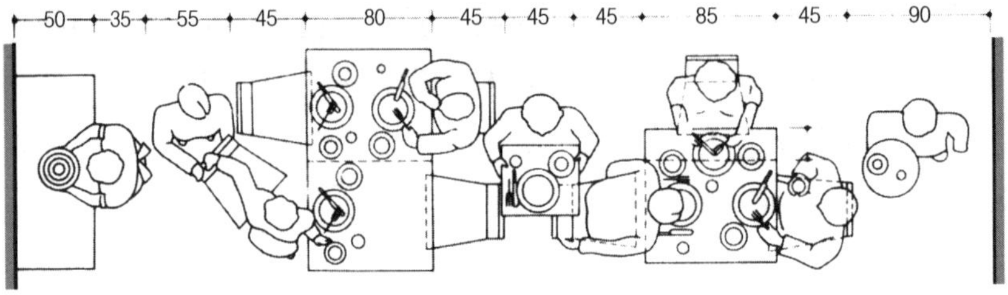


그림 39 좌석 사이공간은 종업원 동선에 방해 받지 않도록 한다.

### (3) 식음점 객석 배치계획

객석배치를 계획한다는 것은 음식 먹는 장면을 연출하는 것을 의미한다. 따라서 먹고 마시는 행위의 주변에서 손님이 무엇을 요구하느냐에 따라 그 크기, 높이, 형태, 배열 등 전혀 다른 것이 중심이 된다. 테이블의 기능은 의자에 앉은 사람과 요리나 음료를 원활한 위치관계로 유지시키는 것이다.

의자와 테이블은 인체를 지탱하고 음식을 먹기 쉽게 해주는 역할 이외에 공간에 작용하여 사람들의 관계를 결정지우는 역할과 공간 속에서 시간적 오브제로서의 역할 등을 겸하고 있다. 점포기능을 강조하여 공간의 경제성을 무시해서는 안 되며 양쪽이 조화를 이룬 형태를 추구하는 것이 중요하다. 특히 의자를 배정하는 것은 시선의 높이를 정하는 것이므로 테이블의 높이. 천장의 높이, 파티션의 높이 등이 결정된다.

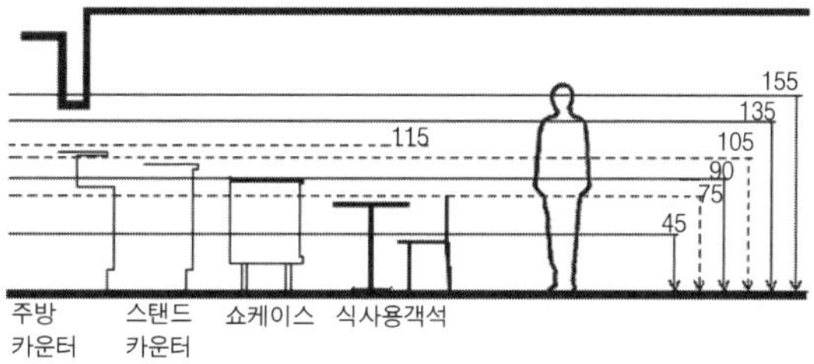


그림 40 인체치수를 이용한 실내공간 높이의 기준점

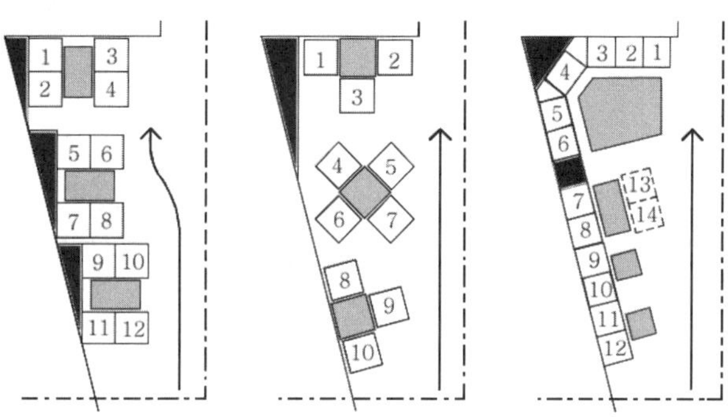

그림 41 좌석배치는 배치방법에 따라 좌석수가 달라진다.

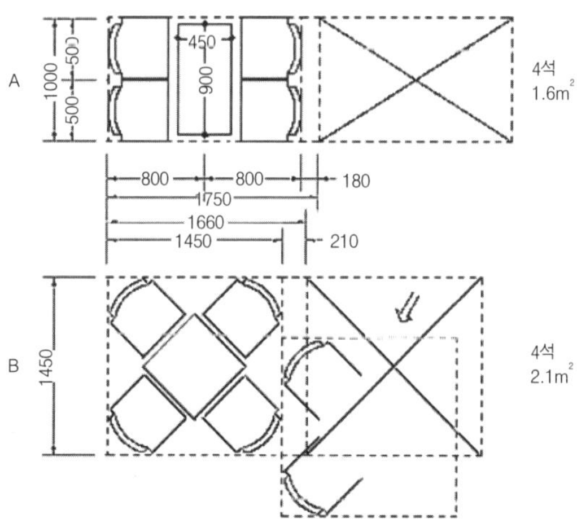


그림 42 객석 구성형태와 소요면적(식음점 테이블석)

객석의 가구배치는 2인용, 4인용, 6인용, 기타 등으로 그룹을 지어 벽면 부착형, 부스형, 점재형으로 나누어 배치하면 다양한 공간을 이룰 수 있다. 배치의 방법에 따라 다음과 같이 나눌 수 있다.

① 벽면 부착형(세로 배치)

실내공간의 긴 벽을 따라 배열되는 방식이다. 스크린이나 파티션과 함께 사용

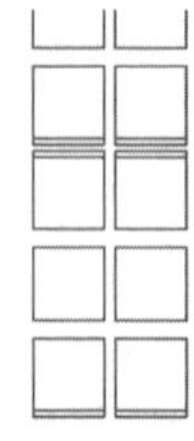

된다. 가벼운 음식 업태에 적합하며 이용객은 좌석을 쉽게 선택할 수 있다. 종업원이 서비스하기가 수월하나 구성이 단순해 거북하고 딱딱한 이미지를 주기 쉽다.

② 벽면 부착형(가로 배치)

실내공간의 짧은 벽면과 주요 통로의 직각방향에 배치되는 형으로 벽면을 이용하여 등이 높은 뱅킷 의자(banquet seating)를 사용하는 경우가 많다.

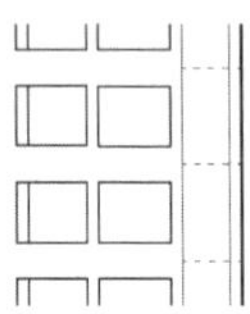

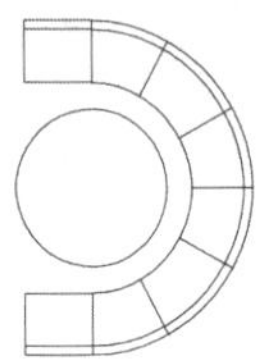

그림 43 벽면을 이용하여 가로배치한 식음점 / 서울 샤브샤브 전문점 '희다'

③ 가로세로 복합형

네모진 평면형에 어울리는 레이아웃으로, 객석구성을 다채롭게 변화시킬 수 있다. 또 실제로 배치효율을 높이고 빈 공간을 없앨 수 있다. 한편 객석 통로가 복잡해지고 서비스 동선이 생각보다 길어져서 손님에 대한 응대에 불쾌감을 주는 경향도 있다.

④ 부스형

코너형, 곡선형, 원형의 형태를 띤 그룹을 위한 고정식의 좌석형태이다. 변화가 풍부한 객석구성을 할 수 있어 디스플레이나 파티션을 복합한 개성적인 공간연출이 가능하다. 한편, 취급방식에 따라 번거로운 객석이 되거나 손님 수에 맞지 않는 불편이 발생한다.

⑤ 점재형

비교적 넓은 홀 부분에 주로 사용되는 배치형태이다. 이 형태는 식사 중심의 점포나 매점 등의 점포구성에 많이 보이며 비교적 대형 홀을 확보한 점포에 많다. 한 공간에 자유로이 배치하는 방법과 일정한 간격으로 배열하는 경우가 있다. 독립된 형식으로 여유 있고 차분한 객석구성이 되는 반면, 다른 배치와 비교해서 면적마다의 객석 수는 줄어든다.

### (4) 바 카운터의 종류

사람이 보통 자세로 팔을 뻗었을 때 깊이 450~500, 좌우로 팔을 벌리면 폭 1,000 전후의 치수가 된다. 이 깊이의 범위 내에서 카운터의 폭은 500~600 정도가 보통이다. 특별히 카운터에 냉동케이스가 설치되어야 하는 일식당일 경우는 안길이 치수를 250 이하로 하고, 카운터 전체 폭을 600~700 정도로 하면 적당한 치수가 된다.

카운터에서 고객은 의자에 앉게 되고 종업원은 서서 서비스를 하게 된다. 따라서 손님을 종업원이 내려다보게 되면 불쾌감을 유발시키고 종업원 역시 부자연스러워지므로, 이를 고려한 높이계획이 필요하다. 서서 작업하기 쉬운 높이를 800~850 정도로 보고 작업대를 감추기 위해 200 이상 더하면 일반적으로 카운터의 높이는 1,000~1,050 정도가 되고, 테이블의 높이는 700 전후이다. 따라서 시선의 높이를 고려하여 300~350 의 높이를 해결해 주어야 하는데, 이 차이를 해결하는 방법에 따라 로카운터(low counter), 하이카운터(high counter), 스탠드카운터(stand counter)로 구분된다.

① 로카운터

손님과 종업원의 높이를 차이를 두어 작업대의 측의 바닥을 낮추는 방법이다.

② 하이카운터

시선의 차이만큼 카운터의자를 높이는 방법이다.

③ 스탠드카운터

고객도 카운터에 서서 먹고 마시도록 하는 방법인데, 이런 경우 바닥의 250~300 높이에 발걸이를 설치하고 카운터에도 팔걸이를 부착한다.

그림 44 하이카운터는 시선높이를 맞추어 의자를 높인다. / 미국, 달라스 'pongo'

그림 45 일식당의 경우 카운터 폭을 일반적으로 넓게 한다. / 런던 'KIKU'

### (5) 바카운터의 배치

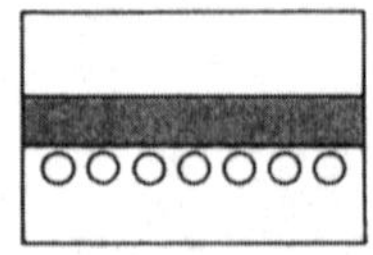

바카운터는 업소의 유형, 크기 그리고 객석과 주방과의 관계를 고려하여 형태와 위치를 정한다. 바카운터는 형태에 따라 다음과 같이 분류할 수 있다.

① 직선형

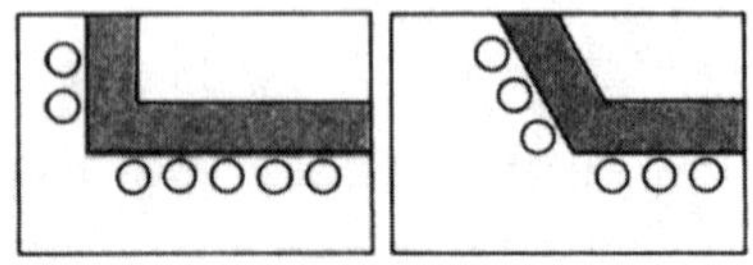

가장 일반적이며 실내공간이 좁고 긴 업소, 카운터만 있는 업소에 주로 사용한다.

② 코너형

직선형보다는 같은 인원수의 종업원으로 많은 손님에게 서비스 할 수 있다. 두 벽면이 만나는 지점에 코너 바가 위치하였을 경우 공간에서 시각적 초점이 될 수 있다. 카운터 바의 조형요소가 강조되면 공간에서의 오브제 역할이 가능하다.

③ 대면형, 원형

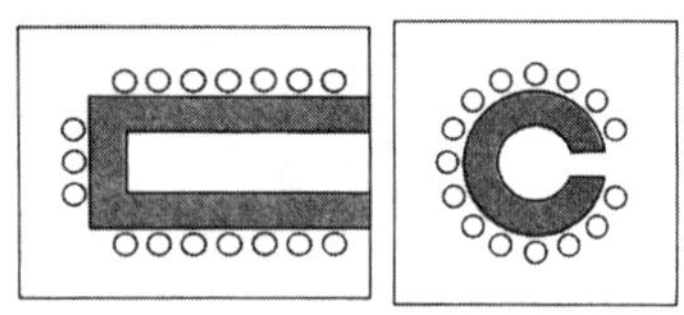

한정된 스페이스와 종업원으로 많은 고객에서 서비스를 할 수 있으며 U자형과 C자형, 원형의 형태가 있다. 카운터 안의 작업 공간이 보이는 단점이 있으나 고객 간의 대화를 증진시킬 수 있는 장점도 있다.

④ 자유형

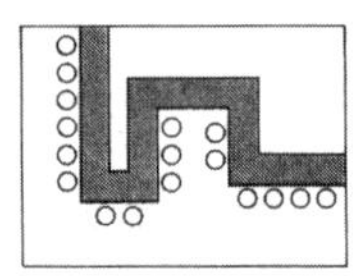

주어진 공간 내에서 바 카운터의 길이를 최대한 활용하는 타입이다.

⑤ 큰 테이블형

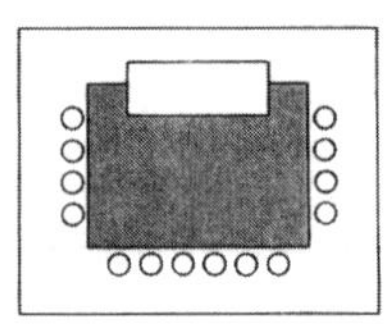

고객 간의 일체감은 유지하고 종업원과는 적당히 거리를 두는 타입이다. 그룹 고객을 위한 별도의 실이 없을 경우에 유용하게 사용될 수 있다.

⑥ 벽면부착용

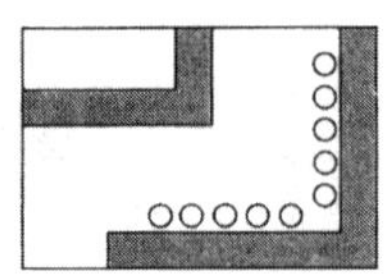

작업공간과 분리되어 벽면에 부착된 카운터로서 입구에 설치될 경,우 바쁜 손님과 혼자 오는 손님이 빨리 드나들 수 있는 장점이 있어 셀프 서비스 가게에 적합하다. 특히 외부의 전망을 볼 수 있는 부분에 적합하다.

### (6) 식음점의 주방 설계

주방 설계에 있어서는 대부분의 고객이 음식점에 들어오면 주방부터 살펴본다는 것을 명심하고 주방설계에 임해야 하며 위생, 안전성, 효율성의 원칙에 근거하여 설계해야 한다. 주방이 점포 전체면적에 대하여 어느 정도의 주방면적이 필요한가에 관한 정설은 없으나, 미국, 일본 등 선진국에서는 패밀리 레스토랑(45-50%), 주점, 바(18-25%), 커피숍(15-18%), 패스트푸드(20-25%) 정도로 기준을 채택하고 있다. 우리나라에서는 업종에 따라서 차이는 있어 대략 (25-35%) 정도를 차지하고 있는 실정이다. 주방 설계 이전에 주방위치의 개략적인 선정이 필요하며 건물 전체의 구조로 보아 급 · 배수라인과 출입구 상황 등을 살펴보면서 주방의 위치를 현장에서 선정할 필요가 있다. 물론 주방의 크기나 자세한 설계는 별도로 시행하겠지만 대체적인 주방윤곽은 점포현장을 확인할 때 결정하는 것이 좋다.

**- 주방설계 순서 -**

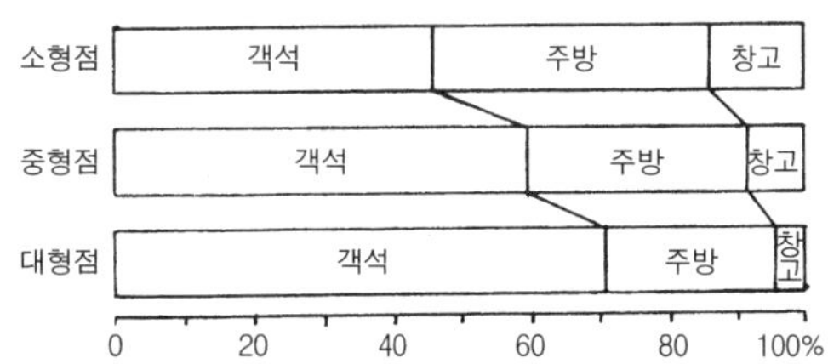

그림 46 각부분의 공간 구성비

1. 메뉴 수, 메뉴 종류를 먼저 결정한다.
2. 메뉴 조리방법을 결정한다.
3. 주방기기의 종류와 규격, 수량을 결정한다.
4. 예상 최대 판매량을 설정한다.
5. 냉장, 냉동고, 가스레인지 등 공간을 확보한다.
   * 열 발산기구는 한쪽으로 배치하고 가급적 냉장, 냉동고와 멀리한다.
6. 주방기기별 생산능력을 체크
7. 작업동선 확보(폭 1200-1800mm)
8. 조리속도를 신속하고 효율적인 기기를 선정한다.
   * 주방면적을 위와 같은 제 조건에 맞추어 설정한 뒤 객석을 확보하는 것이 기본원칙이다.
9. 주방 위치는 객석으로 서빙하기 편리한 위치에 설정한다.
10. 주방은 점포 모양에 따라 합리적으로 설정되어야 한다.
11. 주방바닥 및 주방 벽체 마감재의 설정.
    * 주방의 방수공사, 배수트랜치 공사, 그레이스트랩 설정 후 시멘트마감 .
    (인테리어부분과 주방설비부분의 한계를 명확히 해둘 것, 바닥재는 미끄럽

지 않는 것으로 선정)

12. 온수공급 라인의 확보.
13. 배수시설의 확보.(배수로는 경사지게)
14. 전기(전압 및 전력) 용량의 합리적 설정.
   * 에어컨과 간판 용량을 연계하여 설정하고 필요시 승압 공사.
15. 도시가스 설비지역과 비설치지역의 구분 .
16. 후드 설비도면.
17. 닥트 설비도면(공기의 흐름을 원활하게 하기 위하여 천장은 객석보다 조금 높게 공사한다.)
18. 주 기기의 레이아웃(배치도)
   - 식품보관 장소
   - 다듬기 실
   - 가열조리구역
   - 메뉴 차림대
   - 식기세척 지역
19. 주방기기 규격 및 리스트 작성
20. 주방기물 선정
   * 메뉴 가격과 알맞은 품질을 선정해야 하며, 피크시간 설거지에 신경 쓰지 않을 정도의 수량을 확보한다.

### (7) 음식점의 면적배분

음식점 객석의 영역문제는 객석수와 밀접한 관계를 갖는다. 공간구획을 위한 파티션 등 보조수단을 활용하지 않고 객석 간격에 따라 영역감을 주고자 한다면 일정면적에 해당되는 객석공간의 밀도는 낮아져야 한다. 주방면적과 객석 이외의 필요면적 등은 낭비되지 않도록 하고 남은 공간은 객석에 포함시켜야 하는 것이 공간배분의 원칙이다.

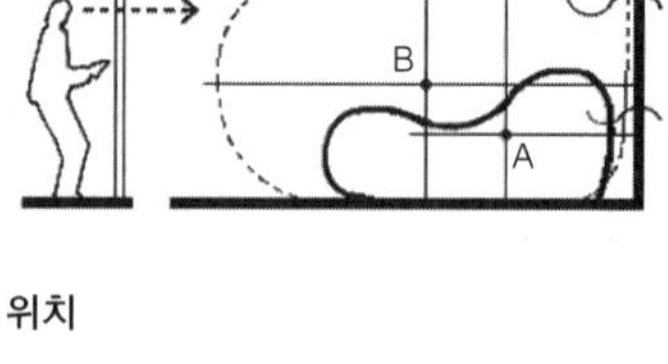


그림 47 상업 공간 구성 밀도의 중심 위치

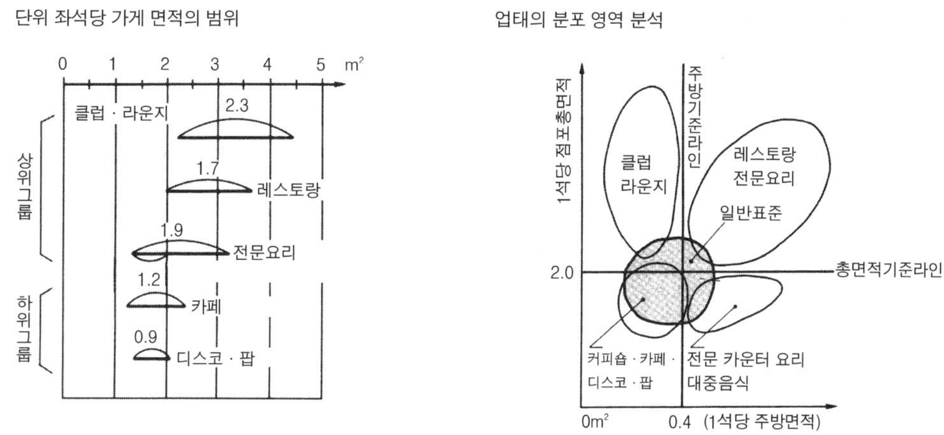


그림 48 공간밀도는 점포 안에 있는 사물 요소의 분포이다. 시선의 높이보다 밀도 기준선이 낮으면 안정적이다.

### (8) 주방면적

주방의 소요면적은 주로 조리기구와 식기의 수납 선반 등 주방설비의 설치면적과 조리인의 작업을 위한 바닥면적으로 이루어진다. 작업을 위한 바닥면적에서 기구나 문 선반이 쉽게 닿는 거리를 생각하면 필요 이상의 넓이는 오히려 피해야 한다. 사방에 조리 기기를 배치하고 한 명의 조리인이 움직이기 위해 필요한 효과적인 바닥면적은 12~13m²이다. 레스토랑이나 일반음식점에 비해서 디스코, Pub(주점, 대폿집) 계로 갈수록 주방면적 비율이 낮아지며, 비중이 높은 레스토랑 계통 중에서도 중국요리 계는 비교적 낮은 편이다.(내, 중, 소로 조사한 3개의 중식당에서 1좌석당 주방면적이 0.68, 0.39, 0.43m²가 되고 있다.) 스테이크나 프랑스 요리와 같은 경우 주방의 비율이 높으며, 일식계는 전체 매장의 규모가 작더라도 주방이 일정 소요면적이 낮아지지 않는다는 특성이 있다.

알코올류를 비롯한 음료가 주가 되는 업태에서는 가게의 규모에 관계없이 최저한도의 주방면적이 7~8m²이다.

1석당 총 면적, 즉 한 손님에게 제공하는 가게 면적이라는 개념은 서비스성이 높은 클럽이나 라운지로 갈수록 커지며 그것은 객석 자체에 여유가 있으며 도입부 등의 서비스 공간이 많은 비중을 갖기 때문이다. (특수한 예로 호텔의 라운지 등은 1석당 4.5m²이다.) 일반적으로 1석당 면적 폭이 큰 업태일수록 공간활용 방법이 다양하므로 업태 이미지 또한 범위가 넓다.

**표 1 단위 좌석당 점포 면적 현황**

(주) 5.의 클럽 · 라운지 범위에 호텔내 디스코 라운지(총면적 480m²)는 특수예로서 제외함.

| 업태종별 | 사례점포의 객석규모(석) | 객석1석당 총면적(m²) | 주방면적을 제외한 경우(m²) |
|---|---|---|---|
| 1. 레스토랑 | 49~180<br>평균 99 | 2.0~3.7<br>평균 2.8 | 1.49~2.84<br>평균 2.17 |
| 2. 전문요리 | 27~100<br>평균 57 | 1.3~3.2<br>평균 2.3 | 0.90~2.42<br>평균 1.70 |
| 3. 커피숍 · 카페 | 34~104<br>평균 53 | 1.2~2.4<br>평균 1.9 | 0.82~1.82<br>평균 1.57 |
| 4. 디스코 · 퍼브 | 36~200<br>평균 104 | 1.3~2.1<br>평균 1.8 | 0.97~1.88<br>평균 1.55 |
| 5. 클럽 · 라운지 | 17~62<br>평균 36 | 2.2~4.1<br>평균 3.1 | 1.79~1.88<br>평균 2.89 |
| 전 체 | 평균 73 | 평균 2.5 | 평균 2.04 |

## 1.3 사무공간 실내계획 방향

### ◆ 업무공간의 건축조건

#### (1) 임대 유효율

업무공간에서 전체면적에 대한 업무 전용공간의 백분율을 임대비 또는 유효율이라고 하는데, 오피스 건축물은 임대비를 높일 수 있도록 설계하게 된다.

임대의 수익부분은 업무 전용공간이 되며 그 외의 비수익부분이 복도, 화장실, 탕비실, 기계실, 계단, 엘리베이터, 홀, 파이프 샤프트 등이다.

#### (2) 코어(core)

코어는 비전용 업무공간을, 즉 수직교통시설- 엘리베이터, 계단과 설비시설을 집약하여 내력구조의 구조체로 활용함으로써 업무공간의 유효면적을 증가시키는 역할을 한다. 코어 내에는 다음과 같은 공간이 포함된다.

- 계단실/엘리베이터(통로와 홀)
- 덕트공간-메일슈트(mail chute)/Piping Shaft/더스트슈트/굴뚝
- 공조실/화장실/ 잡용실 및 급탕시설

코어의 위치에 따른 오피스 건축의 평면유형은 다음과 같다.

① 편심형 코어 : 바닥면적이 작은 경우

② 중앙형 코어 : 바닥면적이 큰 경우

보행거리의 평준화/공간의 획일성

③ 외주형 코어 : 편심형 코어가 발전된 형

④ 독립형 코어 : 공간의 융통성이 높고 2방향 피난을 원칙으로 할 경우 방재상 유리

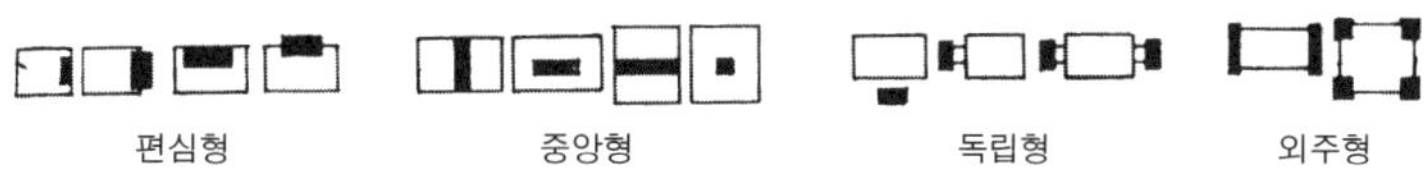


### ◆ 사무공간의 종류

#### (1) 싱글오피스(single office)

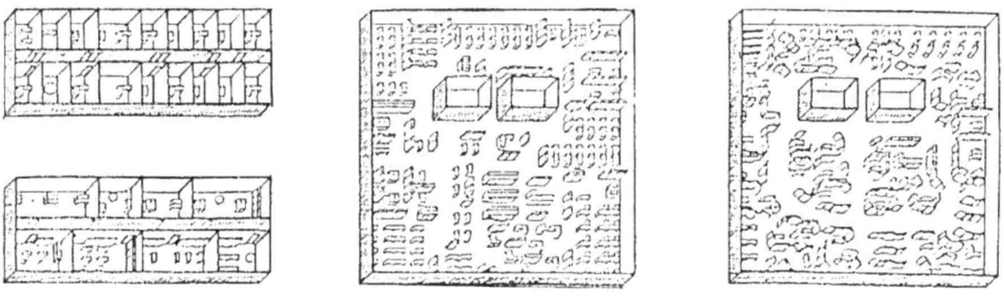

그림 49 오피스 공간의 유형

복도형이라고도 말하며, 복도를 중심으로 편복도, 중복도, 삼중복도식으로 구분된다.

건물의 크기와 형태에 관계없이 작은 단위의 사무공간을 형성한다.

개실형(celluar)일 경우, 개실의 규모는 20~50m$^2$, 최소 2.5m×2.5m이며, 가구배치를 고려하여 3m의 폭은 유지한다.

타인의 시선이나 소음으로부터 프라이버시가 보장되므로 정신집중을 요하는 전문직에 적합하다.

#### (2) 오픈오피스

단일공간에 경영관리, 직급, 업무 등에 따라 배치하는 형식이다.

① 장점

• 개실 형에 비해 복도, 통로면적, 데드스페이스를 최소화함으로써 공간효율

이 높다.

- 업무성격의 변화에 따른 적응성이 높다.
- 동선과 커뮤니케이션이 자유롭다.
- 시설비, 관리비가 적게 든다.

② 단점

- 소음, 프라이버시의 확보가 어렵다.
- 공간구성의 개방감은 산만한 분위기를 형성하여 업무의 능률이 저하될 수 있다.
- 직급에 따른 배치로 위화감을 조장하거나 몰개성적인 공간이 되기 쉽다.

**[참고사항 : 오피스 랜드 스케이프]**

종래의 개실을 전제로 한 계획에서 정보나 작업의 흐름이 계획의 중심개념으로 1959년 경영자문회사인 독일의 Quck Boner Team에 의해 자유로운 형식으로 제안되었다. 정보, 작업, 사람의 흐름이나 양에 의해 책상배치가 결정되고 비균질적이고 유기적인 조직으로 표현되며 사무실의 유효율이 높다.

산만하고 인위적인 분위기를 정리하고, 공간의 구획의 도구로서 식물의 사무공간에 도입하여 안정되고 신선한 분위기를 부여한다. 개인의 독립성을 존중하는 자유로운 개구배치로 사무작업의 인간화를 도모할 수 있다.

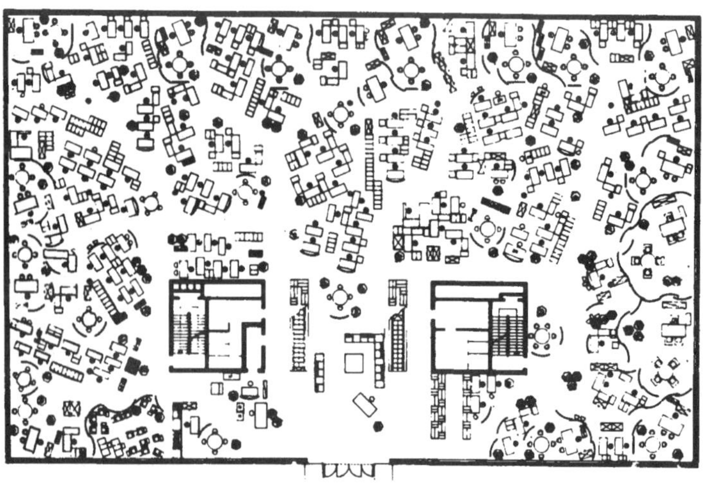

그림 50 오피스랜드스케이프 / 1959년 경영자문회사인 독일의 Quck Boner Team에 의해 Orenstein Koppel사 사무실이 자유로운 형식으로 설계되었다.

### (1) 사무공간의 기능

일반적으로 사무공간은 일반 사무실, 임원실, 회의실, 컴퓨터실 등의 업무 전용공간과 접객을 주축으로 하는 현관 · 로비 · 응접실 · 대기실 · 후생관련시설 등의 서비스 전용공간으로 구성된다. 각각의 공간과 배치 등은 업무의 성격에 따라 각기 서로 다른 디자인 요소가 적용된다. 일반적으로 오피스의 필요면적은 1인당 약 $5m^2$가 필요하다.

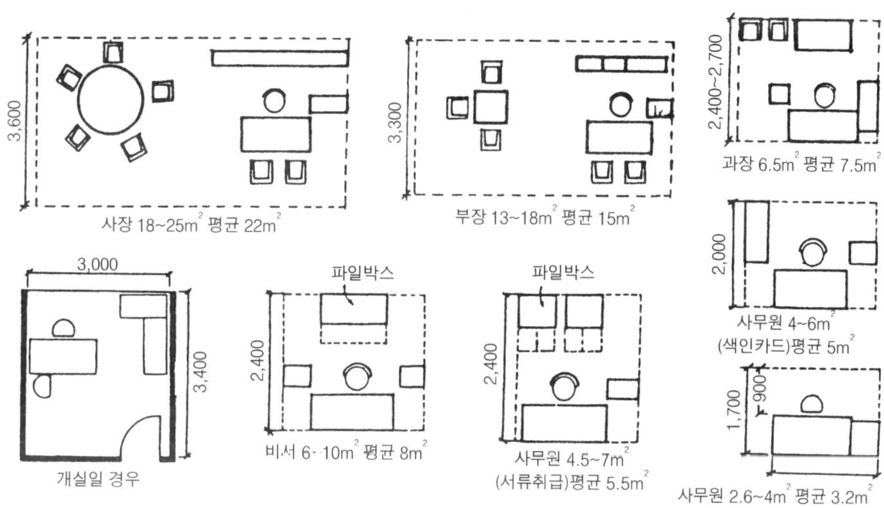


그림 51 직급별 사무작업의 필요면적

① 로비

방문객이 처음 접하는 로비(lobby)공간은 회사의 첫인상을 좌우하며 만남과 휴식, 행사 및 안내공간의 기능을 갖는다. 로비의 실내디자인은 특히 기업의 아이덴티티(identity)를 표현하도록 하며 천장 · 벽 · 바닥으로 구분하여 전체적인 통일감이 이루어지도록 계획한다.

② 임원실

임원은 직무의 성격상 기밀을 요하는 정보의 취급이나 회의가 많기 때문에 그 집무공간에는 차음성능을 높일 필요가 있으며, 또 임원실로서의 품격이 요구된다. 따라서 보통 개실형식이 많고 응접실, 비서실 등이 인접하고 있는 것 외에 전용화장실, 식당 등이 설비된 예도 있다.

임원실의 위치는 담당업무 부분 안에 두는 경우와 사장실이나 임원회의실 등과 함께 임원실 존을 구성하는 경우가 있다. 임원실 존을 구성할 때는 공용의 비서석을 두거나 비서와의 거리를 근접하여 계획하는 등 여러 가지 형태가 있다.

기밀을 요하는 정보의 취급이 많으므로 초음파 센서나 적외선 등의 방범설비를 부착하는 경우가 많다.

③ 회의실

회의실은 사무실 내의 각 동선이 교차하는 곳에 배치하고 방문객을 고려하여 리셉션 공간과 근접 배치한다. 기업의 성격과 이미지가 표현될 수 있도록 한다. 또한 각종 화상회의설비나 오디오, 비디오 시스템 등을 고려한다.

회의규모에 따라 조절이 가능하도록 하는 것이 바람직하다.

④ 리셉션 공간

리셉션 공간은 사무실의 첫인상을 주는 공간으로 방문객의 안내와 대기장소

그림 52 안내데스크가 있는 로비공간은 회사의 첫인상으로 방문객에게 기업 이미지를 심어준다.

그림 53 안내 데스크앞 벽에 만들어 놓은 회사의 그래픽 이미지 월

그림 54 직원들의 휴식을 위한 휴게실을 준비한 미국 Netcape Comunication사

그림 55 원형 테이블과 화상시스템을 갖춘 New York IBM사 회의실

로서의 역할을 한다. 회사의 이미지를 고려한 마감계획과 안내데스크, 이미지월(image wall) 등을 고려한다.

⑤ 휴식공간

장시간 사무실에 근무하는 근로자들의 피로회복과 기분전환을 위하여 휴식공간의 확보가 필요하다. 별도의 휴게실을 설치하기 어려운 경우 탕비실 또는 복도의 일부를 이용한다. 휴식을 위한 의자와 테이블, 자판기, 식수설비 등을 고려한다.

### ◆ 접객영업장과 객장

금융기관뿐만 아니라 이동통신업체와 같은 접객서비스에 관련된 업무공간은 기업마다 늘어나고 있는 경향이다. 접객 업무를 갖는 기업들은 신뢰성과 안정성을 줄 수 있고 효율적인 공간구성이 되기를 원한다. 카운터를 중심으로 크게 나누어 접객부분과 비접객 부분으로 이루어지며 다수의 고객을 단시간 내에 신속, 정확하게 처리하는 능률성이 요구된다. 특히 많은 업무가 카운터에서 이루어지고 있으므로 고객들의 심리와 능률적인 고객서비스가 이루어질 수 있도록 한다.

그림 56 접객장소의 공간은 밝고 여유있는 인상을 주는 것이 좋다.

#### (1) 동선계획

동선계획 시 고객과 접객직원의 동선이 중복되지 않도록 분리하여 계획하고, 아울러 출입구의 위치, 계단, 가구, 기기의 배치를 고려한다. 고객의 동선은 소요시간의 장단에 의해 예금관계와 융자관계의 두 분야로 구분하여 동선을 분류, 계획한다.

한편, 자동화에 따라 현금자동인출기, 야간금고, 대여금고 등의 기기가 설치되므로 이 기기의 위치와 고객동선이 고려되어야 한다.

① 고객동선과 접객업무의 동선은 분리하고 각각의 동선을 계획한다.

- 고객의 동선 : 내점, 전표 기입, 접수, 대기, 업무의 순으로 진행되며, 융자, 상담과 예금업무와 동선을 구분하여 기계화 코너의 동선을 고려한다.
- 접객업무의 동선:담당업무에 따라 동선을 분리하되 업무의 흐름을 고객이

알지 못하도록 한다.

② 동선계획 시 출입구의 위치, 계단, 가구, 기기의 배치를 고려한다.

#### (2) 출입구

접객장소에 대한 밝은 인상을 줄 수 있도록 처리하고, 입구에 의해 상담창구와 예금창구가 분할되어 데드스페이스가 생기지 않도록 한다.

방풍 문을 설치하고 도난방지를 위한 안여닫이 문으로 한다.

#### (3) 영업장

영업장은 접객직원의 카운터를 경계로 고객과 접하며 접객업무가 이루어지는 공간으로 능률적인 사무처리가 되도록 하며, 소규모 은행일 경우 단일공간으로, 대규모일 경우는 업무에 따라 분산 처리한다.

영업장과 객장의 면적 비는 4 : 6 정도로 객장의 비율이 증가추세를 보이고 있는데, 이는 사무자동화가 이루어지고 대고객서비스 차원에서 객장에 충분한 면적을 확보하기 위해서이다. 영업장 면적은 영업직원 수에 의해 결정되며, 점포의 형태, 영업방식, 업무의 종류, 카운터의 길이를 고려하여 산정한다.

- 직원 1인당 최소 4~5$m^2$
- 영업장 후방과 벽 사이는 2m 정도의 여유공간 필요.
- 양측벽면은 1.5m 정도의 여유공간 필요.
- 책상의 뒤나 옆은 최소 0.6m
- 영업장의 후면길이, 앞면길이를 다음과 같이 산출함으로써 영업장의 대략 면적을 구할 수 있다.
  - 후면길이 = 카운터 폭+창구 접객직원+다음 직원의 열수+2m
  - 전면길이 = 카운터 길이(1.5m) 창구개수+양측여유(1.5m × 2)
- 기계화에 대비한 영업장 후면길이 : 2선식 5.5m, 1선식 4m

① 영업장의 배치계획

- 사무의 흐름을 고려하여 관계가 깊은 계는 가능한 접근배치
- 책임자석은 담당계가 보이는 곳에 위치.
- 고객과 접촉이 잦은 책임자 및 담당자는 응접공간 근처에 배치.
- 공용공간은 가능한 한 중심에 배치.
- 시선을 차단하는 구조체는 피하여 배치한다.
- 채광은 좌측 혹은 전면에서 오는 것을 원칙으로 한다.
- 출입구와 통로를 고려하여 배치한다.

② 영업카운터

영업장의 카운터는 영업장과 객장의 경계를 가장 우선 고려하고, 영업장과 객장의 분리, 범죄방지, 작업책상으로서의 기능을 갖는다. 영업장의 평면구성은 합리적인 카운터라인에 의해 좌우된다 할 수 있으므로 고객이나 업무의 능률을 고려해야 한다.

- 카운터라인의 형태 : 실의 형태, 계의 종류, 창구의 수 등에 의해 결정되는데, 직선형, 유선형, 자유형이 사용되나, 복잡한 형태는 데드스페이스와 레이아웃이 복잡해지므로 피한다.
- 카운터의 폭과 높이 : 카운터의 높이 : 0.9~1m, 최대 1.1m 이하
  카운터의 폭 : 카운터와 텔러의 책상폭을 합하여 1~1.1m
  창구 1인당 길이 : 1~1.5m

③ 객장

객장은 카운터에서 고객이 머무르는 중요한 공간으로 적절하고 효과적인 위치에 대기용의 편안한 의자와 도서대, 자동판매기 등을 설치하며 고객을 환영하는 분위기로 계획한다. 객장의 면적은 카운터의 창구수와 예상 고객수, 필기대, 대기를 위한 공간을 고려하여 계획한다. 또한 고객들에게 신속한 서비스를 제공하기 위하여 자동인출기를 객장 내에나 혹은 일반고객농선과 분리된 별도의 공간에 설치한다. 출입구는 경비원의 감시가 용이한 곳에 품위와 신뢰감을 줄 수 있도록 계획하고, 방범기능과 방풍을 위한 전실을 두고 전실의 양단에 위치하는 것이 좋다.

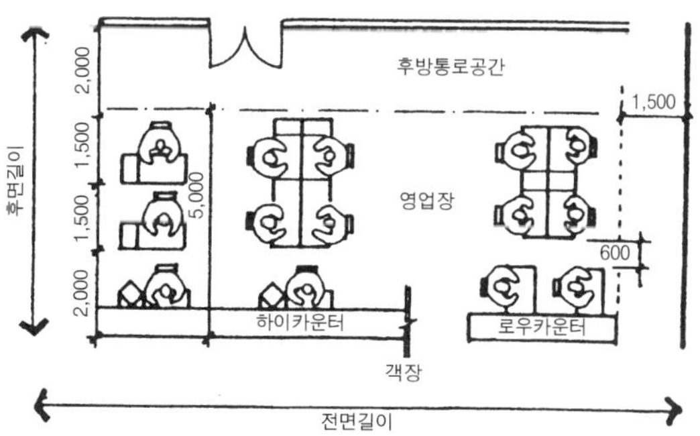


그림 57 영업장의 필요치수

객장의 면적은 접객카운터 전면과 영업장 깊이의 후면 길이로 하고 기준면적은 다음과 같다.

- 후면길이 기준
  - M=사람의 폭, C=사람이 의자에 앉은 폭이라 할 때
  - 상담창구 : 3M+C(2.5~3m)
  - 예금접수대 앞 : 4M+2C(4.5~5m)
- 전면길이 기준
  - 전면길이=1.5 창구개수+양측의 여유분(최소 1.5-2m)
  - 전면길이가 짧은 평면은 ㄱ자형으로 꺾거나 상담창구를 2층으로 이동

## ◆ 사무공간의 가구배치계획

### (1) 책상배치의 유형과 특성

① 대향식 레이아웃

책상을 마주보도록 배치한다. 면적 효율이 좋다. 커뮤니케이션 효과가 크다. 전화, 콘센트 등의 배선 및 관리가 용이하다. 대면하는 시선에 신경이 쓰인다.

② 동향식(同向式) 레이아웃

가장 일반적인 형식으로 책상을 같은 방향으로 배치하여 대면하는 시선이 없기 때문에 적당한 프라이버시가 유지된다. 통로가 명확하고 책상 위가 정리된다. 잡담이 적다.

③ 좌우대향식 레이아웃

대향식과 동향식의 특성을 절충한 형식이다. 관리자면에서 조직의 융화가 쉽고 정보처리나 집무동작의 효율이 좋으나 면적의 손실이 크다.

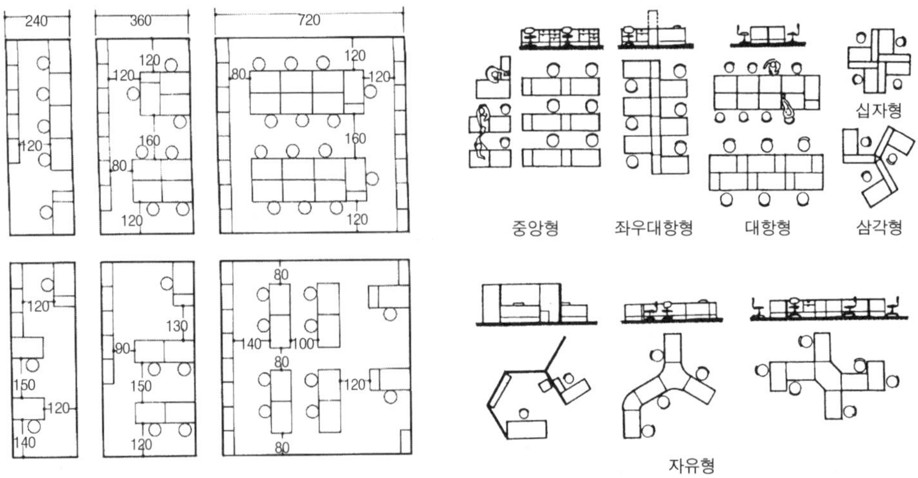


그림 58 책상 레이아웃의 예

④ 십자형 레이아웃

십자형의 책상배치로 원활한 의사소통이 필요한 그룹작업에 적합하다.

### (2) 가구배치의 기본

사무실내의 가구는 집무용 책상을 비롯하여 크리덴자, 의자, 소파 외에 집무 기능에 따라 집기들이 함께 배치된다.

① 단위그룹별로 배치하고 업무분석 등을 통하여 연관성이 많은 사람은 인접시켜 작업동선이 짧도록 한다.

② 서류보관시설은 일정한 곳에 모아 배치하되 항상 필요한 것만 소형의 것으로 가까이 배치한다.

③ 소음발생원은 가능한 사무공간에서 격리시킨다.

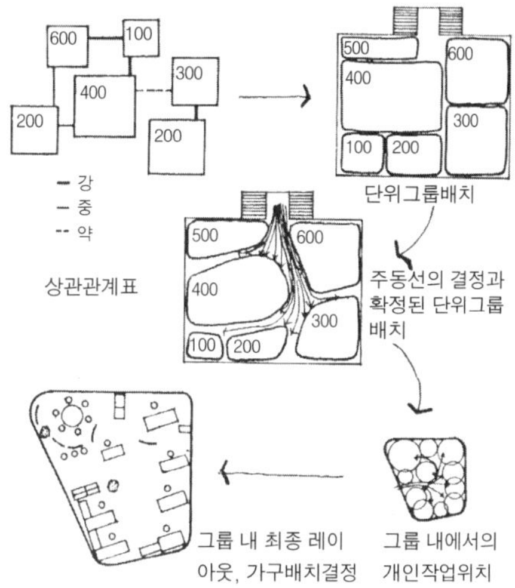


그림 65 단위 그룹별 레이아웃

④ 시선이 부딪치는 배치는 피하되 원활한 의사소통에 지장이 없도록 배치한다.

⑤ 순환동선은 자연스러운 동선체계를 갖도록 한다.

⑥ 휴식공간은 모든 직원이 사용하기 편리한 위치에 계획한다.

⑦ 기업 내부의 직제기준, 외래객에 대한 접객의 필요 정도, 사무기기의 사용빈도, 사무용품과 서류의 양 등에 따라 가구의 종류와 배치를 결정한다.

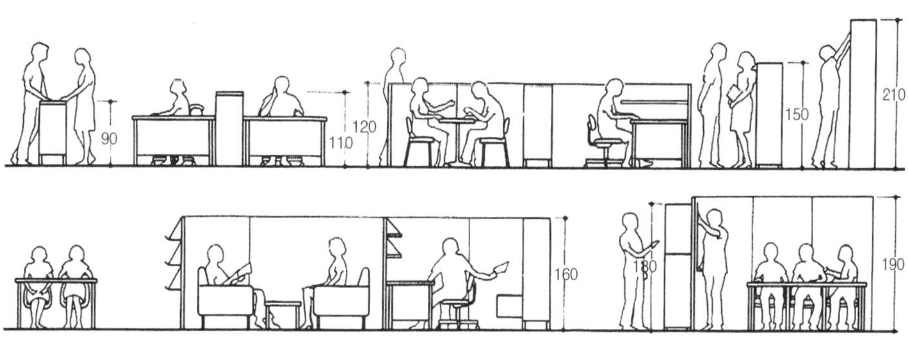


그림 60 사무공간의 칸막이는 장소와 업무의 성격에 따라 변화되며 집기와 가구등이 이동식 칸막이 역할을 하기도 한다.

### (3) 사무공간 칸막이

사무공간에 있어 필요한 실을 만들기 위해 세워지는 벽체의 칸막이는 다음과 같은 기준으로 계획한다.

① 칸막이는 기둥, 보의 위치를 고려하여 구획한다. 건축에서 그리드 플래닝이나 모듈시스템이 적용되었다면 가능한 이에 준하여 실의 평면, 입면을 계획하는 것이 바람직하다.

② 기둥이나 창틀에 맞추어 칸막이를 계획하여 창의 중간에 오지 않도록 한다.

③ 회사조직이나 인원의 변화 등에 따른 가구나 개실의 재배치, 규모나 위치변화에 따른 재조정에 어느 정도 대응 가능하도록 한다.

**표 2 칸막이 높이와 시각차이**

| 높이 (cm) | 시 각 |
|---|---|
| 110 | 앉은 채로 주위를 볼 수 있다. |
| 120 | 앉은 때의 눈높이와 거의 같고, 서면 주위가 잘 보인다. |
| 150 | 선 때의 눈높이와 거의 같고, 주위를 볼 수 있으므로 압박감이 적다 |
| 160 | 앉은 위치에 적합한 디스플레이면이나 수납선반이 손에 닿는다. |
| 180 ~ 210 | 사람의 움직임을 시각적으로 가림과 동시에 외부의 시선은 의식할 필요가 없으며 프라이버시가 높다. |

④ 조명, 콘센트, 전화선의 아웃레트 등도 가구나 실의 배치 변동시 융통성 있게 대응 가능하도록 한다.

⑤ 각 실의 기능에 따라 저절한 공조설비가 되도록 계획에 앞서 기존 실비시스템을 파악, 조정한다.

그림 61 OA가구와 패널시스템으로 완성되어진 사무실

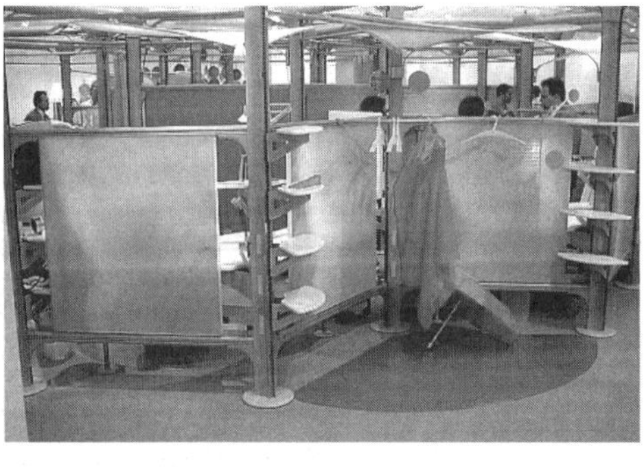

그림 62 허먼 밀러사의 새로운 컨셉트가구 'Resolve' 화사한 색상의 스크린과 알루미늄 튜브와 신축성있는 라이크라천으로 제작 되었다.

## [참고사항: 오픈 오피스 시스템]

open office system은 원활한 업무추진과 팀워크 정신을 살릴 수 있는 사무공간 시스템이다. 이 시스템은 스크린과 패널, 그리고 책상 등으로 구성되는 것이 가장 단순한 형태이다. 스크린은 시각적 프라이버시를 확보하고 음을 차단하며 사무실을 그룹화 할 수 있다. 특히 기존의 사무 가구를 재사용할 경우 스크린으로 그 가구들을 감쌈으로써 전혀 다른 분위기의 사무실을 만들 수 있는 장점이 있다.

오픈 오피스 시스템은 개인의 프라이버시를 유지시켜 줄 수 있다. 시스템에 사용되는 패널은 서로 혼합해서 사용할 수 있고 시각적 접촉이 필요 없는 곳에서는 높은 패널을 사용한다. 또 다른 방법은 패널에 그 부속 사무집기를 연결해 놓는 시스템이다. 즉 책상이나 선반이 캔틸레버 형식으로 매달리는 것으로 패널 내부에 전선을 배관한 시스템도 있어 인테리어 벽의 기능을 수행하도록 개발되어 있다.

그림 63 Open office system에서 사용되는 OA가구 XM serise

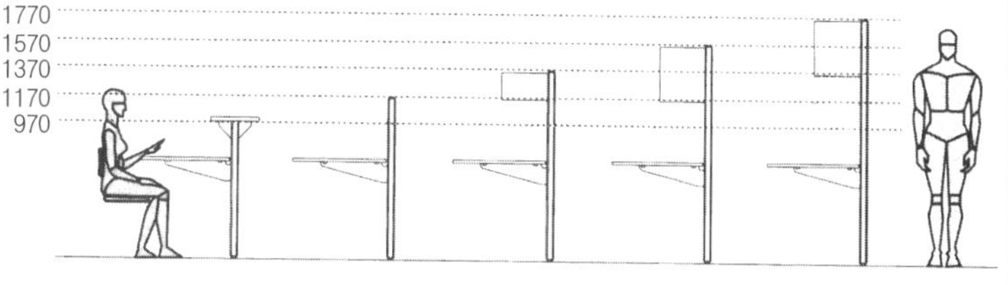


그림 64 패널시스템은 기본구조를 이루는 프레임은 높이에 따라 다양한 형태로 분류되어 시스템 제품으로 생산된다.

## 1.4 전시공간 계획방향

### ◆ 전시공간의 특성

인간이 무엇인가를 전달할 목적으로 어떤 행위(behavior)를 진열(display)이라는 하나의 신호로 나타내고자 할 때 존재하는 공간의 연출이다. 전시는 어떤 주의를 끌거나 관심을 유도하기 위해 존재하는 전달(communication)의 수단으로서의 보이는 행위(Behavior of showing)를 의미한다.

그림65 공작새 수컷의 밝게 빛나는 깃털을 뽐내는 것은 암컷에게 배우자로 선택받으려는 전달목적의 행위연출이다.

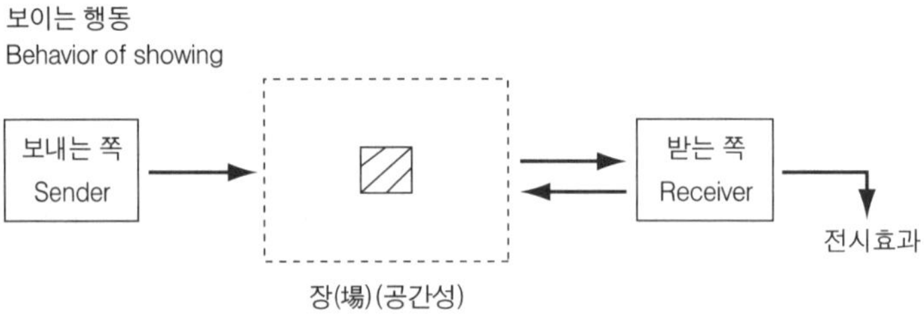


전시는 정보전달 수단으로서, 단순히 알린다는 기능과 보다 적극적 의미에서 대중에게 여러 가지 가능성에 대하여 하나의 특수한 선택을 지시해 주는 지식의 전달이다. 전시는 대중을 현장에 직접 참여시켜서 보이고, 이렇게 보는 행위의 장을 연출함으로써 그 공간적 시지각성이 가지는 효과를 대중이 직접 체험케 하여 고도의 설득력을 갖는다.

### ◆ 전시공간의 유형

전시는 어떤 대상물을 각각의 목적에 따라 주제를 설정하고 조명, 색채, 음향, 소도구 등 디자인 요소를 적절히 활용하여 어떤 공간에 효과적으로 전시, 진열하여 대상인에게 의도한 것을 주지, 전달시키고자 하는 디자인의 한 분야이다.

전시는 도표와 같이 A/디스플레이 B/ 전문전시 C/ 박람회 D/ 박물관 미술관 E/ 테마파크 F/ 기타로 유형별로, 그리고 상업과 문화의 기능, 판매와 교육의 목적을 가진 전시로 나눌 수 있다.

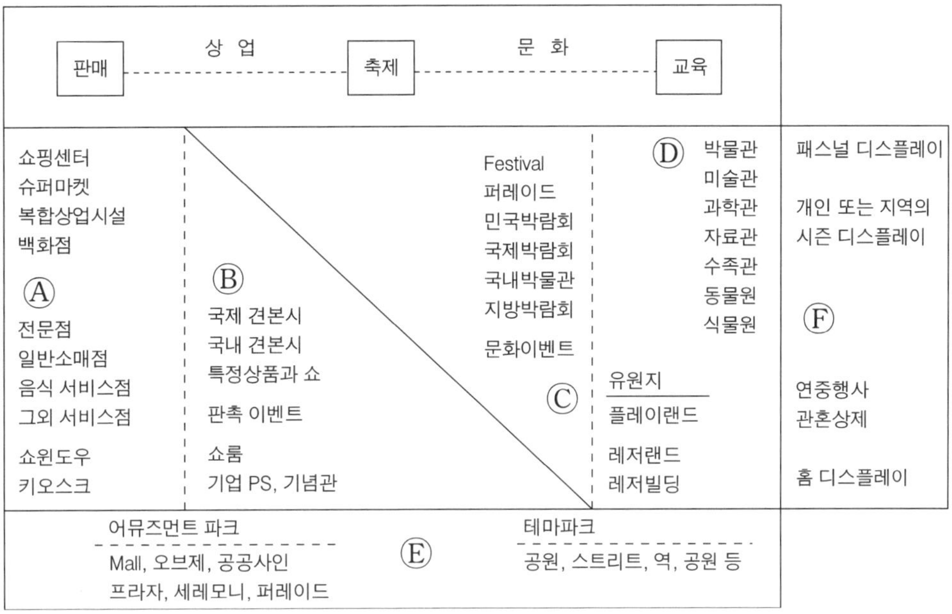


그림 66 Display Design의 영역

## ◆ 전시의 종류

① 쇼룸

그림 67 쇼룸을 통하여 기업의 이미지를 부각 시킨다. / 삼성그룹 연구원 쇼룸

전시는 상업적, 교육적 목적을 가진 고객에게 상품을 직접 만져 보게 하고 데몬스트레이션을 통하여 상품기능의 특성을 집적 느끼게 하면서 상품과 기업에 관한 정보를 전달하여 기업 이미지를 높이는 동시에 상품을 구매할 수 있는 분위기를 조성하는데 그 목적이 있다. 상품을 판매하는 매장 전시와는 다른 쇼룸의 전시는 기본적으로 상품을 판매하지 않으므로 영상, 음향, 조형, 조명등과 함께 종합적 연출에 의해 상품을 좋게 보이게 하거나 작동 등을 해보게 하는 공간계획으로, 고객으로 하여금 강한 구매욕을 불러일으킬 수 있다.

| 유럽 | 구분 | | 종류 | 비고 |
|---|---|---|---|---|
| 박물관 MUSEUM | 역사 | 역사학 | 문화, 사회, 종교, 시대, 인류, 민족 등 | |
| | | 민속학 | 향토, 풍속, 민족, 후속, 주거, 전통의상 등 | |
| | | 특수 | 화폐, 서적, 신문, 술, | 컬렉션 |
| | 과학 | 자연 | 고생물, 동물, 식물, 곤충, 광물, 지질, 천문, 해양, 우주 | 과학관 |
| | | 이공 | 기초과학, 과업, 수산업, 농업, 기상, 교통, 에너지, 기계, 기술, 통신, 항공 | |
| 기념관 MEMORLAL | | | 인물, 사적, 지역 | |
| | | | 역사, 이벤트 사건 | |
| 홍보관 ADVERTISE | 상설 | | 기업, 지역, 국가, 단체 | |
| | 비상설 | | 박람회, 전람회, FAIR, SHOW | |
| 전시관 SHOW ROOM | 공공 | | 제품, 특산품, 생산공정 | |
| | 판매 | | 쇼케이스, 쇼윈도, 매장 | 상업공간 |
| 미술관 GALLERY | 시대적 | | 고미술, 근대미술, 현대미술 등 | |
| | 장르적 | | 회화, 조각, 공예, 디자인, 건축, 동양미술, 서예, 사진 등 | |
| | 지역적 | | 국가, 도시, 중앙, 지방, 동양, 서양 등 | |

② 박람회

그림 68 캐나다 몬트리올 엑스포 당시 최초의 달 착륙 우주선을 전시한 미국관

일반적으로 교역전, 전시회, 컨벤션 등과 혼용하여 구분 없이 사용되고 있으나, 엄격히 구분하면 문화, 예술, 이벤트, 과학, 기술이 접목된 종합축제로 인류의 화합을 목적으로 개최되는 행사를 의미한다. 따라서 박람회는 축제적 분위기가 강하기 때문에 전시회, 교역전과 같이 세부적이고 전문적인 상품, 제품, 기술에 대한 무역과 상품거래의 장(場)의 개념과 함께 국가적 이미지를 강조한 인류 축제의 장(場)이라 할 수 있다. 박람회의 기본적 공간개념은 산업기술의 전시장이며 새롭게 개발되는 테크놀로지의 소개의 장이다. 또한 일종의 광고의 공간이며, 소비사회 미래의 인간의 욕망(needs)을 표출하는 공간이기도 하다. 박람회는 시대적 조류에 따라 변화하며 산업의 견본시, 도시개발의 기폭제, 새로운 사회 시스템의 실험과 지역진흥 등의 다양한 기능을

지니고 있으며 현대에는 본격적인 고도정보통신 사회의 미래와 지구환경문제 대응 등의 다양한 테마로 전개해 가고 있다

③ 박물관

역사 · 예술 · 민속 · 산업 · 과학 등 고고학 자료 · 미술품, 기타 인문 · 자연에 관한 학술적 자료를 수집 · 보관 · 진열하여 교육적 배려 하에 일반 민중의 전람에 이바지하고, 또 그들의 자료에 대하여 조사 연구하는 시설을 지칭한다.

교양 · 조사연구 · 레크리에이션 등에 자료를 제공하기 위하여 필요한 사업을 추진하고, 아울러 이들의 자료에 관한 조사연구를 목적으로 하는 기관이다.

박물관 자료가 단순히 수집 · 정리 · 보관 · 조사 연구될 뿐이라면 연구소와 다를 바 없다. 자료를 중심으로 하는 박물관의 전시의 구성요소는

- 전시자료
- 전시 의도를 수용하는 장소인 전시공간
- 전시의 성격과 전시철학을 나타내는 전시 의도
- 조사, 연구의 과정을 확인시켜주고 전시된 모든 물적 자료를 가리키는 전시자료, 전시 의도와 전시자료를 전달하는 전달매체로 구성된다.

그림 69 미국 콜롬비아 대학의 인류사 박물관 중앙 전시실

그림 70 일본 다테바야 시 어린이 과학관 전시실 내부

박물관이 이용자에게 접촉되어 이해되고 이용되는 첫째는 교육 보급의 기능면에서이므로, 이들의 기능이 충분하게 작용한 결과 완성하게 된 박물관 자료와 그 성과를 전시해서 교육활동에 호소하여 사회에 보급 침투시켜 대중의 문화적 · 과학적 수준의 향상을 가져오도록 해야 한다. 이것을 제1의적인 활동으로 하지 않으면 박물관이라고 할 수 없다. 따라서 그 전시는 이용자 누구에게나 흥미롭고 매혹적이며,

또 정확하고 심미적(審美的)으로 전시되어야 한다. 결국 전시는 미와 정확한 표현을 필요로 하는 것이다. 전시는 박물관의 성질과 그 기교에 의해 좌우되지만, 전시품은 통상 교육적인 것과 심미적인 것과는 크게 구별되고 자료의 종류, 즉 역사 · 예술 · 과학 · 응용 등의 4대 분야에서 제각기 특유한 전시형태가 취하여진다.

### ◆ 전시계획의 조건

전시계획에 있어 전시내용이나 성격, 공간구성이 다양하고 각종 전시공간의 형태도 다양하게 연출되는데 이는 전시내용의 선결이 되지 않고는 공간의 설정이 불가능한 것과 마찬가지이다. 특히 과학관이나 기념관과 같이 전시의 내용이 특수한 경우는 전시계획과 전시공간 구상이 동시에 이루어지거나 전시계획이 우선될 경우도 있다. 그러나 일반적인 역사박물관 또는 미술관의 경우 상당한 전시의 가변적 고려를 예상한다면 전시공간의 체계는 다음과 같은 전제 아래 일반적 전개가 가능하다. 다만, 박물관 설계를 위한 전시공간은 전시물뿐만이 아니라 디스플레이(display) 기법, 관객의 움직임 등이 중요한 정보로 해석되어야 하며, 이의 소홀은 결국 전시공간의 빈곤성 또는 혼돈의 염려가 있다.

종래의 관념적 전시내용에서 벗어나 다양한 전시내용으로 전환이 필요하다. 이는 단순한 장르의 세분화를 의미하는 것이 아니라 이용자의 연령계층, 문화적 인식의 계층별 기호가 조건이 되는 내용의 다채로움을 의미한다.

단순히 진열한다는 개념에서 벗어나 흥미를 유발시키기 위한 특수전시기법에 디오라마, 움직이는 전시, 실물을 재현시켜 자유롭게 접촉시키는 것, 교육을 위한 전시세트의 대출, 박물관 전체가 이동하는 전시 등 다이내믹하고 입체적인 전시기법을 적극화할 필요가 있다.

#### (1) 단위전시공간의 규모

단위전시공간의 규모는 관람자의 수와 순회동선, 전시물의 수와 크기, 그리고 조명방식에 의해 결정된다. 그러나 각 전시공간은 전시의 성격과 목적에 따라 그 규모가 달라질 수 있다.

단위전시공간의 실 폭은 평균 5.5m가 최소이나, 일반적으로 6~8m로 하고 길이는 실 폭의 1.5~2배 정도가 적당하다. 전체 연장 벽면은 길수록 좋지만 400m 이하로 하여 관람자가 육체적 심리적 피로감을 느끼지 않도록 한다. 많은 관람자의 통행이 예상될 경우, 통로의 여유는 2m 이내가 적당하며 실 폭이 작은 전시실일 경우 1.8m 이상, 대규모일 경우는 6m 이상 되어야 한다.

### (2) 전시공간의 평면형태

평면형태에 따라 관람자의 유도는 연속적인 흐름에서의 방향, 거리, 시간 등을 분석하여 감상에 흐트러짐이 없고 지루하지 않도록 계획을 전개한다. 따라서 관람동선을 기본으로 하여 전시공간의 평면형태는 부채꼴형, 직사각형, 원형, 자유로운 형, 작은 실의 조합으로 분류된다.

### ◆ 전시의 기본요소

전시는 다음과 같은 기본요소를 갖고 있다. 무엇을 누가, 언제, 어디서라는 4가지 요소가 반드시 그 역할을 해야 하며, 부가사항으로 누구에게, 무엇을, 어떻게, 어떤 예산인지의 내용이 합리적으로 조화를 이루어야 전시로서 역할을 할 수 있게 된다.

① 무엇을(What)
   전시내용(테마, 아이디어, 플랜 등)
② 누가(Who)
   주최자,
   후원단체, 협찬단체
③ 언제(When)
   시즌특성(봄, 여름, 가을, 겨울)
   시간특성(아침, 점심, 저녁)
   기간(1일, 1주일, 한달, 1회 등)
④ 어디서(Where)
   지역특성(도심, 교외, 바다, 산 등)
   회장특성(옥외, 옥내)
⑤ 누구에게(Whom)
   연령별 특성(실버주체, 가족주체 등)
   성별
⑥ 무엇을(What)
   전시내용(테마, 아이디어, 플랜)
⑦ 어떻게(How)
   연출방법
⑧ 어떤 예산(How Much)
   전시회장치, 관리예산

그림 71 전시장은 무엇을 전시하는지 관람객에게 쉽게 전달하는 디자인을 한다. / 미국 Sachs사 전시관

그림 72 일본 도쿠시마 도립 박물관 전시실 / 전시장소에 따라 대상물의 내용은 달라진다.

### ◆ 전시의 구성과 계획요소

① 대상물(object)

전달하고자 하는 내용의 구성요소로서 대상물의 형태와 색채 재질의 특성에 의하여 전시디자인의 기본방향이 결정되며 가장 중요한 요소이다.

② 공간(space)

대상물과 관객의 커뮤니케이션 장소로 기능적 특성을 가진다. 단, 그 목적을 전달하기 위하여 행해지는 행위의 능률성을 보장하는 구체적 수단으로서 전체적인 계획체계의 장이된다.

③ 관객(persons)

관객은 대상물의 전달내용을 받아들이는 대상으로 전시의 존재를 결정짓는 요소이며, 그 구성과 효과 발생을 동시에 충족시키는 핵심적인 요소로 작용한다.

④ 시간(time)

시간은 전달하고자 하는 대상물에 대한 시점으로 전시기간과 관계하며 제작물의 내구성, 제작방법, 계절, 시대감각과 관련된 측면에서 색채계획과 동선계획 등에 관계한다.

전시는 시각전달(visual communication)매체 계획으로서 본질적인 기능을 지닌다. 여기에 앞서 열거한 대상물, 공간, 관객, 시간 등의 기본요소는 서로가 영향을 주면서 하나의 전시형태가 이루어진다. 그리고 하나의 공간이 전시의 목적을 달성하기 위해서는 전시자체의 아이덴티티가 있어야 한다. 전시는 많은 양의 정보를 경쟁사와 차별화를 위해서 종합적으로 계획되어야 하므로 다음과 같은 계획요소로 전시계획을 해야 성공적인 결과를 얻어낼 수 있다.

1. 공간조형계획 : 동선과 시선을 고려한 공간계획 기능적인 면과 심리적인 조형계획.
2. 색채계획 : 심리적인 큰 영향력.
3. 조명계획 : 변화를 가지는 조명연출.
4. 영상전시계획 : 미래영상의 세계는 가능성.
5. 음향계획 : 음성, 음악, 음향(효과음, 의성음)을 병용.
6. 특수계획 : 특수연출이 있는 계획, 이벤트 연출.

### ◆ 전시관람 환경의 커뮤니케이션

관람객이 관람 시 느끼는 피로감은 효율적인 커뮤니케이션 체계의 중대한 방해로서, 이들의 원인은 주로 전시관의 공조, 조명, 소음 등 공간적 환경에서 기인할 뿐 아니라 과도한 전시물, 오리엔테이션 기능 부재, 저급한 전시방법과 제작물 등 전시적 요소에서도 나타난다.

관람의 피로를 줄이기기 위해서는 기본 환경은 관람객이 관람목적에 따라 편안하게 관람할 수 있도록 관람에 대한 정보를 충분히 효과적으로 전달하는 것이 중요하다.

그림 73 독일 하노버에서 열린 96세빗 전시장에서 에릭슨 이동통신사가 준비한 이벤트

그림 74 장치물디자인을 통하여 일관된 주제를 표현한다. / 2003 디자인대학 박람회

다음은 관람환경의 주 요소가 되는 다양성에 대한 전시 커뮤니케이션 내용의 특징이다.

① 관람의 다양성

관람의 다양성은 관람객이 관람 시 관람목적에 따라 다양한 관람 정보를 제공함을 의미한다.

그림 75 전시장내의 카페는 관람객들에 대한 휴게시설로 사용된다. / 유럽 모터쇼 포드자동차관

② 공간의 다양성

전시관은 전시공간, 공용공간, 휴게공간 등 구성에 따라 다양한 공간으로 구성되어 있다. 전시공간의 경우 전시실별의 동일한 마감, 유사한 분위기, 전시물의 중복 등은 관람의 피로를 주는 요인이 되며 전시공간과 전시 이외의 공간과의 구분이 명확하지 않을 경우에도 관람의 소음을 발생하게 된다.

③ 전시의 다양성

전시실 내부의 다양성 부재는 관람객들이 가장 피로를 느끼는 요인이 된다. 전시물의 선택, 전시표현, 조명연출, 연출매체 등 전시연출과 직접적으로 관계된 요소들의 다양한 변화가 요구되며, 전체의 분위기나 천장고의 높이 등도 다양화의 연출이 필요하다. 전시실의 다양성은 전시실 주제에 일관된 다양성을 의미하며 주제를 벗어난 다양성은 오히려 더 혼란스럽게 한다.

④ 구조물의 다양성

전시관의 외관 모습은 그 자체만으로는 전시관의 정체성을 나타내는 매체로서의 역할을 수행한다. 전시관 내부에 있어 전시실의 특징적인 구조물의 경우 전시실의 전시내용을 일차적으로 전달하는 장치로서 역할을 한다. 전시관 내외부 구조물 형상의 다양성은 관람자가 쉽게 인지할 수 있으며, 용이하게 접근할 수 있게 한다.

그러므로 전시실 위주에서 전관의 전체적인 이미지, 메시지 구성요소를 관람객을 위하여 구성하도록 하는 것은, 즉 관람객의 입장에서 전시물 못지않게 전시외적인 시설로 서점, 선물용 판매시설, 휴게시설 등 다양한 공공시설의 이미지가 전시관의 종합적인 메시지를 구성하는 중요한 미디어 역할을 하는 것이다. 그러므로 전시관 커뮤니케이션 전략 수립 시 규모나 종류, 장소 등에 따라 전시 위주에서 탈피하여 종합적인 메시지 전달계획이 필요하다.

### ◆ 전시방법

주제설정에 의한 전시의 기본목표가 설정되고, 전시 전개를 위한 내용이 배분되고, 전시표현매체 및 그 전시방법이 결정된다.

실내전시에서 이루어지고 전시매체를 중심으로 한 전시방법은 개별전시, 입체전시, 특수전시, 수장(收藏)전시, 대공간전시가 있다. 이들 방법들은 전시내용에 따라 다양하게 전시 계획하여 관람의 흥미를 유발시키도록 한다.

① 개별전시

개별전시는 공간을 이루는 바닥, 벽, 천장의 면에 의지하거나 이용하여 전시하는 방법이다. 구체적인 전시방법 유형에 따라 벽면전시, 바닥전시, 천장전시로 나누어진다.

② 입체전시

입체적인 전시매체가 벽체로부터 독립되어 전시되는 방법으로 전시의 시각이 사방에서 개방되며, 전시물과 가까운 시각성과 촉각까지도 허용할 수 있다. 전시물의 크기, 상태, 보존성에 따라 진열장, 전시대, 전시스크린 등의 방법으로 전시된다.

③ 특수전시

특수전시 방법은 광, 음, 영상을 적극 활용하고 전시방법의 체계가 복합적이고 종합적으로 구성되어 전시내용의 전달이 다각적으로 표현될 수 있다.

아일랜드 전시, 하모니카 전시, 디오라미 전시, 파노라마 전시, 영상전시가 있다.

### ◆ 전시 동선계획

동선계획은 평면계획상 설정된 입구와 출구 사이의 통로로 관람자의 흐름을 유도하되, 얼마나 많은 사람을 어떻게 이동시키면서 전시물을 관람하게 할 것인가에 관련한 계획이다. 기본적으로 동선체계가 짧고 보다 간결하게 처리하여 전시대상으로 쉽게 이동할 수 있도록 한다. 전시공간의 동선유형은 관람자동선, 관리동선, 전시물동선, 신체장애인동선으로 나누는데, 특히 신체장애인은 휠체어를 타고 관람하므로 관람자동선과 동일하되 따로 출입구와 적절한 시설이 필요하다. 즉 바닥 차의 변화가 없도록 하되, 부득이한 경우 경사로와 보호용 난간을 설치한다.

① 관리동선 : 전시물의 관리, 연구, 조사행위, 사무관계, 방송 및 통신관계, 설명, 홍보 및 감시에 따른 동선이다. 관리 동선은 관람자의 동선과 분리해야 하고 다른 동선과도 중복, 교차되지 않도록 한다.

② 전시물동선 : 전시물의 교체, 외부에서의 반출입, 연구목적을 위한 이동, 수리

및 소독을 위한 이동 등에 따른 동선으로 수장고를 중심으로 연결한다.

③ 관람자동선 : 좌측에서 우측으로, 회전은 우회전을 원칙으로 하며, 관람자가 항상 현재의 위치를 명확하게 인식할 수 있도록 명쾌한 동선계획을 한다. 아울러 비상시 일정한 피난동선으로 비상구와의 관계를 체크해야 다. 관람 시 피로를 적게 하기 위해 미로적 공간구성은 피하고, 특히 휴식장소를 적절히 마련하고, 외부공간을 조망할 수 있는 개구부도 필요하다.

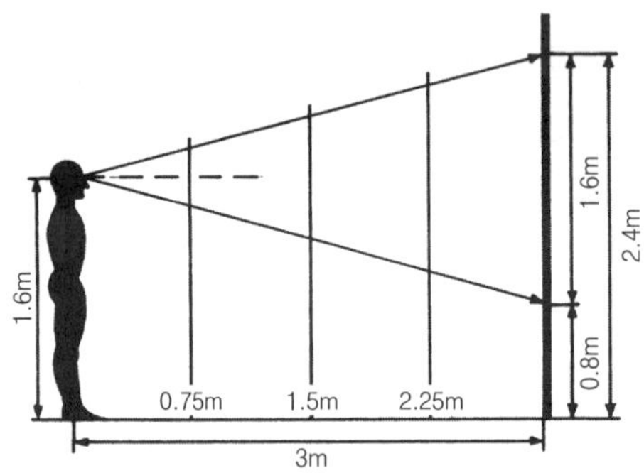

그림 76 관람객의 가시거리와 가시구역

그림 77 2층을 상담실로 사용하는 특징적인 형상의 전시관 / 미국 산호세 'Axil' 사 전시관

관람자 동선계획의 가장 기본이 되는 기준은 다음과 같다.

1. 자료를 보고 해설을 읽으면서 다시 돌아오지 않는 벽면 레이아웃을 하는 것이 중요하다.
2. 관객의 흐름에 막힘이 없어야 한다.
3. 관람객에게 피로를 느끼지 않아야 한다.
4. 전후좌우를 다 볼 수 있도록 한다.

그림78 미국 매사추세츠주 케네디도서관 기념전시실 동선계획

전시자료를 보여주는 패널문 안의 위치는 전시동선과 밀접한 관계가 있다. 즉 기술방향에 따라 방향을 잡는 것이 자연스러운 동선이 될 수 있다. 전시물의 관람방향은 전시물의 내용이나 놓인 위치 등에 따라 관람자가 편안하게 관 할 수 있도록 배려한다.

관람하는 과정에 관람객이 폭주하는 동선의 정체현상을 방지하기 위하여 전시내용의 밀도를 조절하도록 해야 한다. 관람객은 초반의 전시물을 보는데 오랜 시간을 두고 보는 경향이 있어, 초반의 전시내용의 밀도를 낮게 하여 빠른 순환을 유도하고 후반부로 갈수록 전시밀도를 높여 관람효과를 높이도록 한다.

### [참고사항 : 멀티미디어 전시 연출]

라디오, 텔레비전, 영화 등 기계기술 수단을 구사하여 정보를 생산하여 사람들에게 전달하는 기구 및 전달시스템의 미디어(Media)는 현대기술의 발전과 디지털화 만큼이나 커다란 변화를 동반하여 전달방법이나 기능성에도 함께 발전되어 왔다."미디어는 메시지다" 라고 한 마셜 맥루한의 말처럼 미디어는 마치 물의 모습이 변하듯 미디어의 특성은 전달할 메시지의 형식과 내용에 영향을 줄 뿐 아니라, 그 자체로서 하나의 사회문화적 가치를 가진다. 이러한 전시미디어 환경이 점차로 디지털화 되어감에 따라 이전보다 더욱 큰 설명력을 지니게 되었다

미래의 전시연출 방법은 멀티미디어 연출기법이 주는 다양한 효과를 바탕으로 새로운 효과를 만들어 낼 것이다. 특히 전시는 장소라는 제한적인 요소가 있어 많은 자료나 전시물을 보여주지 못하는 경우가 많기에 사이버상에서 전시가 가능하듯이 전시물에 대한 가상의 공간을 영상과 음향으로 재현하는 등으로 다음과 같은 디지털미디어 전시연출기법의 효과가 있다.

① 멀티큐브 시스템 : 모듈화 된 멀티큐브 모니터를 사용화면 구성을 전체 단일화면 또는 개별화면 등으로 디스플레이 할 수 있는 시스템.

② 비디오 모니터 시스템 : 기본적인 영상음향시스템으로 DVD 플레이어를 사용하여 모니터에 화면과 음향 송출하여 전시내용을 관람자가 쉽게 이해할 수 있도록 하는 구싱된 시스템.

③ PDP시스템 : 벽걸이TV로 불리는 PDP는 두께가 90mm로 매우 얇아 일반 CRT모니터가 설치되기 어려운 곳에 가능하다.

④ 멀티LCD모니디 : 15.1" LCD모니터를 사용 내화면의 영상늘 구성하는 시스템.

⑤ 피플 비전 : LCD프로젝터를 이용하여 확대된 얼굴 모형판 위에 영상을 투영하여 디스플레이 하는 시스템.

⑥ Grand Mirage: 반사거울과 렌즈를 통해 실물을 만지지 않더라도 허공에 띄운 영상을 통해 실물의 느낌을 주는 시스템.

⑦ 서클 비전: 원형의 스크린을 설치하여 일정각도로 등분된 곳에 영사기를 여러 대 설치하여 파노라마 영상을 보는 듯한 느낌을 주는 시스템이다. 관람자는 중앙에 관람하게 된다.

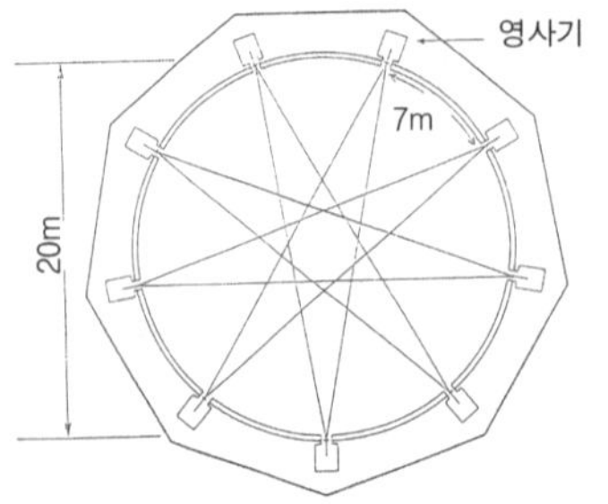


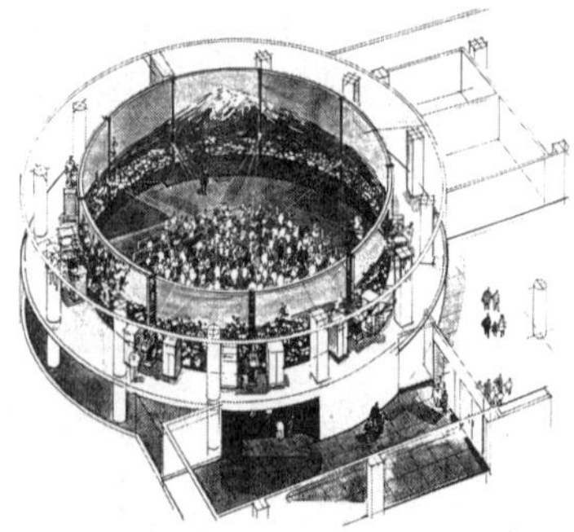

그림 79 9면의 5×7m 라운드형 스크린

⑧ D-Vision: 매직 비전을 응용한 시스템으로 4면에 동일한 허상을 볼 수 있도록 한 시스템.

⑨ 하이비전 시스템 : 기존 영상의 화면 비율인 4:3보다 확장된 16:9의 화면비율을 갖추고 기존 TV보다 5배 정도의 고선명 고화질의 시스템.

■ 35mm멀티 슬라이드 시스템: 35mm필름으로 투사하는 슬라이드 프로젝터를 2대 이상 사용하여 멀티화면을 구성하는 시스템으로, 현재까지 가장 좋은 해상도를 구현한다.

■ Magic Vision System: Half Mirror와 축소모형 조명영상이 동일시간대에 연출이 이루어지도록 한 시스템. 실물과 비디오 영상이 합성하여 움직여 3차원 영상을 만들어 낸다.

■ 입체(3D)영상관: 인간의 눈에 의한 시각차를 이용한 시스템으로 두 대의 프로젝터를 일정한 각도로 유지하고 편광필름을 프로젝터의 렌즈부분에 설치한 후 편광안경을 착용하여 3d이미지를 관람하는 시스템.

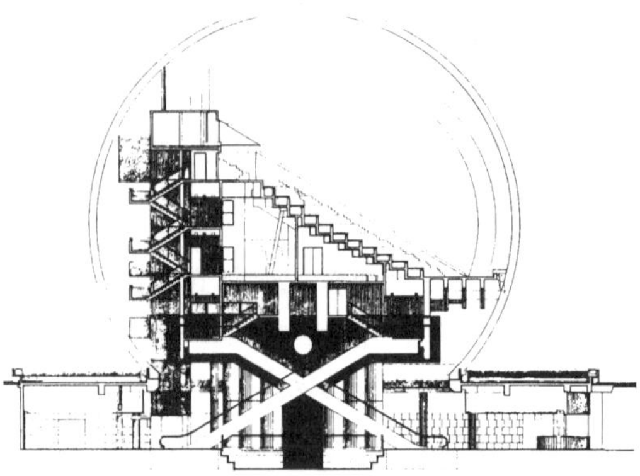

■ 빔 프로젝터 영상관 시스템: 빔 프로젝터를 이용하여 전면 대형스크린(300"이상) 에 화상을 디스플레이 할 수 있는 시스템.

■ 필름프로젝터 영상관 시스템(35mm 70mm): 필름을 이용하여 대형화면을 투사하는 시스템 고해상도의 이미지를 화질 저하 없이 투사할 수 있다.

# 2. 실내계획의 실무이해

## 2.1 공간계획과 창조성

실내공간계획은 의뢰자가 실내의 일부 또는 전체를 새롭고 실용적으로 이용하고자 결정하는 일에서 계획을 의뢰하는 데서 시작된다. 계획에서 실내공간을 아름답고 효율적으로 기능상 만족스럽게 하고자 하는 목적이 있으며, 실내계획이란 예술과 과학을 활용하여 문제상황에 맞도록 효과적인 해결안을 만들어내는 창의성 있는 문제해결이 근본이다.

그림 80 프랭크 게리 / 이세이 미야게 매장 / 미국 뉴욕

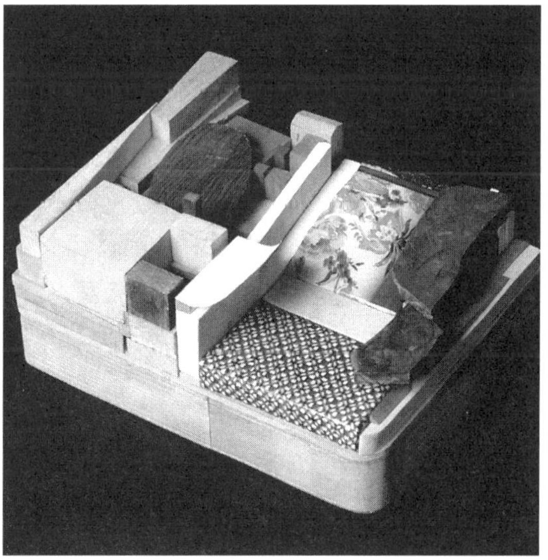

그림 81 95년 LA시 한인문화회관 건축 공모에 참가한 미국 스미스건축사무소의 작품 모형

디자이너는 공간의 목적, 관련자료, 그리고 기준과 지침들을 가지고 사용자의 요구를 충족시킬 수 있는 공간개념과 상호관계를 창조해 나간다. 성공적인 실무계획은 결코 우연히 만들어지는 것이 아니라 디자이너들과 클라이언트, 관련전문가, 시공자들이 조직적이고 창의적인 문제해결에 함께 참여할 때 이루어진다.

실내디자인 계획은 한 분야의 지식만을 포함하는 단순한 작업은 아니다. 그것은 건물의 구조 및 공간과 관련되어 있는 폭넓은 분야의 지식들을 포함하는 여러 과정의 복잡한 연결작업이다. 프로그램 분석과 법규검토들에서부터 이상적인 실내공간의 질을 향상시키는 일까지 다양한 과정이 존재한다. 이러한 복잡한 많은 과정들이 실내디자인 계획의 핵심인 개념에 초점을 맞추면서 창조적인 실내디자인의 실질적인 문제해결안을 제시할 때 우리는 성공적인 실내디자인을 하게 될 것이다.

실내디자인 계획의 성공 여부는 새로운 개념의 창의성에 달려있고, 그 창의성은 밝혀지지 않은 무엇인가를 찾고 나타내려는 디자이너의 노력에 또한 달려있다. 창조란 모방이 아닌 발명의 능력이며, 목표를 향한 기회의 본질을 명확히 하는 과정 가운데 완성된다. 즉 창의적인 실내디자인 계획이란 공간의 모든 요소들 간의 고유한 상호관계를 드러내기 위해 관련 없는 것들을 제거하는 과정을 통해 완성된다.

창조가 반드시 신비로운 주제는 아니다. 그것은 실내디자이너의 도구로 이해되고 또 발전시켜져야 한다. 창조는 디자인 과정상의 순간적인 영감에 의존하는 것이 아니라 종합적이고 지속적인 과정인 것이다.

창조는 주어진 문제를 인식하고 상황을 이해하며 상호관계를 찾아 답을 가시화하고 결과를 판단하는 과정이다.

창조력을 실체화하기 위해서 요구되어지는 중요한 두 가지 요소는 디자이너의 계획방법으로의 디자인 과정과 물리적 조건으로의 현장상황이다. 순수미술의 표현은 일반적으로 내적인 것이기 때문에 작가 자신에 의해 독특하고 독립적인 표현으로 발전된다. 그렇지만 실내디자인 계획의 과정은 디자이너와 건축주, 관련 전문가, 동료 디자이너들 사이의 활발한 상호교류가 따르게 된다. 결국 이러한 과정 속에서 디자이너의 창조적 역량은 또한 디자인에 있어 상호교류에서 발생하는 여러 가지 문제들을 순조롭게 조정하는데 있을 것이다.

## 2.2 실내디자인 진행 모델

디자인은 하나의 사물이 탄생하기까지의 과정으로 생각하고 묘사하며, 모형화하는 관련된 작업들을 통해 공간을 완성시키는 것이다. 따라서 설계를 위한 발전형태를 두 가지 형태로 본다면, 자료와 데이터를 체계화하지 않고 곧바로 평면설계를 하거나 자신의 사고를 스케일도 없이 단순한 그림으로 표현하여 평면 설계하는 검은상자형(black box type)과 평면설계를 하기 전에 필요한 정보를 분석 수집하여 평가단계를 거쳐 만들어진 데이터를 기준으로 평면 설계를 하고 모델을 만들어 수치화 하여 평면설계를 하는 유리상자형(glass box type)으로 구분해 볼 수 있겠다.

### (1) 검은상자형

전통적인 장인의식에 기준하여 체계화되지 않고 구전과 장인의 전수방법으로 내려온 설계기법으로서 무의식의 설계, 점진적인 설계라고도 불리고 있다. 즉 검은상자형은 어떤 이론적 배경이나 모델에 의해 진행되기보다는 단순한 느낌이나 감으로 이루어지므로 설계의 결함이 발생할 때에는 그 부분만을 스케치나 그림으로 보여주며 해결할 수는 있지만 전체적인 재조정은 불가능하며, 결과에 대한 판단은 결과물이 완성되어야만 판별할 수 있는 단점이 있다. 그러므로 디자이너가 계획을 하기 전에 어떻게 접근해야만 좋은지를 판단할 수가 없고, 막연히 느낌만으로 접근하는 계획법이라 진행상태가 느리다. 그러므로 모순이나 결함이 발견되었을 때 피드백 할 수 있는 시간적 여유나 결함이 발생한 조건을 스스로 판단하거나 수정할 수 있는 능력이 떨어지므로 계획적으로 매우 불합리할 경우가 많다. 그러나 소규모 공간에서는 경험 많은 설계자는 접근방법이 용이하여 사용되는 경우가 많다

### (2) 유리상자형

과학직이고 세게직이기 때문에 빙법론에 의해 평면설게가 이루이진다. 이 빙법은 예전의 시각적 예술로만 보아오던 관념에서 탈피하여 객관적 종합기술이자 주관적 종합예술로서, 그리고 주관적인 분석은 철학, 심리학, 행동과학 등의 인간학으로서 파악하고 객관적 분석을 과학으로 분류하여 그것들을 종합과 분석을 통하여 체계적으로 설계에 적용시키는 기법이다. 따라서 유리상자법은 모든 자료를 체계화하여 데이터베이스를 구축하고 필요한 정보를 이용하여 실내건축설계에 활용하는 것을 말하며, 수치화된 모든 요소를 바블 다이어그램을 통하여 표현하여 공간설계에 적용해 왔다.

디자인 문제를 해결하기 위한 과정인 디자인 프로세스는 문제의 다양한 성격에 따라 달라져야 하지만 실내디자인에서는 소규모의 공간이거나 공간의 내용이 복잡하지 않은 경우는 검은 상자형의 프로세스가 적용되어 디자이너의 머릿속에서 모든 내용을 해결할 수 있어서 짧은 시간과 피드백이 용이할 경우도 있다. 그 외의 대부분의 공간은 체계적인 방법으로 유리상자법을 사용하며, 그 외에 이러한 구분 없

이 두 방법을 절충하여 사용하기도 한다.

## 2.3 실내디자인 실무프로세스

실내디자인 설계 실무는 크게 분석단계와 종합단계로 구분할 수 있다. 분석단계는 디자인의 문제를 확인하고, 조사하고, 해부 분석한다. 이 단계부터 디자이너는 문제해결이나 상황전환의 진행방법에 대한 생각이나 제안에 이를 수 있다. 두 번째 단계가 종합단계로서 실제적으로 모든 요소들을 통합하여 디자인 해결안을 만들어 이행하는 과정이다.

계획에 있어 분석단계가 중요하지만 분석 자체가 공간계획에 대한 해결책을 제시하지는 않는다. 그러므로 실내디자인 계획을 위해서는 종합단계가 더욱 중요하다. 종합단계는 분석된 모든 요소들에 대한 창의적 이해를 전제로 한다. 창의적의 의미는 기능적, 미학적, 기술적 문제까지 포괄한 개념이어야 한다.

실내디자인 계획에 있어 기능이 복잡해지고 공간의 규모가 크면 창의적 해결책들이 현실성이 없어지고 모호해지게 되는 경우도 있다. 이러한 경우 문제들을 가장 잘 처리할 수 있도록 작은 단위로 세분하여 해결한다. 즉 복잡하고, 무관해 보이는 요소들이 서로 복잡하게 섞인 문제를 그대로 다루기보다는 문제들을 잘게 나누어 재조립하는 방식을 취하는 방식으로 종합성을 완성한다.

A. 분석단계

1. 프로젝트의 발생과 결정
2. 상황 및 계획에 따른 규정
3. 디자인리서치와 수집
4. 프로그래밍 작업

B. 종합단계

5. 디자인 컨셉
6. 기본설계 방향과 결정
7. 실시 설계
8. 시공 및 시공감리
9. 준공 입주, 개업
10. 평가

## 2.4 실내건축계획의 고려사항

### (1) 설계를 위한 공간 실측

설계를 위하여 문제를 인식하게 되는 제약사항이나 현장을 정의하여 문제점을 작성하기 위해서는 설계를 위한 공간 실측에서부터 시작될 수 있다. 현장에서 인지되는 많은 문제점은 목록으로 작성되어질 수 있다. 그러므로 반드시 공간 실측이 필요하다.

신축물의 경우는 건축설계사무소에서 주어진 도면을 현장에서 공간을 파악하기 위한 정도의 절차이나, 만약 변경된 부분이 많을 경우는 도면을 기초로 하여 실측을 하게 된다. 그러나 이 경우는 기본적으로 도면을 갖고 시작하므로 수월한 편에 속한다. 그러나 사용하던 건축물은 지은 지 오래된 건축물은 갖고 있는 도면이 매우 간단하거나 아예 없는 경우에는 많은 시간을 갖고 건축물을 실측해야 하는 것이다. 오래된 건물일수록 도면은 아예 없는 경우가 허다하므로, 이런 경우 기존상황의 기초적인 드로잉을 구하는 것이 유일한 방법이다. 즉 간략한 평면도라도 현장에서 도면과 함께 정확도를 점검하고 빠진 정보를 채워주어야 한다.

그림 82 현장 촬영은 도면으로 전환하기 위한 보조자료로 사용된다.

디자이너는 현장실측에 능숙해야 하며, 이것은 기초적 평면도를 읽고 다시 작성하는 데는 많은 경험과 숙련이 필요하다. 또한 이렇게 공간측정은 측량치수를 정확한 축척의 도면으로 전환해야 하는데 업무상 경험의 지식이 필요한 것이다. 이러한 정확한 실측을 위하여 실측에 앞서 몇 가지 가지고가야 할 준비물을 열거해 보기로 한다.

① 줄자: 공간의 크기에 따라 나르시만 10m 정도에서 50m까지의 줄자를 공간에 맞게 준비한다.

② 필기도구: 실측한 치수를 기입하기 위한 드로잉을 하기 위한 클립보드판과 그리드 방안지.

③ 카메라: 카메라는 현장기록을 하므로 실측 후 정확한 도면으로 확정할 때 현장의 사실을 알려주므로 많은 도움이 된다. 디지털 카메라는 컴퓨터모니터 상에서 보는 불편한 점은 있으나 필름 카메라에 비해 그 즉시 볼 수 있다는 장

점이 있다.

④ 기타 : 어두운 곳을 비쳐 볼 수 있는 손전등과 라가서 보아야 할 경우 사다리 등이 필요한 경우가 있다. 또한 실측에서 줄자를 한쪽 끝에서 잡아 주거나 실측한 치수를 받아 적어주어야 할 보조인이 필요한 경우도 있다.

다음은 현장실측에서 잊지 않고 해야 할 부분이나 실수하지 말아야 할 사항을 사례를 들어 설명한 것이다.

- 평면이나 입면 상에서 분할하여 실측한 부분은 긴 줄자를 이용하여 전체 치수를 반드시 실측한다.
- 주방이나 욕실 벽에 나온 수도관들은 배관위치로 서로의 거리를 실측한다. (콘센트 위치도 배선위치 거리 확인 실측)
- 바닥에서 창턱까지의 위치를 실측한다.
- 문과 창의 크기가 같다면 하나만 실측할 수 있으나 반드시 같은 크기인가를 확인한다. 또한 문 크기와 문틀까지 포함한 크기를 실측해야 한다.
- 실측으로 정확한 표현을 하기 어려운 장소는 카메라를 이용하여 현장을 스케치한다.
- 상업공간일 경우 천장 속을 반드시 확인하고 실측하도록 한다.
- 은 반드시 기준되는 면을 정하고, 각도나 또는 수직으로 거리를 실측하도록 하여 도면 작성시 면적의 차이가 나지 않도록 주의를 기울여야 한다.
- 설계할 디자이너가 현장실측에 참여하는 것이 설계에 도움이 될 뿐 아니라, 현장에서 공간에 대한 현장감과 공간형태에서 새로운 디자인의 시작이 될 수도 있기 때문이다.

**(2) 리서치를 위한 면담**

프로젝트의 규모가 작고 대상공간에 따라 달라질 수 있다. 면담할 대상이 경영자 1인 또는 주거공간에서 부부만으로 충분한 경우가 있으나 대상규모가 크기나 내용의 복잡성에 따라 면담할 사람의 수가 늘어날 수 있다. 그러나 규모의 크기나 복잡성은 서로 별개의 문제이므로 항상 그렇지는 않다. 즉 규모가 작아도 복잡성을 가진 공간이 있기 때문이다.

면담에 앞서 면담할 대상을 고르는 것도 디자이너가 할 기술 중에 하나지만 대부분 의뢰자의 지시에 따라 면담하게 되는 경우가 많다.

디자이너는 사전에 면담을 하기 위한 질문내용을 만들어야 하며, 이는 체계화되고 일괄적인 질문들을 준비해두어야 한다. 그밖에 수량화된 자료를 얻기 위해서는 질문지를 사용하고, 그 외에는 직접 면담에 의한 노트를 직접 작성하는 것이 좋다. 상업공간에서는 의뢰자와의 면담은 그의 경영철학이나 사업에 관한 계획을 함께 정리하게 된다.

① 사무공간

사무실 내의 인원, 사무실의 조직체계와 업무체계, 회사의 업무를 위한 장비

② 상업공간

계획하고자 한 공간의 객석 수, 경영의 원칙, 판매방법, 유사업종의 방문

사업을 위한 장비, 영업을 위한 실내재료의 특수성.

③ 주거공간

현재 보유하거나 새로 구입하고자 하는 가구와 생활용품, 미래의 가족계획, 가족의 라이프스타일.

### (3) 프로그래밍 작성의 요점

프로그래밍이란 일반적으로 수집된 자료에서 주어진 문제점과 관련된 배경 내용이 사실들의 분석, 평가, 목표, 결론 등을 포함하는 문자나 그래픽으로 기록된 형식을 취하며 이를 명확하고 조직적인 방법으로 사용자와 디자이너 사이의 의사소통 내용을 담고 있다. 이에 따라 기준도면 스케치, 디자인 프로그램을 위한 기준표 작성, 다이어그램을 정리하기 위한 작성 요점을 보면 다음과 같다.

① 기준도면 스케치

- 방 또는 공간에 맞는 합리적인 정확한 면적을 추정하는 것이 중요하다.
- 필요한 대략의 크기를 설정하기 위해 한두 개의 평면도를 빨리 스케치 한다.
- 모눈종이를 밑에 대고 트레싱지로(또는 모눈종이 직접) 하며 작업은 도면 스케치를 신속, 적당한 비례로 그리게 한다.
- 참고자료나 가구 카탈로그를 참조해야 한다.
- 기준도면 스케치는 정보용으로만 개발되어 대체로 미완성이기 때문에 도면 스케치는 신속하게 이루어진다.

② 디자인 프로그램 기준표

- 비주거용 공간에 공간전체 면적의 25~33% 정도가 동선과 파티션에 필요한 면적으로 적당.
- 기준표는 계획목적에 맞게 기본 프로그램으로 평가되고 체계화시켜 준다.
- 기준표 분석은 즉시 사용이 가능하다.
- 계획과정에서 기준표를 참고하면 공간계획을 완전하게 하고 세부적인 부

분까지 주의하여 계획할 수 있다.

- 계획의 마무리 단계에서 완료된 방안이 프로그램 요구사항을 확인하는 좋은 평가도구이다.

③ 관계 다이어그램

- 다이어그램은 예비디자인 과정의 한 부분이다.
- 원을 그려 정확하고 적합한 공간들 사이의 관계를 나타냄.
- 원의 크기는 그 공간의 크기와 비례하여 그리는 것이 좋다.
- 수정할 때는 그림을 지우지 말고 트레싱지의 새로운 면을 이용해 그린다.
- 그림 대신 각 공간의 원을 마분지로 오려 옮겨가며 계획한다면 대략 완성이 되면 그 배열을 기록해 두어야 한다.

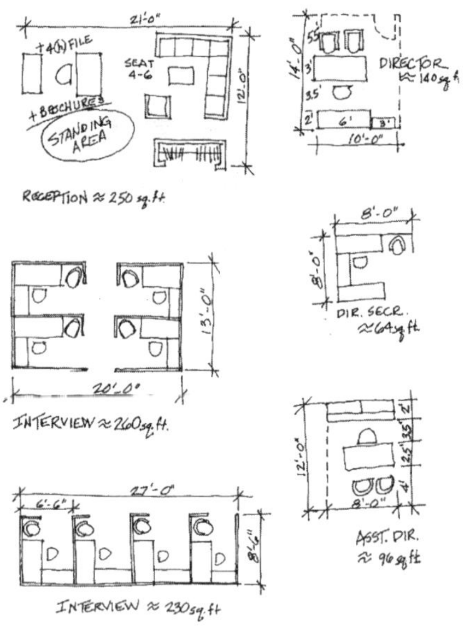


그림 83 기준도면 스케치

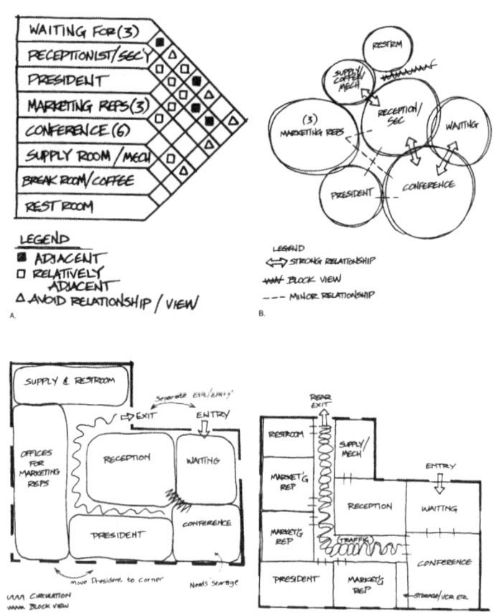


그림 84 기준표와 버블다이어그램에서 블록다이어그램으로의 과정

④ 버블 · 블록다이어그램

- 사전에 기존공간에 대한 평면도를 읽고 분석해야 한다.
- 제도판 위에 평면도를 고정하고 문제가 될 설비도면과 스케치를 그 아래 깔아 놓을 수 있다면 더욱 편리하다.
- 기준표 프로그램을 가지고 각각의 방이나 기능공간을 적합한 위치에 방법론적으로 배치해 본다.

- 급배수설비에는 계획상의 제약이 따른다.(배관과 거리가 멀면 효율성과 법규의 문제가 발생한다.)
- 공간계획 중 어떤 중요한 기능 공간들을 한곳으로 배치해야 하는 제시가 있을 수 있다.
- 계획되어지는 것은 지우는 일이 없이 항상 새로운 트레싱지로 계획하도록 한다.
- 특별한 요소들의 생각은 기록해 둔다. 자신의 그래픽 상징기호를 개발하여 계획의 요구사항과 아이디어를 빠르게 표현한다.
- 다이어그램의 그래픽 결과물은 개인적인 표시물이며 다음 단계(개략적인 평면도)로 진행하기 위해 사용한다.
- 계획된 여러 개의 다이어그램 중 두세 개의 좋은 것을 골라 평면도로 접근한다.
- 다이어그램에서 평면형태의 다이어그램으로 진행에서는 신중하고 선택적인 문제해결법을 모색하며 디자인한다.
- 진행된 과정의 버블다이어그램은 모아 두어 피드백 과정에서 도움을 준다.
- 블록다이어그램은 각 공간면적의 사각종이를 오려 평면도 위에서 퍼즐게임과 같이 가능한 해결방법을 찾는다.(좋은 결과는 반드시 기록이 필요하다)

### (4) 컨셉 드로잉의 작성

창조적인 디자인의 중심으로 개념이란 문장 또는 단어 몇 개로 표현될 수 있는 것이 아니기에, 이러한 개념 언어 몇 마디를 전체의 개념으로 오해하는 경우가 허다하다. 즉 문구들은 많은 실체, 즉 평면배치, 입체로의 형태, 재료, 색채 등 이런 것과 그들 간의 결합의 결과 등을 나타내기에는 몇 마디의 단어로는 그 일면만을 다루기 십상이다.

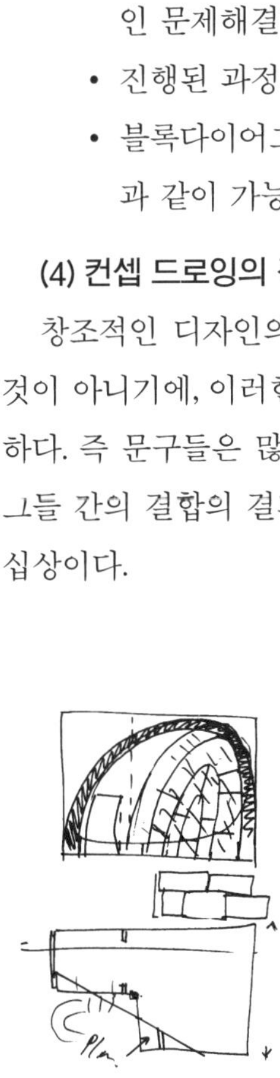
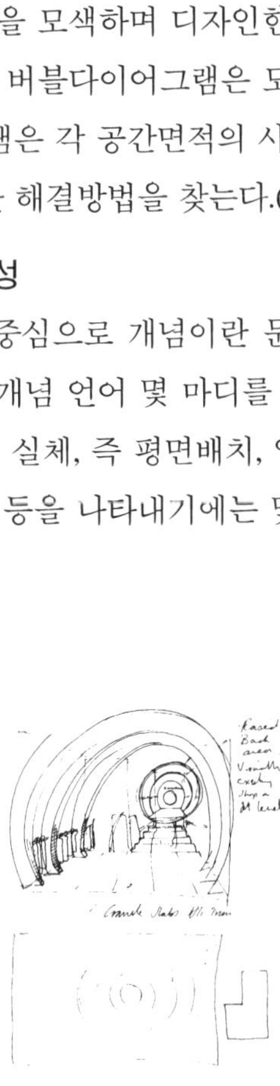
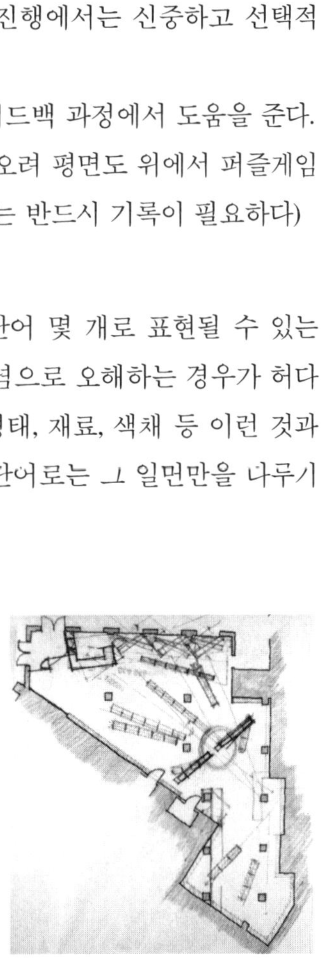

사진 한 장이 긴 문장의 묘사보다 많은 이야기를 한다는 것처럼, 디자인 개념의 전개에서 드로잉의 중요한 역할을 이야기하게 된다. 개념의 과정은 정신적인 과정이며 다양한 디자이너의 마음은 관련된 공간, 평면배치, 재료, 색채와 디테일한 부분과 같은 여러 요소 속에서 자유롭게 생각하게 된다. 이러한 다양성과 복합적인 것들은 디자이너는 모두 기억하기 어렵다. 디자이너는 화가의 그림처럼 그려가면서 그림을 추가하거나 수정하며 완성시킬 수 있으나 디자인의 전체과정을 주의 깊게 조사하여 완성시키게 된다. 그러므로 개념은 이 과정을 지배하고 조절하는데 강하고 충실한 내용이어야 한다. 개념이 부적당한 단어의 형태보다는 개념드로잉으로 계획이 진행되면서 피드백, 참고, 수정 발전을 가능하게 만든다.

개념드로잉은 극히 개략적이고 전체적으로는 추상적일 수 있으나 좁은 의미로는 드로잉이 아닐지도 모른다. 그것은 아이디어를 가시적으로 만들어 그것이 남아 발전되고 실체를 위해 진전됨에 따라 필요한 상세의 대부분을 포함하게 될 수 있다. 이러한 개념 스케치는 현실과 다르듯이 보이게 하나 매우 추상적인 특징은 그것이 단지 개념이며 상황이 상세표현이 아닌 증거이다.

프로젝트가 완성된 후 프로젝트를 소개하는 내용에서 컨셉 드로잉이 가장 핵심을 이야기하는 역할을 하게 되는 것이다.

### (5) 설계의 전개요점

버블다이어그램으로 기본적인 공간의 체계를 잡고 난 후에는 본격적으로 일에 착수하여 사용자의 요구사항을 만족시켜주는 평면도를 전개시킨다.

① 시작하기

- 많은 버블다이어그램에서 가장 좋은 안을 골라 개략적인 평면도를 계획한다.
- 개략적인 평면도가 작성되면 버블다이어그램은 치운다. 혼란이나 방해를 줄 수 있다.
- 개략적인 평면도는 약간은 자의적이고 직관적이기도 하지만 보다 방법론적이고 예측 가능한 것이어야 한다.
- 과정 내내 프로그램 기준표를 가까운 장소에 두고 자주 참고하도록 한다.

② 도면의 실제

- 이제 평면도는 실제적으로 해야 하며, 치수의 부정확성은 다음 단계에서 쓸모없게 만든다.
- 파티션은 충분한 두께로 그려야 한다. 일반적인 두께는 100mm(흡음재 매

입가능) 배관선을 넣는 경우 200mm, 복잡하고 다양한 용도로 쓰이는 파이프 홈은 450mm, 750mm가 적당하다.

③ 급배수설비의 시작

- 설계의 가장 좋은 접근법은 급배수설비가 있는 공간(부엌, 욕실, 화장실)부터 계획을 시작하는 것이다.
- 건물 내의 급배수는 고정적이고 이동할 경우 여러 가지 제약이 생긴다.
- 유동성이 없는 급배수가 있는 공간부터 배치하게 된다.

④ 주요 공간

- 대부분의 경우 크고 기능적으로 중요한(많이 쓰이는) 공간 한두 곳을 대상으로 시작한다.
- 내부에 주요 공간들을 배치할 장소는 불과 몇 군데로 제한적이다.
- 방의 크기나 모양은 특수한 장비, 벽장과 같은 공간계획의 세부사항과 중요한 각방의 문의 위치와 함께 초기단계에 설정되어야 한다.

⑤ 동선에 대한 연구

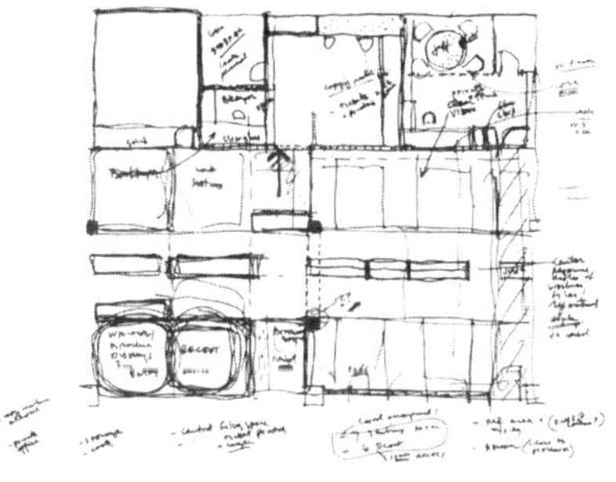

- 버블다이어그램, 불록다이어그램에서는 동선이 정의되어 있지 않지만 출입구에 관련된 사항과 건축법규 등에 맞추어 동선계획이 진행되어야 한다.
- 효율적인 동선공간의 계획은 가장 우선 시 되어야 한다. 공간의 손실을 없애고 사용자의 통행에 불편이 없는지 확인한다.

⑥ 기본적인 방 배치

- 조명과 환기, 프라이버시, 그리고 음향적 통제(조용한 구역)를 요하는 공간을 우선순위로 정하고 프로그램 기준표를 계속 참고한다.
- 초기단계에서 문을 여닫을 때에 생기는 마찰을 고려하여 계획한다.

⑦ 가구와 장비

- 파티션의 배치가 임시로 배치를 결정한 경우 곧 기본가구와 장비들의 배치를 시작한다.
- 방의 모양이나 형태가 확정단계에 이른 경우에는 가구나 장비들의 배치는 어려워지고 기준표의 요구사항을 충족시킬 수가 없게 된다.

- 가구배치는 파티션 배치도 위에 트레싱지를 계속 겹치면서 스케치한다.
- 가구와 장비의 배치는 그것을 이용하는데 필요한 공간(여유공간)을 확보해야 한다.
- 어떤 가구나 장비들은 설치에 필요한 공간(크기, 모양), 움직이는 부분에 필요한 공간(서랍, 가구의 문), 장비의 사용에 필요한 공간(복사기, 프로젝터)들을 고려해야 한다.

⑧ 창고와 서류보관

- 창고와 서류 보관함은 설계자가 잊지 않고 염두에 두어야 할 부분이다.

⑨ 공간적 가치

- 평면도 초기단계에서 이미 3차원적 결과에 대한 세심한 검토가 반드시 필요하다 .
- 그 공간을 지날 때 사람들은 어떤 느낌을 가지게 될까.
- 각각의 공간규모는 사용에 맞는 공간스케일에 적용되었는가.
- 천장이 높은 곳을 유용하게 활용했는가.
- 공간이 시각적으로 다양하게 되었는가. 벽과 공간의 비율이 만족스러운가.
- 공간에서의 활동과 생활이 방해받지 않고 연속적으로 이루어지는가.
- 평면도와는 다르게 3차원적인 잠재성에 대한 검토는 투시도 스케치로 표현하므로 가능하며 개략적인 모형도 도움을 줄 수 있다.

⑩ 섬토

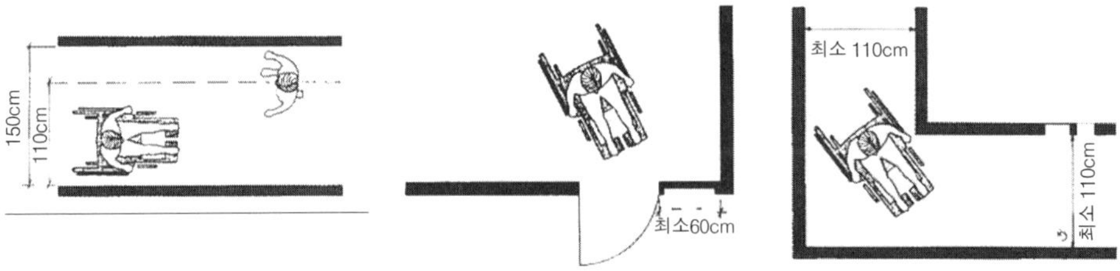


- 프로그램의 요구사항을 충족시키고 있는가.
- 법규의 요구사항.(소방법, 건축법 등)
- 신체장애인의 요구사항.
- 특수한 세부적인 요구사항.

⑪ 수정

- 많은 수정이 필요한 경우는 다시 넣어 두었던 다이어그램들을 꺼내 다시

시작한다.

- 두 번째 작업은 통찰력을 갖게 되어 작업이 용이하게 될 것이다.

⑫ 기타

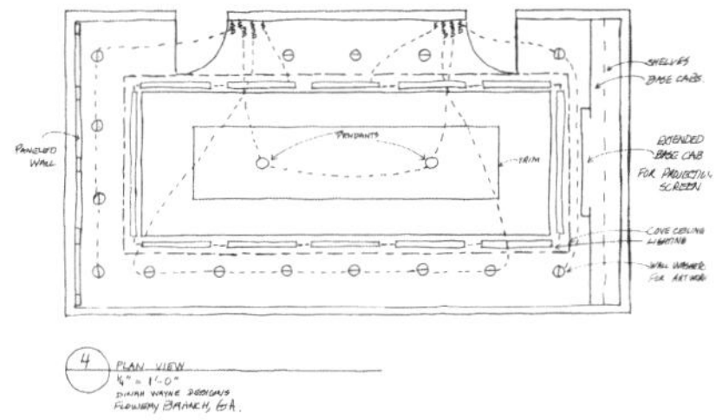

그림 85 조명배치를 표현한 천장 조명도

- 개략적인 평면도가 완성되면 개략적인 천장도와 함께 천장조명도가 필요하다.
- 천장의 형태는 3차원적인 면에서 조각적인 요소가 있어 공간의 특성이 될 수 있다.
- 조명시스템과 사용에 따른 배치조건과 조명의 이용을 고려해야 한다.
- 스프링클러 시스템이 있는 공간은 법규에 맞게 파티션이 배치되어야 하고, 부득이한 경우에는 스프링클러 이동계획을 세운다.

## (6) 설계도면의 종류

① 기본도면

건축물의 내부공간 구조와 시설물의 기본적 중요사항만을 집약하여 나타낸 도면을 말한다. 즉 실내공간을 측정하여 설계의 방향을 선정하고 공간의 구분, 가구와 집기의 선택과 배치, 조명과 설비의 위치 등을 결정하여 기본적인 실내계획을 완료한 설계이다. 기본도면은 부록편의 기본설계와 같이 설명될 수 있다.

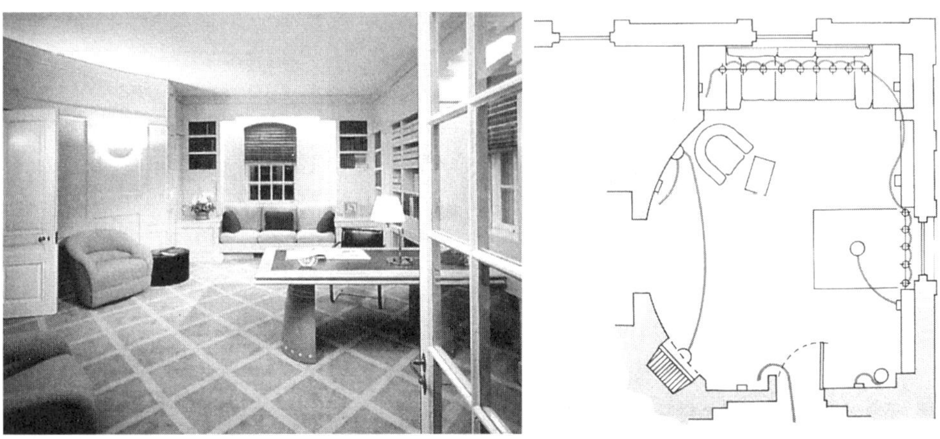

그림 86 벽면에 배치된 조명기구 배선도

② 실시도면

기본설계가 결정된 후 시공, 수리, 설치작업의 공사 진행에 필요한 설계도를 말한다. 이것을 시공도면 또는 공작도면이라고도 하며 영어로는 shop drawing 이라고 한다. 이 도면에는 부록편의 실시설계와 같이 실물을 만들기 위한 것이다.

③ 프레젠테이션 도면

프레젠테이션에서 사용하는 도면은 공간관계와 요소, 색상, 가구, 집기와 장비 등을 전하기 위하여 사용된다. 프레젠테이션 도면은 도면의 기능을 갖고, 심리적으로도 편안한 공간이라는 느낌과 시각적으로 보기 좋고 동시에 이해하기 쉬워야 한다. 예를 들어, 만약 디자이너가 바닥재로 카펫을 사용할 경우, 도면에 색상과 질감을 표현하기도 한다. 또는 마루바닥재가 사용될 경우 나무색과 무늿결로 나타내기도 한다. 프레젠테이션 도면은 디자인 과정 중 기본계획 또는 기본 설계단계에서 이루어지기도 한다.

### (8) 디자인 프레젠테이션

디자인 커뮤니케이션은 디자이너가 의뢰자에게 디자인적 제안, 정보, 생각 등을 보여주거나 제시하는 프레젠테이션에서 이루어진다. 디자이너는 미래의 클라이언트가 프로젝트를 설계할 회사로 자신을 선택하도록 설득시키거나 디자인 안을 발표해서 승낙을 받아내야 한다. 전자의 경우 디자이너의 경험과 실적을 보여주는 포트폴리오와 관련되고 후자는 실행되이질 새로운 제안의 프레젠데이션이다. 각각의 경우 디자이너가 해야 할 전달형태, 매체, 노력 등은 서로 비슷하고 어떤 형태의 전달방법을 택하느냐에 따라 매우 달라질 수 있다. 프레젠테이션의 방법, 노력, 비용

그림 87 95년 LA시 한인 문화회관 건축 공모에 참가한 미국 스미스건 축사무소의 프레젠테이션 보드

등은 프로젝트마다 다를 뿐 아니라, 특정 디자인 사무실에 의해 확립되는 프레젠테이션 과정에 따라서 다르기 때문에 방법이 정해져 있는 것은 아니다.

인상적이면서도 상황실과 같은 형태의 시청각 발표실을 사용하는 디자이너도 있고, 다른 부류의 디자이너는 클라이언트 사무실에서 연필스케치로 보여주기도 한다.

각각의 상황에 따라 정식과 약식의 프레젠테이션이 있다. 경험, 클라이언트와의 작업관계, 그리고 디자이너의 판단력이 프레젠테이션의 내용과 형태를 결정하는 요인이 된다. 디자인 프레젠테이션은 현재 유행하는 매체가 무엇인가에 따라 다양해지기도 한다. 인테리어디자이너와 건축가는 과거에 여러 번의 전환기를 가졌다. 조심스럽게 잉크로 도면을 그리고 정성과 시간을 들여 준비한 프레젠테이션 형태에서 빠른 스케치 기법과 약식의 프레젠테이션 형태가 있다. 이러한 경향은 뒤따라오는 전문분야의 디자인 경향에서 기인한다.

프레젠테이션은 의뢰자에게 나쁘고 부적합한 해결안을 팔기 위한 상술적인 것이 아니라, 반드시 제안하는 내용의 진실성을 전하는 것이어야만 한다. 디자이너는 디자인상의 약점이나 불성실한 면을 감추기 위해 화려하고 과장된 프레젠테이션을 해서는 안 된다.

### (10) 경영전략으로서의 디자인 통합/ CI(corporate identity)

CI는 기업문화의 정립과 기업의 대 내외적인 커뮤니케이션 수단으로 유럽에서 기원이 되어 미국 및 일본 회사들에서 활용, 발전되었고, 1970년 이후 점차적으로 국내에 도입되어 상품의 판촉활동이나 기업의 이미지 관리 등 여러 가지 측면에서 그 필요성이 인식되고 있으며, 현재 대기업은 물론 중소기업과 관공서까지 깊은 관심과 더불어 CI(corporate identity)를 도입하거나 추진하고 있다.

이와 관련되어 목적에 따라 파생된 각각의 아이덴티티는 다음과 같다.

CI(corporate identity) /

BI(brand identity) /

VI(visual identity) /

MI(mind identity) /

SI(store identity) /

CI를 실제로 활용하는 기업의 내적인 측면을 살펴보면 해당 기업의 임직원들이 동일한 일체감을 형성하고, 이를 바탕으로 미래지향적이며 창조적인 기업의 문화를 조성한다. 그리고 기업의 외부적인 측면에서는 일정한 커뮤니케이션 양식에 따라 일관된 기업의 이미지를 관리함으로써 소비자들에게 호의적인 이미지를 생성 및 유지하는 것에 그 목적이 있다.

구체적으로 CI를 살펴보면 corporate identity의 약자로, corporate image로도 쓰이며 C.I.P(corporate identity program)라는 용어와 함께 사용되고 있다. 일반적으로 CI는 기업의 이미지를 통일화하기 위한 전략과 기업의 주체성을 확립하는 작업으로 활용되고 있다. CI가 탄생된 초기에는 시각을 위주로 한 디자인 요소인 심벌마크(symbol mark), 로고 타입(logo type), 회사의 색(corporate color), 캐치프레이즈 등을 요소로 한 차별적인 시각이미지를 갖도록 하는 VI가 중심이었으나 오늘날과 같은 사회변화, 즉 고도 정보화 및 기업간 경쟁, 그리고 글로벌화와 이업종 기업간 융합 가속화 등 경영환경의 급격한 변화가 이루어지고 있는 상황에서는 각각의 기업들이 지녀야 할 경영전략 이외에 기업의 이념이나 기업조직의 행동통일을 통한 기업문화 구축의 필요성이 높아지게 되었다.

그림 88 BI계획에 의하여 포장디자인과 하나의 이미지로 연결된 상업공간. / 일본 페르티에 제과점

초기의 CI가 시각적인 이미지 중심의 개선을 주안점으로 삼았다면, 중기를 거치면서 현재 실시되고 있는 CI를 살펴보면 기업의 내부 구성원들이 중심이 되어서

MI(mental identity, or mind identity)를 통해 기업의 경영이념이나 사풍, 사훈 등에 대해서 기업의 환경을 혁신하고 창업정신을 재확인하여 기업의 이미지를 창조한다. 또한 시각상의 표현물들을 통합하는 VI를 들 수 있다. VI는 기업의 이념과 앞서 언급한 MI를 형상화하고, 이를 형상화하는 과정에는 공중의 인지와 호감을 조성할 수 있는 이미지 및 인식하기에 편리한 시각이미지로 구성한다. 즉 VI는 추상적인 기업의 이미지를 시각화하는 작업을 통해 일반 공중들이 그 기업의 이념과 사풍, 사훈 등을 시각이미지를 통해서 인지하거나 호감을 가질 수 있도록 기업 이미지의 시각적 동일성을 창조하는 과정이다.

기업에서 브랜드의 중요성은 산업사회의 선진화가 가속되면서 점차 그 크기를 더해가고 있다. 특히 이미지 경쟁의 시대가 도래하면서 무형의 자산가치인 브랜드의 가치가 기업의 유형자산보다 훨씬 큰 덩치를 형성하고 있다. 수많은 정보들의 홍수 속에서 소비자들은 점차 자신이 알고 있고 좋아하는 '브랜드'를 그 선택의 기준으로 삼으려는 경향이 강해지고 있다. 그리고 기술의 발달과 스피드 경쟁으로 말미암아 컨텐츠나 기술 또는 서비스의 질 자체의 차별화가 점차 어려워지는 치열한 경쟁 속에서 장기간 누적되어 온 브랜드 자산은 경쟁사로부터 쉬운 모방을 허락하지 않는 유일한 경쟁무기가 되어가고 있다.

인터넷상에서 기업의 고유 이미지 브랜드의 중요성으로 웹 브라우저 안의 첫 화면의 캐릭터를 기준으로 각각의 하위 계층에서도 통일성을 유지함으로써 진정한 기업의 BI, 즉 Brand Identity를 이루어가는 작업을 하고 있다

BI와 함께 상공간 이미지를 통합하는 SI(store identity)는 상공간의 체인화로 같은 상품판매 공간으로의 통일된 이미지를 유지하기 위하여 실내디자인에도 시각적인 것뿐만 아니라 상업공산의 배열, 시각적 이미지와 마케팅 등의 방법을 동일하게 하므로 소비자에게 어느 점포를 가더라도 같은 이미지와 같은 서비스를 느낄 수 있도록 하는 상공간의 통합된 이미지 전략방법이다.

### (10) 시각이미지 전략의 범위

시각이미지를 위한 그래픽 요소를 모든 계획과정에 사용하기 위하여 다음과 같은 전략적 범위를 정하여 사용한다.

① 심벌마크

② 로고타입(명칭, 국영문)

③ 심벌컬러(주색, 부색)

④ 표시간판 디자인 : 옥외용 건물 외벽

옥내용 안내
층별 표시판, 안내판

그림 89 SI(store identity)에 따른 시각이미지를 통일화하고 있다. / 일본 동경 / Visage 미용실

실별 표시판, 심벌제정
공용시설 표시

⑤ 인쇄물 디자인 : 메뉴판 홀별 메뉴판 디자인
사무용 서류 편지류, 명함, 서무용 서식, 대소봉투, 영수증류
리쉽트 등

⑥ 유니폼 및 부착물 : 명찰, 밴드 배지, 모자, 스카프, 유니폼류

⑦ 수송용 차량, 운반용 기구 디자인

⑧ 집기류 디자인 : 커피세트, 용기, 재떨이, 수픈, 나이프류

⑨ 선전광고, 판촉물 : 신문, 잡지, 전문지 광고안, 팸플릿, 포스터, 카탈로그, 홀다 디자인

⑩ 인테리어 이미지를 위한 그래픽 : 이미지 통일을 위한 기본 무늬 3종, 벽지 패턴 2종, 슈퍼그래픽 5개안

A. **디자인 내역**(list of design work)

① 기본체계(basic system)

1. 사명(corporate logotype)
2. 사장(corporate symbol)
3. 상표(brand mark)
4. 사색(corporate color)
5. 트레이드 캐릭터(trade character)
6. 사자체(corporate typeface)
7. 제품별 지정자체(brand logotype)
8. 제품별 지정색(brand color)

② 응용체계

1. 표시물들(signs)
2. 제품(label & tag of products)
3. 포장(package)
4. 차량(vehicle)
5. 서식류(stationary)
6. 유니폼(uniform)

B. 작업 내용

① 기본체계

1. 로고타입(사명)
   회사명 또는 상품명에 따른 기본로고와 흑백 및 컬러표현방법, 사용방법, 작도법.
2. 코퍼레이트 심벌(사장/社章) : 심벌마크의 기본형 흑백 및 컬러표현방법, 사용방법, 작도법, 샘플제작.
3. 상표 : 상품별 상표의 기본형 흑백, 컬러표현방법, 사용방법, 작도법.
4. 심벌컬러 : 심벌 메인컬러와 보조색 선정, 컬러시스템.
5. 트레이드 캐릭터 : 자연물(동물, 식물 등), 인공물, 추상형 등을 선정하여 마스코트의 역할을 할 수 있도록 함.
6. 코퍼레이트 타입페이스(사자체) : 회사명의 전용 활자체로 영문 및 숫자는 기본 활자체에서 선정하고, 국문은 로고타입과 결부해서 제작.
7. 브랜드 로고타입 : 상품별 상표의 기본형 흑백 및 컬러 표현방법, 사용방법, 작도법, 샘플 제작.
8. 브랜드 컬러 : 코퍼레이트 심벌, 캐릭터와 결부하여 기본 주색 및 보조색 선정, 컬러시스템.

② 응용체계

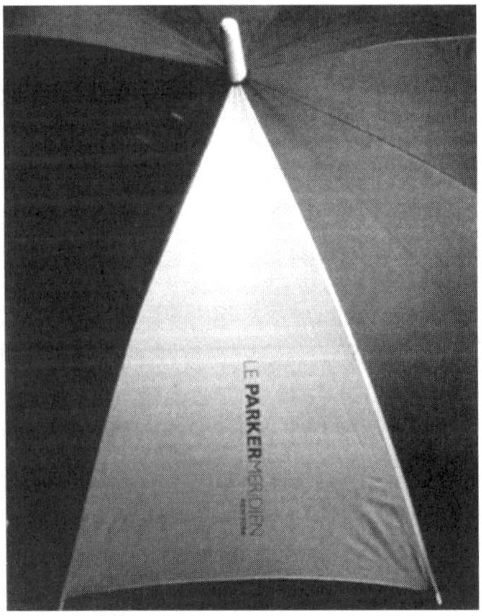

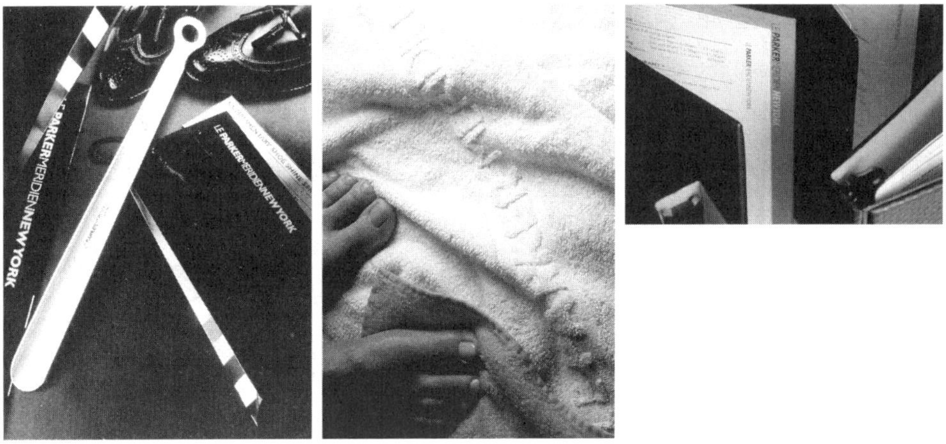


그림 90 C.I에서 응용된 각종 호텔 사용물품의 디자인 사례 / 미국 뉴욕 파커 호텔

| 항 목 | 작업내용 | 비 고 |
|---|---|---|
| 1. 사인 | 1. 장식문양<br>2. 공간그래픽<br>3. 성냥갑디자인<br>4. 메뉴판 디자인<br>5. 젓가락 포장지<br>6. 재떨이 디자인<br>7. 열쇠꽂이 디자인<br>8. 회사 깃발(옥내외)<br>9. 부서 표지판<br>10. 유도표시<br>11. 안전표시<br>12. 유리 사인<br>13. 간판(정면, 돌출 · 입, 유도, 옥탑간판)<br>14. 광고지 계획(D.M)<br>15. 안내장 및 초대장 계획<br>16. 냅킨꽂이<br>17. 접두셔터 | 도면, 일부 샘플 제작 |
| 2. 제품의 라벨과 택 | 상품별 라벨과 택의 기본형<br>흑백, 컬러표현, 상용방법 | |
| 3. 패키지 | 1. 포장지, 2. 패키지, 3. 쇼핑백 | 인쇄샘플 제작 |
| 4. 차 량 | 버스, 마이크로버스 | 도색 및 도면 |
| 5. 서식류 | 1. 항공봉투, 2. 소형봉투, 3. 업무용 대봉투, 4. 국 · 영문 타자용지, 5. 메모지, 6. 전표, 7. 사훈 | 인쇄샘플 제작 |
| 6. 유니폼 | 1. 웨이터복, 2. 웨이트리스복, 3. 지배인의 제복(동 · 하복) | |

### (11) 비주얼 머천다이징의 실제

① VMD (visual merchandising) 정의

디스플레이란 미적인 관점에서 볼 때, 상품매장을 보기 좋고 아름답게 장식하는 기법이며, VMD는 고객이 지향하는 이미지로 구체화하는 전략수단이다. 즉 VMD는 머천다이징을 성공하기 위해 상품 프레젠테이션을 훌륭히 이해하는 것에서 시작하며, 매입 부서와 협력하여 매입 상품을 제공, 전시, 판매하는 방법이다.

"VMD는 상품기획 및 매입단계에서 최종의 소비자에게 어떤 방법으로 제안할 것인가를 계산에 넣은 머천다이징 시스템이다."

그림 91 VMD계획 아래 시각 이미지로 구체화되어 있다. / 독일 Street One 의류점

그림 92 독일 Street One 의류점의 VP(Visual Presentation)

② VMD 목적

- 상점과 상품의 의미를 높인다.
- 판매효율을 높인다.
- 차별화 전략으로 활용한다.
- 즐거운 쇼핑 분위기를 제공한다.
- 효율적인 매장을 구성한다.

③ VMD 전개 기본

상품 프레젠테이션(merchandise presentation)은 다음 세 가지 형식으로 나누어 설명할 수 있다.

| 구분 | VP<br>(Visual Presentation) | PP<br>(Point of sale presentation) | IP<br>(Item presentation) |
|---|---|---|---|
| 역할 | 연출 테마의 종합표현으로 점과 상품의 이미지를 높임. | 분류된 상품의 판매 포인트를 보여 줌. | 개개의 상품을 분류, 정리하여 보기 쉽고 고르기 쉽게 진열함. |
| 위치 | 고객의 시선이 처음 닿는 쇼윈도나 스테이지 | 매장 내에서 자연스럽게 고객의 시선이 닿는 곳, 벽면 상단 부분 또는 집기류 상단 | 점내 제반 집기류(행거, 쇼케이스, 선반류 외) |
| 전개의 방안요소 | • 트랜드 제시(디자인, 스타일, 소재, 색채 등)<br>• 화제 및 이벤트성<br>• 테마 컬러 적용<br>• 연간계획에 의한 연출<br>• 조명연출효과<br>• 오브제 및 마네킨의 연출 효과 | • face out<br>• 연출구성(삼각구성 외)<br>• 컬러 코디(주목성)<br>• 중점표현(품목 · 스타일 · 색채 등) 계획<br>• 조명연출<br>• 진열구류(상반신 · 소도구류 등) 활용 | • sleeve out<br>• folded<br>• 컬러 배열<br>• 수직진열<br>• 사이즈 배열<br>• 스타일 분류<br>• 소재 분류 |
| 기능 | 보여 준다. | 보여 준다.<br>판매를 유도한다. | 판매한다. |
| 고객의 시점 | 다소 멀다.<br>(이미지를 받아들인다.) | 중간(상품을 인식한다) | 가깝다<br>(상품을 만진다.) |
| 담당 – 대형점 | VP 전문가 | 코너 데코레이터 | 판매사원 |
| 담당 – 소형점 | 점 스스로 또는 전문 디스플레이어 | | |

④ 페이싱의 형태

- face out / 제품 정면이 보임.
- sleeve out / 제품 옆면이 보임.
- folded / 제품을 개어놓은 상태.

⑤ 집기의 기능

- 연출기능이 큰 것.
- 진열기능을 갖는.
- 연출과 진열의 기능을 포함할 것.

⑥ 디스플레이 커뮤니케이션(Display Commu-nication)

고객은 상품 구매시 서비스를 받기 위해 상점을 찾고 판매원은 그런 고객의 욕구를 충족시킴으로써 가치를 인정

그림 93 독일 Street One 의류점의 벽면에 Face out 형태로 진열된 상품

받는다. 따라서 고객과 판매사원 간에는 교감이 형성되어야 하고, 그 매개 역할을 하는 것이 매력적으로 디스플레이 된 상품이며, 그 수준에 따라 교감의 정도를 달리 한다.

그림 94 벽면에 Sleeve Out 방식으로 진열된 '돌체 가바나' 매장

⑦ VMD 퍼포먼스

퍼포먼스는 공연, 실행, 연주, 연기의 뜻으로 매장은 고객을 상태로 펼치는 공연장이며 항상 퍼포먼스의 연속이어야 한다. 따라서 쇼적인 효과를 판매시점에서 생동감 있게 연출함으로써 매장에 생동감을 만들어 통행인을 유인하는 효과를 말하며, 예를 들어 빈번하게 쇼윈도나 스테이지의 상품을 교체하고 선반이나 행거의 상품을 옮기고 정리하며 가볍게 청소하는 실제의 모습을 보이는 것에 해당한다.

⑧ 로지스틱스(logistics)

로지스틱스는 적량, 적동, 적시의 시스템을 연구하는 분야다.

로지스틱스는 적당한 물량, 종류, 시간에 맞춰 공급하는 시스템이다.. VMD를 판매현장에서 어떻게 전개시킬 것인가와 연결하여 연구되는 부분이다. 예를 들어 폴로 흰색 셔츠가 여러 색 중 가장 많이 팔린다 하여 판매 비례대로 쌓아 두는 것이 아니라, 여러 색을 함께 보여주는 것이 판매에 도움이 되며, 빠른 시간 내에 보충상품을 꺼낼 수 있는 하부 장(stock)을 이용하여 준비하는 것이다.

**[참고 : 성공하는 간판디자인]**

상업공간에서 간판은 반드시 있어야 할 요소이다. 간판은 거리와 삶의 질을 바꿀 수 있는 힘이 있다. 상업 건축물의 파사드는 간판과 밀접한 관계를 갖고 있어 좋지 않은 간판은 심각한 도시공해를 만드는 주범이 되는 경우가 있다.

건물과 거리, 주변 환경과 어울리는 것이 좋은 간판의 전제조건이다. 간판은 거리를 오가는 시민들에게 노출된 공공 시설물인 만큼 미적인 요소도 중요하다. 물론 고객을 업소로 이끄는 간판 본연의 역할도 해야 한다. 다음은 중앙일보 아름다운 간판 기사에서 건축 · 디자인 전문가들이 제시하는 '좋은 간판 10계명'을 참고한다.

1. 너무 크게 만들지 말라.

서울 거리의 보도 폭은 평균 3m여서 간판이 너무 크면 보행자가 한눈에 보기 어렵다. 가로 간판은 폭 60cm 정도로 벽면의 절반 이하, 돌출 간판 폭은 40~50cm 정도가 적당하다.

2. 빈 공간을 많이 확보하라.

배경이 되는 벽면을 여유 있게 활용하는 간판이 눈에 더 잘 띈다. 넓은 직사각형 간판보다 다소 작더라도 입체 문자형 간판이 인지효과가 높다.

3. 너무 많이 달지 말라.

전달하려는 정보가 분산된다. 업소마다 간판을 하나씩만 달고 같은 건물에 입주한 업소들을 종합 안내하는 공동간판을 세우는 것이 정보 전달에 효과적이다.

4. 원색을 쓰지 말라

건물 색과 대비되는 색이 좋다. 원색 간판들이 모이면 눈만 피로하게 할 뿐 '튀는' 효과가 없다. 배경이 되는 건물과 색상 · 명도에서 대비되는 색이 효과적이다.

5. 글씨는 간판의 절반 크기로

글씨가 크다고 간판이 잘 보이는 것이 아니다. 글씨만 가득한 간판은 한 눈에 들어오기 힘들다. 이상적인 간판 글씨 크기는 12 × 15cm 크기면 반대편 도로에서 부담 없이 읽을 수 있다.

6. 글자 크기를 대조시켜라 .

간판을 통해 먼저 전달할 것이 무엇인지 결정한 뒤 그 내용만 큰 글자로 쓰는 것이 좋다. 상호 글자 크기가 10이면 전화번호 등 다른 내용은 2의 비율이 이상적이다.

7. 상호는 인상적으로

재치 있는 상호는 홍보효과가 뛰어나다. 업주의 사업철학이 담긴 상호는 고객에게 신뢰를 준다. 함축적이고 쉽게 이해되도록 상호 작명 전문가에게 맡기는 것도 방

그림 95 여러 입주업체들이 입주해 있지만 건축물을 위해 외벽에 간판이 하나도 없다. 대신 사람 키만한 작은 공동 간판을 세워 놓았다.

법이다.

8. 알맞은 그림을 곁들여라.

글씨보다 그림이 더 효과적인 정보전달 수단이다. 빵 가게는 빵, 미용실은 가위 같은 그림을 함께 넣는 게 좋다. 유럽 간판들은 대부분 간판에 그림을 빠뜨리지 않는다.

9. 화려함보다는 친근함이다.

업소의 성격에 따라 다소 차이가 있으나 지나치게 화려한 디자인은 거부감을 줄 수 있다. 좋은 간판 상을 수상한 업소 대부분이 요란하지 않고 수수한 간판을 달았다.

10. 보는 즐거움이 있어야 한다.

조형물 · 벽화 · 만화 등을 활용해 유쾌한 느낌을 주도록 한다. 유머를 느낄 수 있는 간판도 좋은 간판이다. 켄터키 프라이드 치킨(KFC)의 상징인 할아버지 조형물이 대표적이다.

특히 간판디자인은 게쉬탈트 이론에서 나오는 도형과 바탕, 당김과 수축, 비례의 관계 등의 법칙을 기본적으로 이해한다면 좋은 사인디자인을 할 수 있을 것이다.

## 3. 실내디자인 단계별 진행 및 점검

### 3.1 실내디자인 단계별 진행

디자인이란 예술과 과학을 활용하여 문제의 상황에 맞게 해결안을 만드는 창조적인 문제해결의 한 전략이다. 성공적인 실내디자인은 결코 우연히 만들어지는 것이 아니라, 기능적이고 미적으로 만족스런 실내를 산출하기 위해 계획된, 디자이너와 사용자, 자문 및 시공자들이 조직적이고 창의적으로 문제해결에 함께 참여할 때 얻어진다.

실내디자인의 프로세스는 일반적인 디자인 분야와 같이 목표설정-정보수집-조건설정-모델화-평가-계획결정 이라는 체계에서 건축과는 다르게, 보다 섬세한 작업의 요구와 건축보다는 기능적 요구가 더 필요한 특징을 갖고 있다. 그러므로 인간적인 디자인의 결과를 만들어 내는 노력이 필요하다.

실내디자인에서 주거, 상업, 업무, 전시공간별로 서로 다른 세부적인 과정이 있으나 공통적인 프로세스가 될 수 있는 내용으로 공간 완성 후 평가까지 10단계로 다음과 같이 정리한다.

1. 프로젝트의 발생과 결정
2. 상황 및 계획에 따른 규정
3. 디자인리서치와 수집
4. 프로그래밍 작업
5. 디자인 컨셉
6. 기본설계 방향과 결정
7. 실시 설계 합의
8. 시공 및 시공감리
9. 준공 입주, 개업
10. 평가

이러한 과정은 단계별로 끊어진 진행이 이루어지는 것이 아니라, 유연하게 순서를 지켜가면서 두 단계가 함께 진행되거나 또는 서로 간 보완하며 진행되며, 언제든지 과정 중에 대안을 찾기 위해 피드백하여 다시 진행될 수도 있다.(단 시공과 준공, 평가단계를 제외한 경우이다) 피드백이 반복되어 일어나기도 하고 진행내용 중 일부분이 되기도 한다.

#### (1) 프로젝트의 발생과 결정

실내다자인 프로젝트도 건축과 마찬가지로 고객의 요구에 의해서 발생된다. 대개의 경우 건축은 나대지를 대상으로 하지만 실내디자인의 경우에는 기존 건물이나 신축건물의 공간을 프로젝트의 대상으로 삼게 된다. 디자이너는 클라이언트로부터 문제를 인지하고 해결을 위한 마음가짐을 갖고 확실히 진행에 착수하며 처리상황을 즉시 판단하여 이에 대한 손실을 줄이며, 설계 진행시간과 마감시간을 반드시 예상하여 맞추도록 한다.

프로젝트의 수행결정은 의뢰자와 디자이너와의 서로 간에 믿음이 있는 상황에서 결정될 수 있는 것이다. 이러한 결정이 믿음에 대한 부족으로 기본계획까지 제안하여 결정되는 경우가 있다. 설계와 공사가 확실히 구분되는 경우에는 설계 수행을 위한 결정을 디자이너 자신이나 회사를 소개하는 포트폴리오나 회사 실적을 소개하는 브로슈어 또는 프로젝트에 대한 제안서에 의하여 의뢰자는 디자이너의 경험을 믿고 결정하게 된다. 디자이너는 의뢰자와 면접을 통한 대화로 의뢰자에 대한 믿음 그리고 프로젝트의 문제점에 대한 모든 복합적인 여러 가지 문제점을 수행 결정한다는 마음을 갖고 프로젝트는 시작된다. 이러한 설계 수행은 설계 보수라는 경제적 가치가 있겠지만 개인적으로 경험이라는 큰 가치를 얻게 되는 것이다. 디자이너 자신은 독특하고 창의적인 방법을 갖고 문제를 해결하므로 미래의 주춧돌이 되는 것이다.

- 전화상담, 면접, 질문지, 포트폴리오, 브로슈어, 홈페이지, 설계제안서, 설계계약서,

#### (2) 상황 및 계획에 따른 규정

의뢰자는 디자이너에게 프로젝트를 의뢰하면서 이에 따른 상황, 즉 사업계획 또는 자신의 경제적 능력, 사용공간의 한정과 제약사항, 현장답사 등으로 구두설명이나 자료를 주게 된다. 디자이너는 상황과 프로젝트에 따른 문제를 효과적으로 정의하며 주어진 문제와 프로젝트를 확실히 규정하므로 새로운 문제에 신선한 사고로 접근하게 되는 것이다. 이 규정은 문제마다 독특한 해결안을 만들어 낼 것이다. 초기 단계에 큰 영향을 미치므로 문제를 인식하고 정의하고 규정짓는 방법에 대한 자료를 작성하여 정의하도록 한다. 이러한 일반적인 문제의 요구사항, 제약사항, 한계점과 디자이너가 세워 놓은 가정 등이 정립된다. 이러한 문제점을 인식하고 규정하는 방법으로 사용된다.

- 사업계획서, 구두전달, 현장답사, 문서자료,

#### (3) 디자인 리서치와 수집

분명한 정의와 이해를 갖고 프로그램 보충자료를 순비하며, 배경자료가 없는 경우에는 조사, 면담, 연구를 통해 프로그램 자료를 만들게 된다. 프로그램은 문제점을 찾는 것이고, 디자인은 문제를 푸는 것이라고 한다. 그러므로 문제점을 찾는 프로그램을 위한 자료를 위한 정보로서 과거 실적, 입지조건, 주변상권 조사와 같은 조사나 계획에 필요한 환경조건, 설비에 관련된 조건과 새로운 기술의 재료나 시공에 관련한 정보, 설계를 위한 기본적 수치 분석자료와 각종법규에 대한 검증 등으로 분석과 전략구축을 위한 정보 수집을 하게 된다.

점포디자인의 경우 주변상권 조사의 리서치 단계에서 유입객의 예측을 잘못할 경우 입구의 위치설정을 실패할 수 있는 것이다. 디자인 리서치와 수집은 설계의 기초가 되므로 과정 중에도 빈번하게 일어날 수 있는 내용이며 설계중에 부족하거나 누락된 자료를 보충하기도 한다.

- 제품소개서, 공정일람표, 다이어그램, 면담, 통계, 조사, 서식화 된 자료, 패턴, 사진, 비디오촬영, 경쟁 점포 현황, 현장실측, 상권특성, 통행인특성, 상업동향,

소비자의 구매행동, 조직체계도, 인터뷰 설문지, 각종 법규서적, 가구비품 및 장비목록

### (4) 프로그래밍과 분석

디자인은 동시에 여러 가지 목표를 동시에 충족시키기 위해 노력하는 힘든 과정이다. 특수한 문제 상황에서 목표는 사용자가 편하게 그들의 기능을 발휘할 수 있도록 안전하고 건강함과 동시에 미적으로 아름다운 공간을 창출하는 작업을 포함하기도 한다. 이러한 목표는 일정치 않으므로 적합성과 충실도, 유용성을 반드시 검토해야 한다. 이러한 목표를 명확히 하는 초기단계의 작업을 프로그램밍이라 한다.

"디자인은 지능을 필요로 하지 않지만 프로그래밍은 지능이 필요하다"라고 르코르뷔지에는 말하고 있다. 프로그래밍이란 일반적으로 수집된 자료에서 주어진 문제점과 관련된 배경내용이 사실들의 분석, 평가, 목표, 결론 등을 포함하는 문자나 그래픽으로 기록된 형식을 취하며, 이를 명확하고 조직적인 방법으로 사용자와 디자이너 사이의 의사소통 내용을 담고 있다.

문제점에 관한 자료 검토 후 관련된 분야별로 정리하여 도표나 매트릭스를 이용하여 분석결과를 만들어 내며, 이 분석에 의한 간단한 스케치를 시작하게 된다. 이에 관련된 기준도면 스케치나 개념도에서 발전하여 개념적 도표(bubble diagram)를 만들어 분석 정리하게 된다.

특수한 해석을 필요로 하는 프로젝트의 경우는 전문화된 프로그래머만이 수행하는 경우가 있으나, 그 외는 일반적으로 디자이너 자신이 또는 사용자와 함께 하는 경우가 대부분이다.

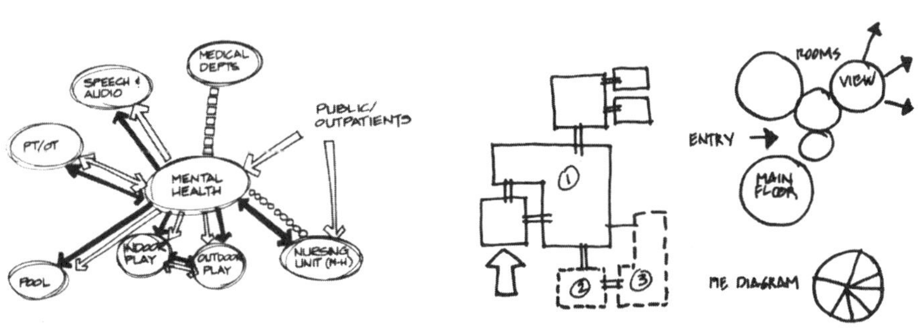


- block diagram, bubble diagram, 관계도, 아이디어, 합리적 디자인 정책, 도표, 매트릭스, 조사자료, 기준도면 스케치.

### (5) 디자인 컨셉

개념화는 앞서 서술한 기준 도면이나 다이어그램을 통하여 숙지한 후 이에 대한 개념을 추출하는 과정이며 과정 중 가장 핵심적이며, 이 과정을 통해 프로젝트의 창조적인 공간디자인을 만들게 되는 것이다. 또한 가장 흥미롭고 창의적인 부분으로 초기의 문제점을 충분히 이해한 후 개략적인 개념 스케치로 개념안을 설정하거나 구두나 서술로 된 개념정립의 단계이다. 예를 들어, 버블 다이어그램이 개략적인 평면스케치로 자연스럽게 변화해 가는 과정이 있는 것은 다이어그램이 공간관계가 바탕이 되는 것을 보여주는 것이다.

창조적인 디자이너는 스스로의 문제점을 다양한 각도에서 검토하여 자신의 의지에 의하여 하나의 강력한 해결안으로 문제점을 풀게 된다. 이 단계에서는 요구되는 공간과 기능뿐만 아니라 주위의 환경과 느낌, 분위기를 표현하는 도표, 평면, 스케치 등의 작업을 함께 한다.

이러한 개념화를 위하여 디자이너들이 사용자의 입장에서 아이디어를 제안하는 롤플래닝(role-playing)방법과 형식에 구애받지 않고 가능한 많은 생각을 표현함으로써 한 가지 방법으로 해결안이 도달되는 것을 방지하는 브레인스토밍(brainstorming), 창조적인 문제해결을 위하여 시네틱스(synectics)는 낯익지 않은 모양을 낯익게 하고 낯익은 모습을 낯익지 않은 어색한 모습으로 만드는 아이디어 활동이다. 이 방법을 통하여 프로젝트를 깊이 파고들어 디자이너

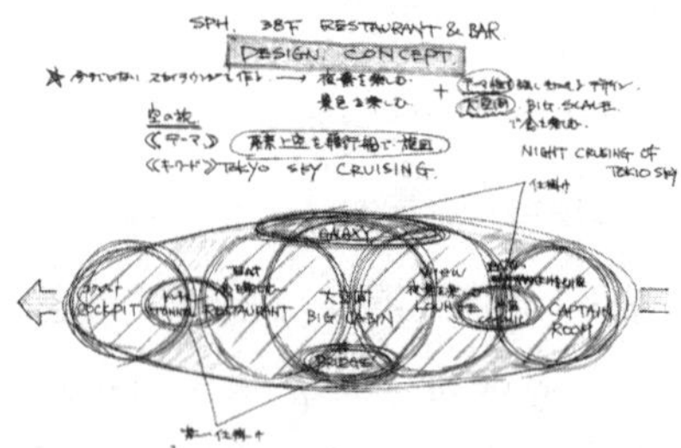


그림 96 다이어그램은 평면 스케치로 자연스럽게 변화해 가는 과정이다.

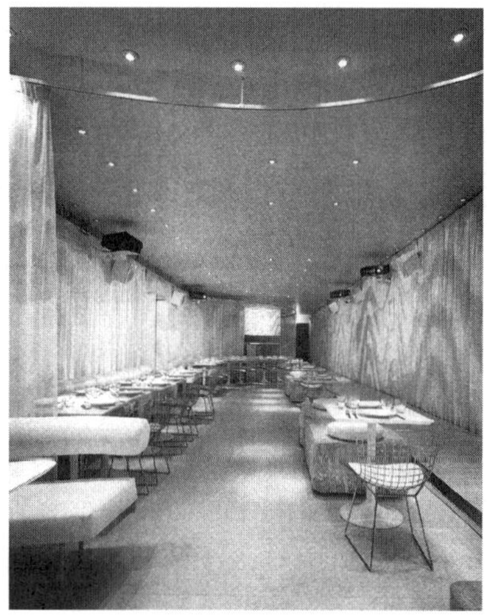

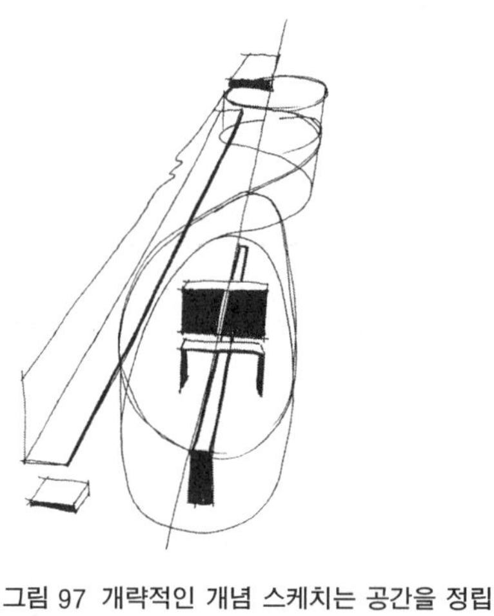

그림 97 개략적인 개념 스케치는 공간을 정립한다. / 이태리 로마 Nil Bar

들 간에 새로운 방법으로 문제점을 관찰하고 기발한 해결안을 얻기 위하여 상징적이고 환상적인 유추들을 활용하는 것이다.

- free sketch, brainstorming , role-playing, synectics,

### (6) 기본설계 방향과 결정

의뢰자의 예산과 필요성과 목적, 그리고 희망사항에 가장 적합한지 개인적 판단에 의해 비교 분석하여 준비된 컨셉으로 디자인의 방향을 선택한 후 기본 설계안을 위한 프레젠테이션 작업에 착수한다. 기본계획과 기본설계를 통합해 한 번에 발표하거나 또는 프로젝트의 규모나 내용에 따라 기본계획 프레젠테이션을 생략하고 기본설계 단계에서 프레젠테이션을 하는 경우도 있다.

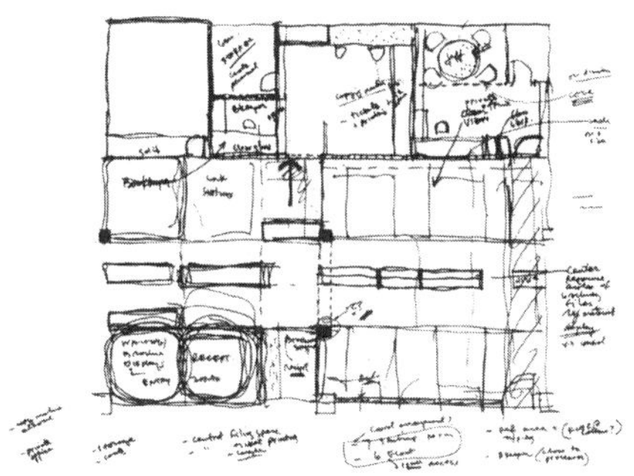

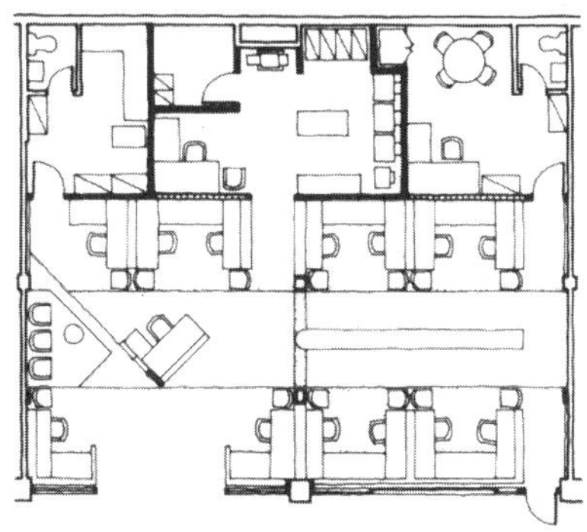

기본 설계는 결정된 계획안을 발전시켜 착수에 옮겨 실제적 설계형태를 만드는 작업으로 실행내용은 최종설계도 설계 이미지 스케치, 평면도, 전개도, 천장평면도, 일반단면도, 설계 설명서, 공사비 계산서 및 공정 개요서 서류를 작성하는 설계과정을 말한다.

기본설계도는 올바른 축척의 도면이며 전체윤곽을 알리기 위하여 기본설계도 외에 주문에 의해 투시도 등이 작성될 수 있다.

설계안의 결정방법은 복수안의 경우 사용자가 전문인이나 자문인에게 심사의뢰하여 결정하거나 사용자가 자의로 결정할 수도 있다. 단일안의 경우는 의

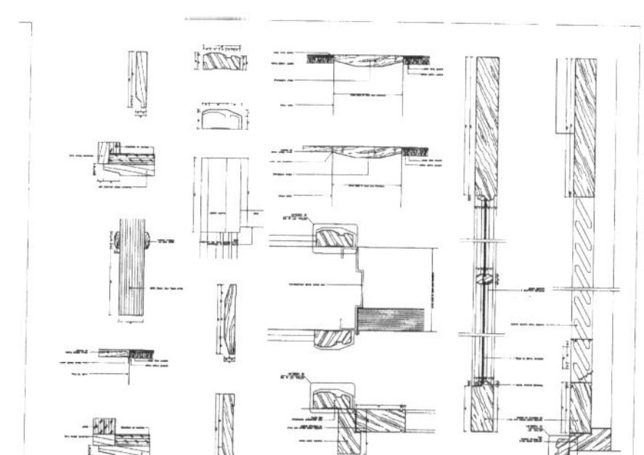

그림 98 M호텔 객실공사 내부 디테일 도면

뢰자와 디자이너와의 서로간의 믿음에서 시작된 프로젝트이므로 협의하여 확정하게 된다. 기본설계안은 협의에 따라 피드백을 통하여 대안이 발생하기도 한다.

이러한 프로젝트 결정단계에서 소유주나 사용자를 설득하기 위한 표현매체의 선택과 프레젠테이션 전달기법도 매우 중요하다.

• 프레젠테이션, 바른 축척의 계획도, 기본계획, study model, 투시도, 컴퓨터시뮬레이션, 피드백 제시, 공간용도, 동선 예상도

### (7) 실시 설계

실시 설계라 함은 시공을 위한 평면도, 각 부분 전개도, 상세도의 작성, 상품 · 전시품들의 배치, 공간구성, 연출에 따르는 도서 작성, 가구 집기구의 배치 및 선정, 공사시방서 및 특기시방서, 공사 시 명세서, 관계법령에 따른 허가 수속에 따른 협력을 해야 한다. 표현되지 않은 부분을 명기한 시방서와 이에 따른 샘플, 카탈로그 등이 준비된다. 그 외의 특수한 설비, 엔지니어링의 분야는 실내건축 설계자와 관리와 책임 하에 작성된다.

실시설계 다음 단계의 샵 드로잉(shop drawing)은 시공 시 특수한 기술적인 부분의 실시설계로 시공업체 및 전문업체가 작성 제시하여 실내건축디자이너가 검토 승인한 후 시공한다.

규모가 작은 실내건축의 경우는 본 설계와 실시설계가 통합하여 제작될 수 있으며, 현장에서 샵 드로잉으로 보충하여 시공진행이 가능하기도 한다.

• 상세도, 집기도, 샘플 및 카탈로그, 샵 드로잉, 완성예상도, 모형, 공정표, 시방서, 프레젠테이션,

### (8) 시공관리 및 감리

시공단계는 설계자의 설계도에 의해 시공자가 견적서를 제출하여 시공결정을 한다. 그러나 국내의 경우 아직 시공과 설계가 분리되지 않아 설계자가 시공을 함께 하는 사례가 많다. 그러나 설계자가 시공을 한다는 점은 디자인과 시공 사이의 문제점 해결로 더 나은 시공을 할 수 있는 장점과, 반대로 이 문제점을 설계자가 시공을 안이한 방법으로 처리하려는 단점도 함께 있다.

적절한 수준의 공사금액으로 협상이 되면 공사자로 선정 받고 집행하게 된다. 공사가 입찰로 진행되는 경우는 입찰가 결정방법에 따라 공사업체를 결정하게 되나 실내건축의 경우 공사금액보다는 시공의 충실도가 중요하므로 시공의 기술적 노하우, 시공경험의 실적 등으로 시공업체의 신뢰도에 의한 수의계약이 바람직한 방법이다.

공사감리는 공사종결까지 설계자가 감독, 감리하는 것이다. 설계자는 설계도에 의해 적절하게 진행되는지 감독하고 설계당시 예기치 못한 부분이 발생될 시 이에 대응하여 해결해야 한다. 시공 시 설계대로 시공 불가한 경우나 보다 나은 시공방법이 발생되면 설계변경 작업과 이로 인한 비용을 산출하여 후에 공사비를 가감 정산한다.

- 시공사 소개서, 실적증명원, 공사계약서, 견적서, 재료마감, 시방서, 공정표, 현장사무소, 현장소장, 반입과 반출, 공사감독, 설계변경, 현장지시서,

### (9) 준공 입주, 개업

준공을 위해 시설과 장비의 사용법, 간단한 고장의 대응법 등을 소유자에게 설명하고 인수인계한다. 시공자는 준공 이후에 발생할 수 있는 하자내용을 하자기간이 명기된 것과 같이 이를 계약에 의해 보수한다.

그림 99 공간의 내외부의 색상, 그래픽 요소까지 통합관리되어야 한다. / 서울 우동전문점 '모모야'

후일에 보수를 위하여 소량으로 구입하기 어렵거나 색상을 맞추기 힘든 재료들을 소유자에게 인계하는 것도 좋은 방법이다. 상업공간 설계자가 개업 준비를 위하여 내부의 디스플레이에 직접 관여하여 설계자가 의도한 공간이 되도록 해야 한다. 디자이너는 내부공간의 실내디자인 공간과 모든 색상과 기타 그래픽 요소까지도 통합 관리해야 보다 나은 시각환경으로 조성되어 상공간의 개성을 표현하세 된나. 이런 C.I(coporate identity)계획은 점포환경에 관한 B.I(brand identity)와 S.I(shop identity)계획과 함께 진행된다.

- 인수인계, 점검표, 안전검사

### (10) 평가

근본적인 문제해결 정도를 말할 수도 있으며, 결과에서 얻은 것에 대한 평가를 하며 재검토하므로 자신의 디자인 과정과 방법을 개선 발전시키고, 이러한 자료는 차후에 유사한 디자인 작업에 참조할 수 있는 평가방법이다. 이러한 평가는 자체분석 또는 외부의견을 듣거나 입주 후 평가하고 보완작업을 계획하는 것이다.

- 사진촬영, 사용자 면접, 조사, 관찰, 답사

이 전 과정은 시공과 준공, 평가부분을 제외한 7단계에서 여러 번에 걸쳐 피드백

이 있게 되며, 진행되어 가는 과정 중에 오류가 발생하거나 보다 나은 대안이 발견될 경우 앞 단계로 되돌아가는 과정을 말한다.

위의 단계별 내용은 실내디자인의 일반적인 방법이다. 이는 회사의 절차와 규모, 형태와 설계규모에 따라 각각 다양해질 수 있다.

또한 실내디자인은 계획으로만 끝나는 것이 아니라 공간을 만들어 가는 시공단계와 공사를 감리하는 절차 등을 지나 공간의 완성, 즉 준공과 함께 입주 또는 입점하여 마지막 단계인 계획에 대한 평가가 이루어지며 모든 과정의 끝남을 말하게 된다.

## 3.2 실내디자이너 설계 수행능력

실내디자이너라고 함은 공공의 건강과 안전 및 복지를 유지시켜 생활의 질적 향상을 위하여 공간 위주의 실내환경을 의뢰자에게 수주하여 사용자를 위해 프로그래밍의 기획 분석된 개념을 갖고 기능적이고 미학적인 공간을 창의적으로 구성하고 계획을 통하여 도면과 도서를 작성하여 시공관리와 감리를 하는 자를 뜻한다.

이와 함께 실내디자이너는 실내디자인을 수행하기 위한 기초능력으로 의사소통능력, 자기관리능력, 문제해결능력, 정보관리능력, 자원활용능력, 수리능력, 대인관계능력을 갖추어야 한다. 실내디자인 실무진행에 디자이너가 직무능력을 발휘하기 위하여 각 진행 과정별로 디자이너가 해야 할 수행 능력의 실무 요소를 정리한다면 다음 표와 같다.

표 3 프로그래밍 기획 및 분석

| 항 목 | 내 용 |
|---|---|
| 고객상담 및 프로그래밍계약 | • 프로젝트 타당성 검토<br>• 프로그래밍 계약 체결 |
| 프로젝트 목표 설정 | • 건축주의 프로젝트 목표설정<br>• 디자이너의 프로젝트 목표설정 |
| 기획조사 | • 현황조사<br>• 공간별 요구조건 조사<br>• 유사사례 조사 |
| 분석 및 조합 | • 조사된 자료의 분석 및 평가 |
| 디자인개념 도출, 검증<br>및 방향설정 | • 공간개념 설정, 검증 및 디자인 방향 모색<br>• 비용추정 분석을 통한 경제적 타당성 검증 및 보고서 작성 |
| 프레젠테이션 및 본 설계 계약 | • 프로그래밍 최종 프레젠테이션 평가<br>• 본 설계 계약 |

**표 4 계획 설계**

| 항 목 | 내 용 |
|---|---|
| 디자인개념 시각 및 대안설정 | • 디자인 개념에 필요한 시각적 이미지 수집<br>• 디자인 개념의 언어적/시각적 표현<br>• 디자인 대안 설정 |
| 대안평가 및 최종계획안작성 | • 디자인 대안 평가<br>• 최종 계획안 작성 |
| 예산서 작성 | • 1차 예산안 작성 및 제시<br>• 예산안 검토 및 수정 |
| 프레젠테이션 | • 1차 계획안 발표<br>• 발주자와 발표에 대한 토론과 피드백 |

**표 5 기본 설계**

| 항 목 | 내 용 |
|---|---|
| 계획 설계 수정 및 보완 | • 계획 설계안 검토 및 보완사항 검토<br>• 작업계획안 확정 |
| 기본설계도면 작성 | • 디자인 개념 구체화<br>• 가구, 조명, 마감재료 선택 및 계획<br>• 기본설계도면 작성<br>• 확정된 설계안을 입체적 이미지로 표현 |
| 예산 산출 및 공사기간 검토 | • 기본설계도에 준한 개략적인 물량<br>• 단가조사 및 공사예산 산출<br>• 공사기간 검토<br>• 프레젠테이션를 통한 발주자와 협의 |

**표 6 실시설계**

| 항 목 | 내 용 |
|---|---|
| 실시설계 도면작성 | • 현장현황 재검토 및 기본설계안 조율<br>• 설계계획 수립 및 디테일 협의<br>• 실시도면 작성<br>• 설계 자료의 수정, 보완 및 기록정리 |
| 설계도서 작성 및 납품 | • 설계 견적 작성<br>• 시방서 작성<br>• 공정표 작성<br>• 설계도서 최종점검 및 납품 |

표 7 시공관리

| 항 목 | 내 용 |
|---|---|
| 입찰 및 공사계약 관리 | • 입찰계획의 수립, 확정<br>• 입찰업무 수행<br>• 설정된 낙찰업체와 계약조건 검토 및 계약체결<br>• 착공 전 계약사항 사전확인 |
| 공정관리 | • 착공단계(공정관리계획 검토 및 확인)<br>• 진행단계(계약기간의 연장, 공사진도관리, 공정보고, 수정공정계획) |
| 품질관리 | • 품질관리 및 보증계획 수립 및 관리<br>• 시공단계의 사용자재 및 시공품질관리<br>• 시공 후 유지 및 보수 품질관리 |
| 안전관리 | • 안전관리계획의 수립<br>• 시공 진행단계 세부 안전관리 |

표 8 감리

| 항 목 | 내 용 |
|---|---|
| 공사착공 전 | • 시공계획 및 공사관리의 적합여부 확인<br>• 공정표의 검토<br>• 공사계약 도급의 협력 |
| 공사착공 후 | • 공사착공 계획서 확인<br>• 상세 시공도면 검토<br>• 현장 시공사항 관리 |
| 공사시공 후 | • 품질관리 실적검토 및 평가서 작성<br>• 최종보고서 제안 또는 건의사항 작성 |

## 3.3 실내디자인 진행 점검표

다음의 점검표는 실내디자인의 단계별 설계진행에서 놓치지 않고 해야 할 내용들이며 가장 기본적인 내용들로 구성한 것이다.

표 9 현장실측의 체크리스트

| 항 목 | 내 용 |
|---|---|
| 도면 | 실측 전 원래 도면 유무를 확인하였는가? |
| 설비 | 전기콘센트와 조명배치의 위치가 확인 되었는가? |
| 배관 | 급수 · 배수 배관위치는 확인되었는가? |
| 촬영 | 실측이 용이하지 않는 장소는 촬영하였는가? |
| 합산 | 부분 실측을 포함하여 전체길이를 측정하였는가? |
| 동일 크기 | 창호, 문 등의 상대 크기를 확인하였는가? |
| 철거 | 철거후의 상태를 예상하고 실측했는가? |

**표 10 프로그램 기준표의 체크리스트**

| 항 목 | 내 용 |
|---|---|
| 인접성 | 인접성의 요구는 어떻게 충족시켜 주었는가? |
| 동선 | 통행의 흐름은 원활한가? |
| 면적 | 요구하는 면적은 잘 지켜졌는가? |
| 배치 | 일상적 기능인 창문 등의 배치는 잘 지켜졌는가? |
| 프라이버시 | 시각, 음향 등의 프라이버시의 문제는 잘 해결되었는가? |
| 가구 설치 | 기본적인 설비에 가구설치가 용이한가? |
| 기능 | 가장 기본적인 기능을 잊지 않았는가? |
| 내부기능 | 내부기능이 서로 잘 이루어졌는가? |
| 규제 | 법적이거나 규제사항의 요구는 문제가 되지 않는가? |

**표 11 상업공간의 체크리스트**

| 항 목 | 내 용 |
|---|---|
| 공간의 동선 | 사람과 물건의 움직임 연결, 통행로의 적정 폭, 출입구위치와 시점이동 변화 |
| 공간의 분할과 연결 | 질서적 공간구성, 입구동선 축, 차단적 구획, 심리도덕적 구획, 지각적 구획 |
| 공간의 미적가치 | 비례, 통일성과 변화, 조화와 대비, 균형감, 리듬, 색감, 질감, 전체적 질서 |
| 인간공학적 실내 | 인간의 기능요구 디자인, 기능을 수량화, 인체동작 행위 계측자료화, 과학적 요소 도입, 인간감성 공학 측정분석 |
| 규모계획 | 치수계획, 1인당 넓이나 용적, 인체치수, 동작치수, 공간효율의 극대화, 적정치수, 동작공간과 단위공간 |
| 구매동기 | • 눈을 끌 수 있는 충분한 매력이 있는가?<br>• 공감을 주는 호소력이 있는가?<br>• 친근감, 자극, 욕구를 일으키게 하는가?<br>• 개성적인 인상을 주는가?<br>• 들어가기 쉬운 구성인가? |

**표 12 주거공간의 체크리스트**

| 항 목 | 내 용 |
|---|---|
| 구조 및 기능 | 구조, 재료, 설비, 가족과 방의 수, 동선, 정적공간과 동적 공간, 거실의 확장가능성, 외부 전망, 환경친화적 공간 |
| 공간배치 및 규모 | • 각실 면적과 배치는 가족수와 생활양식에 적절한가?<br>• 통로의 폭, 가구이동이 가능한 출입구와 계단실의 폭, 부엌작업대의 높이, 동선의 흐름과 가구배치가 적합한가?<br>• 이동 간에 간섭되는 부분이 없는가? |
| 수납공간 | 수납공간 확보, 분리가능의 수납, 붙박이장 설치 |
| 환경시설설비 | 환기시설, 위생관리, 방음설비, 온도조절, 적절한 조도, 현관 자동조명점멸장치, 안전콘센트, 쓰레기 분리수거 장치, 다용도실 가열대 |
| 물리적 요인 | 주거의 유형, 주거의 규모, 1인당 주거면적, 시설 및 설비수준이 타당한가? |
| 사회 경제적 요인 | 가족구성, 가족생활 주기, 사회적 신분, 주택가격, 임대료, 유지관리, 이웃관계, 지역사회와의 관련성을 고려하였는가? |
| 심리적요인 | 거주자의 태도, 주거가치관, 과밀, 주거가치관, 프라이버시, 스트레스, 거주기간, 가족관계 등 고려하였는가? |

표 13 전시공간의 체크리스트

| 항 목 | 내 용 |
|---|---|
| 동선계획 | • 관람 후 다시 돌아오지 않는 벽면 레이아웃은?<br>• 관객 흐름에 막힘이 없는가?<br>• 관람객이 피로를 느끼지 않는가?<br>• 전후좌우 모두 볼 수 있는가? |
| 전시벽면 | • 출입구 숫자와 관람객 소통의 유연성?<br>• 벽면 일부가 관람 불가능하지는 않은가?<br>• 전시장 구석까지 관람객을 유도하는가?<br>• 통로가 자유로워 불충분한 관람이 되지는 않는가?<br>• 전시벽면이 관람객의 움직임과 조화를 이루는가? |
| 진열장 전시 | • 관람객의 입장에서 보기 쉬운가?<br>• 자료의 전시와 교체가 용이하고 안전성은 어떠한가?<br>• 문의 개폐방식이 용이하고 쉽게 관람객의 눈에 띄지는 않는가?<br>• 진열장의 구조가 안정적이고 화재, 방범상 이상 없는가? |

표 14 사무공간의 체크리스트

| 항 목 | 내 용 |
|---|---|
| 공간기능 및 규모 | • 공간별 배치는 직원 수와 업무내용에 적절한가?<br>• 통로의 폭, 가구이동이 가능한 출입구 폭은 적합한가?<br>• 이동 간에 간섭되는 부분이 없는가?<br>• 소음발생원은 없는가?<br>• 프라이버시를 필요로 하는 개실의 확보<br>• 작업흐름에 따라 그룹화 할 수 있는가?<br>• 직원간의 의사전달이 원활하게 될 수 있는가?<br>• 공간의 활용이 극대화될 수 있는가?<br>(수납공간, 휴식 공간, 접객 공간, 복사 공간 등의 규모) |
| 집기 배치 | • 단위별 업무 분석에 의한 배치인가?<br>• 각 공간별로 작업동선은 어떠한가?<br>• 동선의 흐름과 집기배치가 부딪치지 않는가?<br>• 직제기준, 외래 접객 빈도, 사무기기 사용빈도, 사무용품 보유수준 등의 사항을 고려했는가? |
| 사무환경 | 환기시설, 위생관리, 방음설비, 온도조절, 적절한 조도, 안전콘센트 |
| 접객환경 | 고객 대기공간, 고객 사용집기 배치, 방범기능, 방풍시설 |
| 기업이미지 | 기업이미지 전략, 사인계획, 색채계획, |

표 15 가구계획의 체크리스트

| 항 목 | 내 용 |
|---|---|
| 가구 배치 | 조닝계획, 그루핑, 동선계획, 실의 사용목적과 행위, 시선계획, 실의 형태와 크기, 개구부의 크기, 방향, 위치 |
| 가구의 적절한 선정 | 가구의 크기, 형태, 색, 재질, 스타일, 예산, 유지관리의 고려 |
| 가구와 실내 디자인의 조화 | 크기, 형태, 색, 재질감, 스타일, 마감재료, 실내분위기, 공간감 |
| 사용자와 가구 | 사용자의 기호, 생활양식, 기존 가구와의 조화 |
| 가구의 유지관리 | 변색, 더러움, 수선, 세탁 |

표 16 조명계획의 체크리스트

| 항 목 | 내 용 |
|---|---|
| 조명 블록 | 조닝(zoning), 그루핑(grouping), 가구배치, 동선 |
| 적절한 조도와 조명배분 | 부위의 중요성, 조명, 배광방식, 조명의 연출기법, 그림자, 실내의 액세서리 |
| 조명과 실내요소와의 관계 | 마감재료의 재질감, 실내 색채, 공간감, 개구부의 위치 |
| 실내디자인과의 관계 | 디자인의 원리적 조화(균형, 통일, 질서), 악센트 요소, 친밀감 |
| 조명기구의 적절한 선정 | 광원의 종류, 배광방식, 연색성, 눈부심, 입체감, 조명기구의 스타일, 시공방법, 조명기구의 의장 |
| 조명의 유지관리와 경제성 | 광원의 교환, 청소, 변색, 등기구 교체, 시설비 |
| 사용자와 조명 | 사용자의 기호, 생활방식 |

표 17 색채계획의 체크리스트

| 항 목 | 내 용 |
|---|---|
| 색채블록 | 조닝(zoning), 그루핑(grouping) |
| 색과 색면적 배분 | 부위의 중요성, 형태, 면적, 명암 |
| 색과 기타 요소의 관계 | 광택, 텍스처, 패턴, 실내디자인의 스타일 |
| 실내배색의 조화 | 질서, 친밀감, 주조색과 악센트색, 균형, 변화와 통일 |
| 색채효과의 적절성 | 면적효과, 색의 대비(색상, 명도, 채도, 보색대비)<br>색의 감정효과(온도, 거리, 크기, 무게감, 시인성, 연상) |
| 조명과 색의 관계 | 광원의 종류, 연색성, 눈부심, 주간 실의 밝기, 실의 방위 |
| 색의 유지관리 | 변색, 더러움, 마감재료의 고려 |
| 사용자와 색 | 사용자의 기호, 생활양식, 사용자의 유형 |
| 외부의 색채 | 실내외부의 구별, 자연환경과의 조화, 주변환경과의 관계 |

표 18 실내재료계획의 체크리스트

| 항 목 | 내 용 |
|---|---|
| 재료의 물리적 특성(내열성, 내수성, 단열성, 흡음성, 흡수성, 강도 등) | 공간의 용도와 성격, 동선의 양, 하중, 빈도, 소방법과 건축법규 |
| 재료의 유지관리 | 변색, 더러움, 수리, 청소 |
| 재료의 색, 질감, 광택, 패턴 | 광원의 종류와 조도, 공간의 크기와 형태, 채광상태 |
| 재료의 경제성 | 규격, 가격, 시공성, 운반 |
| 사용자와 실내재료 | 사용자의 기호, 생활양식, 신의 탈착유무 |
| 재료의 조화 | 질서감, 대비, 통일, 변화 |
| 외부재료 | 실내외부의 연속감, 자연환경과의 조화, 주변환경과의 관계 |

## 현장점검표

점검일 : 200 . . . 요일 시 분

<table>
<tr><td colspan="3">PROJECT 명 :</td><td colspan="2">PROJECT NO :</td></tr>
<tr><td colspan="3">주 소 :</td><td colspan="2"></td></tr>
<tr><td colspan="3">규 모 : M2 ( PY)</td><td colspan="2" rowspan="2">《약 도》</td></tr>
<tr><td colspan="3">발주처<br><br>담당자 : (TEL : )</td></tr>
<tr><td>공사내용</td><td colspan="2">사용 대상자<br>:<br>특기사항<br>:<br>•<br>•<br>•</td><td colspan="2">주문사항 :<br>•<br>•<br>•<br>•<br>•<br>•</td></tr>
<tr><td rowspan="6">검토사항</td><td>인입전력</td><td></td><td>자연채광</td><td></td></tr>
<tr><td>소방시설</td><td></td><td>방수관계</td><td></td></tr>
<tr><td>냉난방시설</td><td></td><td>자재반입</td><td></td></tr>
<tr><td>급배수시설</td><td></td><td></td><td></td></tr>
<tr><td>위생시설</td><td></td><td></td><td></td></tr>
<tr><td>환기시설</td><td></td><td></td><td></td></tr>
<tr><td colspan="3">* 입찰조건 및 용역비 결재관계</td><td colspan="2">* 공사범위, 사급자재관계</td></tr>
</table>

<table>
<tr><td>점검자 :</td><td rowspan="3">결재</td><td>담 당</td><td>PD/과장</td><td>PM/부장</td></tr>
<tr><td>작성자 :</td><td rowspan="2">월 일</td><td rowspan="2">월 일</td><td rowspan="2">월 일</td></tr>
<tr><td>작성일 :</td></tr>
</table>

| PROJECT 실측 | | | | |
|---|---|---|---|---|
| | | | | |
| 점검자 : | 결재 | 담 당 | PD/과장 | PM/부장 |
| 작성자 : | | | | |
| 작성일 : | | 월 일 | 월 일 | 월 일 |

# 4. 실내디자인의 실무경영

## 4.1 실내디자인 사업

### ◆ 실내디자인의 사업성

#### (1) 디자인과 사업

실내디자인을 사업으로 하는 것은 의사나 변호사와 같이 전문직으로 서비스를 제공하는 그 자체가 사업으로 될 수 있다. 특히 과학과 예술을 바탕으로 경력과 경험을 이용하여 하는 실내디자인의 실제 업무는 창의적인 사업 중 하나이다. 그러나 기업이 이윤을 내지 못한다면 존재할 수 없듯이 실내디자인의 성공적인 기업으로 남기 위해서는 다음과 같은 자세가 필요하다.

그림 100 공모전을 통해 실내디자이너 전문직으로 시작하는 기회를 갖는다. / KOSID 실내건축대전 전시장

① 사회적인 윤리의식을 갖고 의뢰인의 요구 충족과 서비스를 제공함으로써 사업의 수익을 발생하여 회사경영이 원활하게 된다.

② 디자인 사업은 미래를 예측하는 사업이기에 실내디자인의 새로운 방향과 이론 등을 연구하는 자세를 가져야 한다.

③ 이러한 것이 디자인 사업에 신뢰성을 주어 성공적인 사업으로 연결될 수 있다.

디자인 사업은 소규모 인원으로 하는 경우가 많으나 기업의 성격을 두고 많은 인원으로 할 경우는 일반기업과 같이 인사, 시설, 공급과 같은 기능을 유지하기 위한 관리 지원부서가 필요하다.

실내디자인 사업의 내용은 설계와 디자인 자문 외에도 디자인 상품의 판매, 실내디자인 시공을 하는 경우에 국내에서는 전문건설업의 의장 공사업 면허를 갖춘 사업자가 시공사업을 할 수 있도록 정부가 인정하고 있다.

#### (2) 디자인 전문성

실내디자인의 사업은 기술과 사회가 복잡해짐에 따라 이에 맞게 전문성을 요구하는 사용자와 한 분야에 많은 경험의 기술을 지닌 디자인 사업자가 자연히 전문회사가 되어 깊이 있는 서비스를 해줄 수 있게 되는 것이다. 전문성은 공간별로 나누어지는 경우가 많고 세부적으로 특정한 공간을 대상으로 전문성을 띠는 경우에는 노련한 기술적인 경험에 의해 만들어진다고 볼 수 있다. 그러나 이러한 경우는 다양하고 창의적인 디자인이 필요한 프로젝트에, 즉 기술보다는 디자인이 앞서야 할 내용에는 효과적이지 못할 경우가 있다.

디자이너는 다음의 여러 방법으로 전문인으로 성장하게 된다.

- 소정의 교육을 받은 후 디자인 회사에 입사하여 디자이너로서 직급을 받아 시작하여 전문적인 경험을 쌓고 임원이 된다.
- 자신이 사업에 뜻을 갖고 전문적인 실무경험을 쌓는 기간을 거쳐 디자이너로서 충분한 개성을 갖고 사업자로 시작하는 경우가 있다.
- 대기업의 디자인 또는 지원부서에서 직급에 의한 디자이너로서 업무를 수행하나 디자인 작업 외에도 디자인 관리업무가 더 많을 경우가 있다. 그러나 대기업 내 부서간의 복합적인 업무진행이나 큰 규모의 프로젝트 경험을 얻는 기회가 된다.

그림 101 실내디사이너로 일하기위해서는 일징한 기간의 교육을 받아야 한다.

자신의 경험에 의하여 자신의 전문성이 나타나는 경우가 많으므로 초기에 전문분야를 선택해 추진하는 방법이 좋다.

또한 전문성은 회사에 갖고 있는 경험을 설계에 반영함으로써 경제적인 면으로 의뢰자에게는 공사비 절감효과를 주고 회사는 동일한 공사로 인해 경영 수익에 도움을 줄 수 있다.

### ◆ 디자인 계약과 내용

의뢰자와 실내건축가 또는 설계회사 사이에서 서로 지켜야 할 의무에 대하여 글로 정해 두는 디자인 계약에 있어서, 일반적으로 명시되어야 할 항목은 다음과 같으나 계약 시 프로젝트의 해당내용에 맞도록 계약서를 작성해야 할 것이다.

1. 설계 명칭과 위치의 세부적인 설명

2. 의뢰자와 실내건축가의 이름과 주소
3. 제공될 설계업무의 세부적인 범위
4. 세부적인 구매 동의서
5. 설계 보수액과 지불방법
6. 현금지급 경비에 대한 환불
7. 초과 서비스에 대한 요금
8. 디자이너의 책임 포기
9. 제삼자의 책임과 보수
10. 사진촬영 및 출판권
11. 계약의 완료
12. 의뢰자의 책임 한계
13. 서류의 소유권
14. 계약기간
15. 중재문제
16. 의뢰금 조건과 금액
17. 서명

그림 102 독일 Euroshop에서 Shop전문 디자인사들은 자신들의 설계실적과 작품을 가지고 전시에 참가한다.

국내에는 설계에 관한 일반 계약서가 있다. 실내건축가협회의 표준 설계계약서를 이용하여 사용 프로젝트의 성격에 맞게 수정하여 사용해도 된다. 사회가 고도화되면서 법적인 권익을 가진 자가 문제가 발생했을 때 유리한 대응을 할 수 있다. 디자인 사무소의 계약서란 디자이너나 고객을 위하여 무엇을 해줄 것인가를 서면으로 나타내는 것이다. 계약서를 구성하는 요소를 충분히 이해하지 못하고 계약서 준비나 작성에 익숙하지 못한 결과로 금전적 손실을 감수해야 하는 경우가 발생할 수 있다. 의뢰받는 디자인 업무를 시작하기 전에 반드시 쌍방 합의하의 고객이 서명한 계약서를 받아야 한다. 전문직이라는 것은 사회에 대한 책임이 있는 직업이다. 디자인과 관련된 법적 책임에 대한 정당한 권리보장을 위해서도 철저한 계약서를 준비해야 예기치 않은 소송에 대응할 수 있다. 전문 디자이너라면 자신의 이익보호를 위해서 철저한 계약서 작성을 해야 한다.

별첨 / 실내건축가협회 표준설계계약서

### ◆ 디자인 비용 산출

디자이너나 경영자는 어떤 방법이 특정 프로젝트에 있어 가장 수익성이 보장되는지를 결정하기 위해서 한 가지 또는 그 이상의 보수산출방법을 선택 마련해야 한다.

회사가 함께 일할 고객, 디자인 공간의 유형, 그리고 경쟁사를 고려하여 경쟁력을 유지하기 위해 신중하고도 철저한 분석에 의한 디자인 비용 산정을 해야 한다.

그 외에 간접적인 작업비용 요인을 생각할 수 있다. 디자인 사무소를 운영하다 보면 예상하지 못했던 요인으로 인해 어떤 이익이나 손실이 발생될 수 있다. 다음은 디자인 사무소의 경우 흔히 발생하는 간접적인 작업비용 요인이다.

① 잔업 발생

프로젝트 보수 견적과 상관없는 초과수당을 발생시킴으로써 프로젝트 총이익과 잠재적 수익성을 감소시킨다. 고정 급여자의 잔업으로 인한 초과비용은 시간보상 등으로 해결될 수 있으나 시간보상은 수입을 창출하지 않음을 잊지 말아야 한다.

② 최종결정 유보

디자인을 보고 결정을 바로 못 내리고 유보시키는 고객은 예상시간을 늘리며, 자주 의견결정을 번복하는 고객도 사소한 설계변경을 발생시켜 최종적인 작업시간이 늘어나게 된다. 이런 경우'시간제 보수요율'이 유리하며 최대한 비용 한계가 설정되어 있는 보수산출방법 아래에서는 사교술을 발휘하여 고객의 마음을 빨리 결정하게 할 필요가 있다.

③ 무경험 분야의 설계 경우

예상 외의 기술적 자문비나 전문 상담료 등의 추가 비용이 발생할 수 있으며, 노하우의 부족으로 예상 작업속도보다 늦어질 수 있다.

### ◆ 디자인 진행 관리

디자인 설계 진행시 관리측면에서 다음 몇 가지 사항을 주의하지 않으면 업무에 큰 차질이 발생할 경우가 있으므로, 이에 대한 관리를 프로젝트 성격 등에 맞도록 관리해야 한다. 국내의 경우 아직도 많은 디자인 사무소에서 허술한 프로젝트 관리를 하고 있다. 특히 시간에 쫓긴다는 이유로 많은 기록장치에 있어서 미흡함을 보이고 있다. 그러나 프로젝트 관리는 디자인 서비스나 제품에 대해 근소한 가격으로 경쟁하는 많은 디자인 회사에 있어 고객에 대한 서비스와 훌륭한 프로젝트 관리는 사업의 성패를 결정하는 주요한 요인으로 작용한다.

① 시간관리

시간관리가 잘못되면 직원들이 불필요한 잔업이 생기거나 계획된 시간 내에 그 프로젝트를 수행할 수 없게 되는 경우가 있다. 시간관리는 통제, 의사결정, 계획과 관련이 있다. 통제가 필요하지만 유동성 있는 시간관리가 필요하다. 가장 큰 가치나 보상을 만들기 위해서 최우선적으로 몇 가지 항목에 노력을 집중해야 한다. 이것이 가능하려면 기본적으로 어떤 활동이 최우선인지 매일 해야 할 일의 목록을 작성하고, 그 목록에 우선순위를 매기는 것으로부터 시작해야 한다. 또한 목록에 있는 항목에 예상 소요시간까지 계획해 놓아야 한다. 디자인 작업은 동시다발적으로 많은 일을 수행해야 한다. 이 때, 해야 하는 일에 순서나 작업배분을 잘못하면 효율적인 결과를 얻을 수 없다. 또한 디자인 회사에 있어서 일의 작업배분이나 직원의 시간관리는 각기 디자이너의 개인적인 관리도 당연하지만 프로젝트를 진행하는 데 있어서 매니저에 해당하는 상급 디자이너들의 그 프로젝트에 관련된 모든 디자이너들의 철저한 시간관리를 우선으로 해야 한다.

이 모든 것은 결국 초과 비용을 유발하게 되므로 순수익의 감소를 의미한다.

② 시간기록

대부분의 디자인 사무소의 보수는 그 프로젝트에 해당하는 디자이너의 작업시간에 기초를 두기 때문에 모든 전문적인 서비스에 대한 정확한 시간기록을 하는 것이 필수이다. 시간기록의 이로운 점은 다음과 같다.

- 고객의 청구액에 대한 논리적인 근거자료로 사용한다.
- 작업의 진척사항 점검이 용이하다.
- 프로젝트에 소비된 시간과 그 프로젝트로부터 얻을 이익을 비교하기 용이하다.
- 이전 기록에 기초해서 새로운 프로젝트를 위한 예상시간과 요금을 결정하는 데 도움이 된다.
- 직원들이 얼마나 생산적인지를 결정하고 얼마나 많은 시간을 청구할 수 있는지의 파악이 용이하다.

③ 설계 스케줄

프로젝트 단계별 일정으로 고객에게 의뢰한 프로젝트의 작업일정을 알리는 데도 사용되지만, 디자인 사무소의 자체적인 프로젝트 스케줄 관리에도 용이하게 사용된다.

④ 설계진행 파일

진행 중인 프로젝트에 관련된 모든 정보와 서류들을 보관한 서류철과 정리된 프로젝트 파일을 보관하는 것은 시간관리처럼 훈련이 필요하다. 프로젝트에 관해서 필요로 하는 모든 정보가 한곳에 있으므로 유용하게 이용할 수 있고, 담당자가 바뀌거나 자리를 비우는 경우에도 프로젝트 수행의 연속성을 가질 수 있으며, 후에 변경이나 법적인 소송에도 고객, 시공업체나 납품업자, 제3자에게 공적인 기록으로 보여줄 수 있는 자료가 된다.

잘 조직된 프로젝트 파일은 고객에게 회사와 담당 디자이너가 어떻게 프로젝트를 통제해 왔는지에 관한 설명이 된다.

④ 회의 기록

회의 기록은 디자이너나 회사의 다른 사람들에 의해서 이루어진 프로젝트에 관한 기록이다. 이것은 디자이너가 고객, 건축가, 하도급업자, 제조업자 등 다양한 회의내용을 기록하는 것으로 회의 일시, 참석자의 기입을 원칙으로 한다. 또한 중요 회의내용을 서면으로 관련자들에게 발송해주면 훗날 관련사항에 대한 진위여부나 변경의 논리적 근거자료로 사용하기에 용이하므로 회의 기록의 중요성을 인식하고 각 실무자는 물론 프로젝트 관리자의 철저한 관리가 요구된다.

⑤ 서신교환

서신의 범주는 일반적인 것과 프로젝트에 관련된 서류의 두 부류가 있다. 고객에게 보냈거나 고객으로부터 받은 모든 편지의 사본들은 프로젝트 파일에 보관해야 한다. 이외에 관련업체로부터 온 주문서, 가격 견적서 등 프로젝트를 진행하면서 발생된 모든 서신을 보관해야 한다.

이 서식은 각 회사마다 기본적인 양식을 갖추고 있으며, 그것을 이용하여 사용하되 이 때'발송'부문에 있어서 날짜와 발송문서의 기록과 쌍방간의 확인을 필요로 한다.

⑥ 견본

지정된 품목에 관한 견본을 보관해두어야 한다. 보통은 고객에게 한 부, 사무실에 한 부 원본을 보관하며 프로젝트 진행시에 시공사나 실무진들은 사본을 사용하도록 한다.

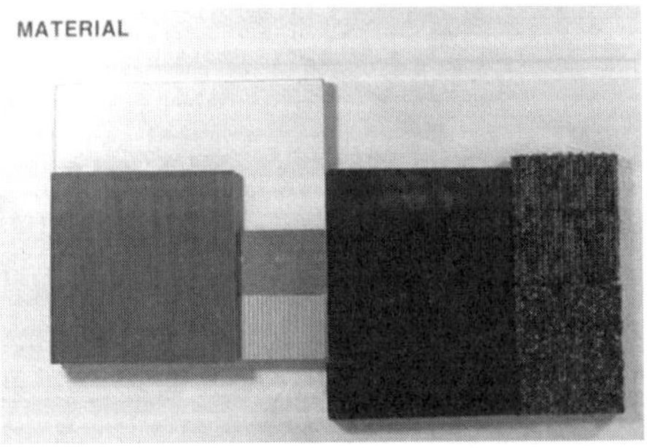

그림 103 재료 견본은 의뢰자와 시공자의 사전 확인이 반드시 필요하다.

반드시 고객과 결정된 견본은 보관을 철저히 해야 하며, 이는 시공감리시 공사가 지정된 품목으로 진행되었는지를 확인하는데 용이하며, 완제품을 판매하는 일이 아닌 디자인 설계업에 있어서 시공 후 고객의 잘못된 제품시공이라는 고소나 소송의 좋은 증거

자료가 되므로 온전한 견본 보관을 기본으로 해야 한다.

⑦ 설계도서

도면은 프로젝트 진행시 기획설계, 기본설계, 실시설계 과정을 거치면서 여러 번 도면작성 과정이 요구된다. 디자인 사무소의 경우 납품도면의 경우 시공견적과 직결되며 비교적 짧은 시간에 도서 완성이 이루어지는 실내설계의 경우, 첫 번째 납품 도서 이후에도 잦은 설계변경을 수반하게 된다. 자칫 급박한 시간과 현장여건에 따라 설계변경이 미처 도서에 반영되지 못하고 진행되어 최종납품이 이루어지는 경우가 많은 분야이다.

그러나 이러한 경우, 후에 설계변경에 따른 시공비용의 증감을 대부분 수반하게 되는데 최종적으로 이 단계에 와서 많은 건축주와 고객들이 비용의 증가인정하지 않아 디자이너들이 곤혹을 치르곤 한다. 이 때, 절대적으로 필요한 것이 설계변경이 이루어질 때 그에 따른 도서의 제출이다. 철저한 날짜와 요구사항이 반영된 도서를 고객이나 시공자에게 미제출 시에 디자이너는 훗날 여러 분쟁에서 빠져나올 수 없게 된다.

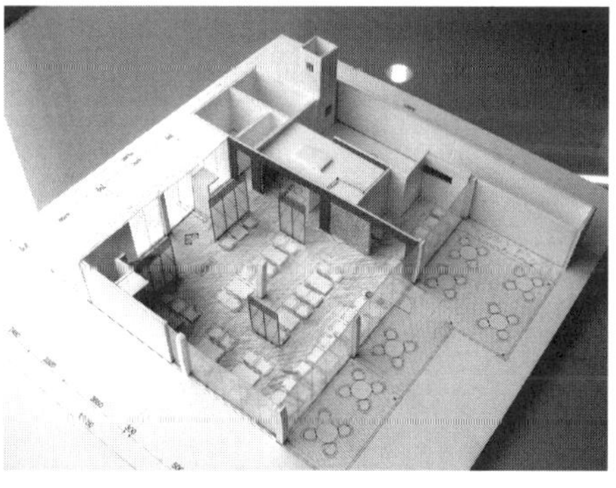

그림 104 기획설계 단계에서 설계협의를 거쳐 만들어진 Study model

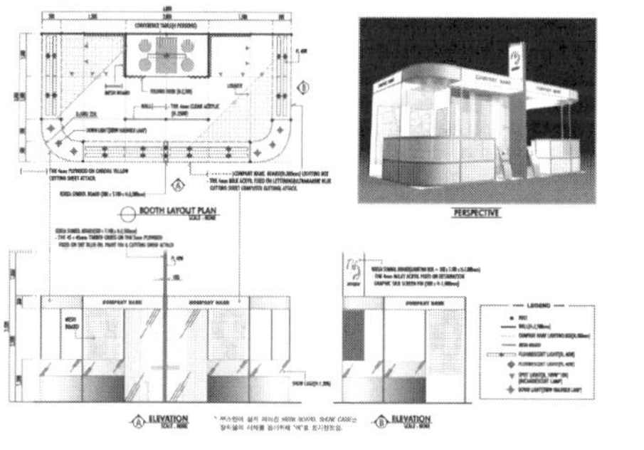



그림 105 설계도서들과 관련된 서류들은 디자이너를 보호해 줄 근거가 된다.

디자이너의 판단에 따라 비용의 가감이 발생하는 한 관련된 고객, 시공자, 제품 납품업자 모두 어떤 분쟁의 소지가 있을 때 디자이너는 그 책임으로부터 자유로울 수 없다. 이 때, 그나마 디자이너를 제도적으로 보호해 줄장치는 법권 내에 있는 계약서와 프로젝트 진행시 발생한 기록과 회의, 서신, 도서가 된다. 그런데 이 중요한 자료가 되는 회의기록이나 서신, 도서의 관리를 많은 디자인 사무소들이 간과하고 허술한 보관을 하고 있다. 이 기록의 미비로 많은 사무소들이 소송에 휘말렸을 때 제 권익을 찾지 못하곤 한다. 또한 앞으로 사회적으로 전문가에 대한 책임과 압박이 더욱 커져가는 사회로 도래할 것이다. 이에 디자이너들은 자신들이 해낸 철저한 기록을 남겨야 하며, 또한 이러한 기록은 후에 다른 프로젝트를 진행하는데 좋은 본보기가 되어 자신만의 회사의 노하우를 축적하는데 좋은 자료가 될 것이다.

### ◆ 연간사업계획

연간사업계획의 목적은 회사의 모든 계획 요소들을 하나의 안으로 모으는 것으로 연간계획은 회사가 무엇을 할 수 있고, 고객이 요구하는 바가 무엇인지에 따라 한 해 동안 회사가 어떤 목표를 세워 노력해야 하는가를 체계적으로 조사하는 것이다. 사업계획 수립 시 고려사항은 다음과 같다.

① 목적과 목표

목적과 목표는 두 부분으로 수립하는데 첫째, 회사 전반에 걸친 적절한 전략과 함께 전체적인 목적과 목표를 수립하며 둘째, 다양한 책임집단의 목적과 목표를 수립한다.

② 경영관리

프로젝트 수행에 필요한 지원부서의 활동과 관련된 개요를 세우는 것으로 경영, 비서, 부기, 사무실 관리와 같은 분야, 즉 수입의 창출과 직접적으로 연결되지 않는 영역의 목적과 목표가 포함된다.

③ 일반계획과 정책수립

계획절차, 정책수립, 일반적 영업상의 변화와 관련된 목적과 목표가 해당되며 비용지출에 대한 변화, 휴가, 병가와 같은 전반적인 인사정책 등이 포함된다.

④ 인사관리

직원의 고용, 업무내용 설명서, 급여와 혜택, 연수, 업무수행 평가의 문제를 직접적으로 다룬다.

⑤ 시설과 설비

공간사용, 건설 장비와 직접 관련된 주제를 다룬다.

⑥ 마케팅 계획

새로운 사업수입을 창출하기 위해 무엇을 하려고 하는지를 밝히며, 회사가 현재 관련되어 있는 시장의 영역과 내년에 회사가 개척하고자 하는 영역을 밝히는 것. 마케팅 계획은 새로운 사업의 도입을 누가 책임질 것이지, 어떻게 이 새로운 시장에 접근할 것인지 등을 서술한다.

⑦ 재정계획

회사의 목적과 목표를 달성하기 위해 요구되는 이익, 수입, 지출 수준의 개요를 잡는다. 결재기간, 예상급여나 관리비용, 현금흐름 같은 문제와 관련된 명세서.

⑧ 예산편성

사업계획의 전부분에 걸친 계획으로 수입과 지출에 대한 재무정보를 포함하며 여러 가지 예상 프로젝트와 행정업무, 재택작업 등에 요청되는 시간계획, 사무실 마련, 공간사용계획 등을 포함한다.

**표 19 신입사원 OJT 일정표**

인테리어디자인회사에서 실제 사용하는 신입사원 OJT ( on-the-job training ) 프로그램 일정으로 16일간의 교육으로 소규모 디자인회사에서 초기 디자인 실무진행을 위한 필요한 과정 중에 하나이다. 프로그램 내용은 실무과정이나 성격에 따라 다양하게 구성하여 교육할 수 있겠다.

| 구 분 \ 일 정 | | 1 | 2 | 3 | 4 | 5 | 6 | 7 | 8 | 9 | 10 | 11 | 12 | 13 | 14 | 15 | 16 | 상 세 항 목 |
|---|---|---|---|---|---|---|---|---|---|---|---|---|---|---|---|---|---|---|
| 회사규내 및 서식 | 사무실 현황 | ■ | ■ | | | | | | | | | | | | | | | • 간부 및 선 · 후배 선후배 직원들의 성명, 직급, 특성 파악<br>• 출 · 퇴근 및 복장, 연락망 확인<br>• 회사내규 및 매뉴얼<br>• 전화사용 및 통화 교육 |
| | 서류양식 | ■ | ■ | ■ | ■ | ■ | | | | | | | | | | | | • 워드작업(일정,견적,보고서,업무연락,품의,공문및 서류) Layout습득 |
| | 자산현황 및 시스템 | | | | | ■ | ■ | ■ | ■ | ■ | | | | | | | | • OA장비 시스템(PC, 모니터, TV, COPY, FAX, 전화(HP포함)<br>• 자동차, 창고현황, 현장장비<br>• 도서, 공구, 자재현황 Check |
| | S/W 및 파일목록 | | | | | | | | | ■ | ■ | ■ | | | | | | • PC, MAC 관련 프로그램 및 프로젝트 별 데이터<br>• CAD, 2D, 3D,이미지 外<br>• 업무파일(현장,경비 회의록 外)경리,서무,총무 관련 관리파일 |
| 실무프로젝트 | 회사실적 | | | | | ■ | ■ | ■ | ■ | ■ | ■ | ■ | | | | | | • 기 제작 된 공간 방문후 보고서 작성 프로젝트 업무파일 파악(기획, 디자인, 설계, 제작, 현장시공, 감리) |
| | 실무적용 트레이닝 | ■ | ■ | ■ | ■ | ■ | ■ | ■ | ■ | ■ | ■ | ■ | ■ | ■ | ■ | ■ | ■ | • 기획서 Layout 입력(PC,MAC작업)<br>• 디자인 설계(PC작업 및 Shop Drawing)<br>• 공장제작, 현장설치 및 감리(현장방문)<br>• 준공도면, 사진파일, 업무파일 정리, 청구 |
| | 대외협력 업체 | | | | | | | | | | | | ■ | ■ | ■ | ■ | | • 클라이언트사 파악<br>• 목공, 금속, 전기, 수장, 도장, 유리, 그래픽, 사인, 모형, 디스플레이 外 |
| 기타사항 | | ■ | ■ | ■ | ■ | ■ | ■ | ■ | ■ | ■ | ■ | ■ | ■ | ■ | ■ | ■ | ■ | • 업무일지작성 및 업무용 다이어리 구입<br>• 통화기록 메모 전달<br>• 개인공간 정리정돈/업무분장 내역 확인 |
| 특기사항 | | • 상기 내용을 추진함에 있어 일일결과 일지를 작성하여 상급자에게 결과 확인 후 보고<br>• 개인 사정 발생시 사전협의를 기본으로 하되 긴급사항시 OJT 담당자에게 연락 | | | | | | | | | | | | | | | | |

## 4.2 실내디자인 보수와 자세

### ◆ 디자인 보수산출방법

디자인 작업을 크게 상업공간과 주거공간으로 나눈다면 상업공간 실내디자인 업무가 주거용보다는 더 복잡하며, 개업과 관련이 있어 단기간의 시간적 제약도 많고 잘못될 소지도 많기 때문에 그 요금이 더 높게 책정되어야 하며 ,'철저한 시간관리'와 '시간엄수계획'을 필요로 한다.

주거공간 프로젝트는 어떤 결정을 내리는데 상당한 시간을 필요로 할 수 있다. 또한 건축주의 개인적이 취향과 디자이너의 올바른 해석과 결정에 쌍방간의 확실한 기록을 필요로 하며, 생활과 직결되어 있으므로 철저한 완성도가 요구된다. 주거용 프로젝트의 경우는 전체 프로젝트의 시간분배와 시간사용에 따른 디자인 보수 결정을 잘해야 한다.

다음은 보수산출에 대한 관련된 방법이다.

① 시간요금제

실비정산보수개념으로 프로젝트에 소요될 실제시간을 추정하고, 예상되는 제반비용에 회사의 규정 또는 설계 보수 요율표에 기초해서 청구하는 방법이다. 이 경우 정확한 기간 명시와 일의 지연이나 초과작업의 원인이 고객에게 있을 경우 추가요금 청구가 가능함을 명시해야 한다.

② 균일 요금제

총액에 한계를 두는 시간제 방법으로, 이 경우 회사의 급여와 일반비용과 제공해야 할 서비스에 대해 완벽하게 파악하고 있을 때 가능하며, 다양한 프로젝트를 해본 경험이 있거나, 그러한 프로젝트의 시간원리에 대한 기록 자료를 가지고 있는 회사에서 이 방법을 사용하는 것이 유리하다.

③ 평당 요금제

평당 요금비율을 작업할 프로젝트의 면적에 곱해서 요금을 산출하는 방법으로, 측정종류의 분야에 경험이 많아서 요금비율에 안심할 수 있는 경우 상대적으로 유리한 방법이다.

④ 가치 근거제(value-oriented method)

디자인 회사의 서비스 비용보다는 그 서비스의 가치나 서비스의 질에 기초해서 보수를 산출하는 개념으로, 이 경우 자신이 경쟁사와 다르다는 것, 자신의 서비스가 경쟁 디자이너 회사보다 우수하다는 것을 보여 줄 수 있을 때 가능하다. 고객은 디자인 회사가 제시한 내용들 중에서 보다 큰 가치를 제공해 줄 수 있는 디자인 회사와 계약한다는 개념이다. 노하우가 축적된 회사는 신생 회사보다 더 많은 기대를 가질 수 있다. 또한 전문분야가 있다면 가능할 것이다. 디자이너의 경험과 능력을 분명하게 차별화 시킬 수 있을 때 효과적이다.

### ◆ 실내디자인 수익과 현실

국내의 실내디자인 사업은 아직 실질적으로 디자인 사업보다는 주로 디자인과 공사업을 함께 하는 복합적인 기업이 많다. 즉 디자인 설계만으로 수익을 내어 운영되기는 어려운 점이 많아 공사업을 겸하고 있는 실정이나 만약, 건축사와 같은 실내건축 설계의 면허제도가 생긴다면 설계사업과 공사업은 분리될 수 있을 것이다. 이러한 실내디자인의 면허제도가 없는 상황에서는 설계만의 서비스를 갖는 디자인 사업은 현실적으로 많지 않다.

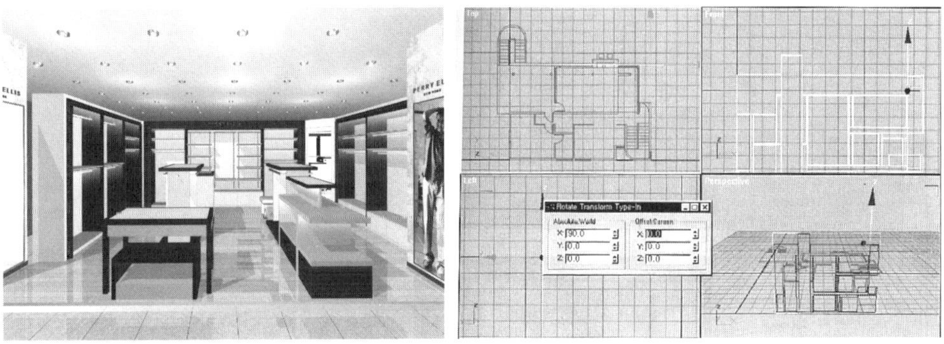

그림 106 수작업의 제도판는 설계사무실에서 사라지고 컴퓨디 CAD프로그램을 사용하여 모든 작업을 수행하고 있다.

국내는 설계비에 대한 사회적 인식이 부족하고 실내디자인 사업자들의 과다경쟁으로 인한 피해가 많아 설계보다는 공사에 치중하는 사업자가 많은 것이다.

디자인 회사는 행정부서와 설계부서로 나누어져 규모에 따라 다르지만 세부적으로 관리, 인사, 경리나 디자인, CAD, 시공감리, 견적 등으로 나누어져 운영되는 것이 대부분인데 기업의 사업성과 전문성, 거래처의 유형 등 여러 요소에 따라 상세히 나누어지고 달라질 경우도 있다.

디자인사무실은 일반사무실과 같이 임대를 하여 사용하는 경우가 많으나, 단독으로 개인사옥을 사용하는 경우 자신의 개성과 디자인성을 표현한 공간으로 의뢰자들에게 좋은 마케팅 효과를 보게 된다. 디자인회사는 각기 사무공간을 자신들의 표현공간으로 활용한다. 디자인 회사는 이러한 디자인 서비스 업무에 정당한 보수를 받아서 운영하게 되며, 이 보수는 현재 한국 실내건축가협회에서 마련한 보수 요율표(부록)에 의한 규정이 있다.

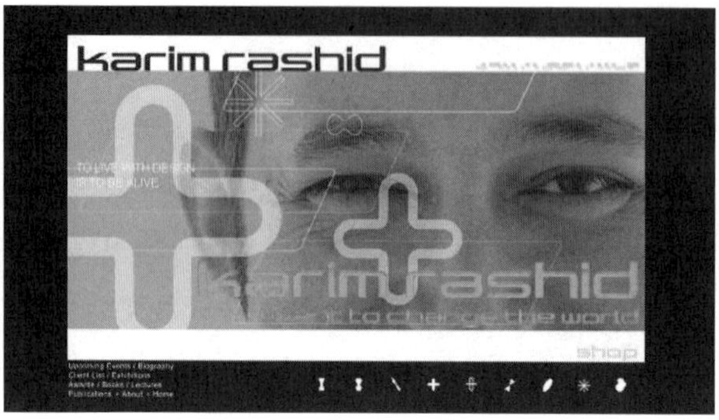


그림 107 미국 인테리어 디자이너 카림 라쉬드의 메인 홈페이지

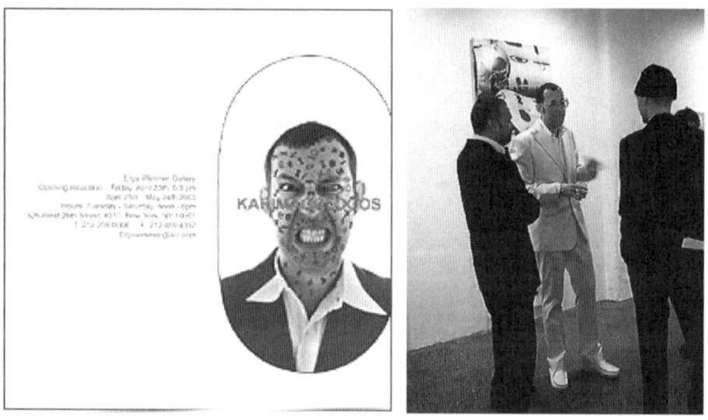

그림 108 KARIMAGOLGOS, 전시회 초대장과 전시회장에서의 카림 라쉬드

설계 보수율은 공사액 규모가 많아지는 경우에 따라 보수요율이 비례적으로 낮아지며 설계공간별로 보수요율은 다르게 된다. 이렇게 디자인은 실제 상품이 아닌 무형의 상품이므로 가장 중요한 것이 회사의 신뢰성이 기업운영에 큰 보탬이 된다. 그러므로 성공적인 회사는 자신의 사업 마케팅을 위해 고객에 대한 서비스를 위해 회사 브로슈어, 포트폴리오, 홈페이지 등으로 서비스와 기술에 대한 정보를 제공하고 있다.

실내디자이너들은 의사, 변호사가 윤리규범을 가지고 일하듯이 윤리적, 사회적으로 이러한 규정을 지켜야 한다. 국내는 실내건축가협회에서 1990년 윤리규정(부록)을 정하여 사용하고 있다. 실내디자인은 앞으로 허가, 면허, 인정서 등에 의한 다양한 규제와 통제가 있는 전문직종이 될 것이다. 그러므로 실내디자이너는 법적인 의

무와 책임을 갖고 윤리규정을 준수하며 운영해야 할 것이다

### ◆ 디자이너의 능력과 자세

공간디자인은 공간의 종류나 형태도 다양하고 목적을 위한 기능을 가진 공간환경의 효과를 극대화 시켜야 하는 계획성과 넓은 전문지식이 필요하다. 이러한 지식은 학교에서의 전문교육과 사회에서의 경험이 더욱 큰 효과를 낼 수 있다. 그러므로 실무 전에 사회경험을 위한 노력도 필요하다고 생각된다. 이에 대한 지식과 능력은 다음과 같다.

1. 공간 내 요소에 관한 지식.
2. 건축과 실내디자인에 관한 지식.
3. 인간행태나 심리에 관한 지식.
4. 계획상의 기술적 지식.
5. 디자인 표현의 조형적 능력.

디자이너의 역할은 개인 혼자서는 모든 것을 알 수도 없고 각 분야별로 전문가가 있기 때문에, 관련분야 관계자와 협력자 관계를 갖고 디자인의 성과를 높이기 위한 폭넓은 인간성이 필요하다. 디자인 업무를 진행할 디자이너의 자세가 반드시 필요하다. 디자이너는 디자인 전문가이지만 일뿐만 아니라 사회인으로서 상식을 갖고 있어야 한다. 정신을 집중하여 실내공간을 다루는 디자이너로서 업무의 기본자세가 필요하다. 다음은 실내디자이너와 사회인으로서의 기본자세 10가지를 정리한 내용으로 실무에서 요구하는 신입디자이너가 지녀야 할 기본자세가 될 것 이다.

① 디자이너는 청결해야 한다. : 디자이너는 깨끗함을 중요시하며 전체적인 조화로 자신의 개성을 표현할 수 있어야 한다.

② 대응 업무에서 인사를 중요시 한다. : 기분 좋은 감정으로 적절한 시기에 상대보다는 먼저 상대를 보면서 인사를 나누면서 시작한다.

③ 언어를 바르게 사용한다. : 존경어와 함께 겸손한 자세를 취하면 상대방에게 호감을 준다.

④ 말과 글을 올바르게 사용하는 사람이 되어야 한다. : 상대에게 알아듣기 쉬운 말, 듣기 쉬운 말로 말하는 방법을 터득하고, 또한 기획서나 온라인 상에서의 글쓰기 방법도 익혀야 한다.

⑤ 만남을 활용한다. : 만남은 업무를 부드럽게 진행하는데 도움을 준다. 미팅의 방법과 형태는 여러 가지이지만 시기와 규모내용이 적절해야만 활용성이 높다.

⑥ 전화 통화 방법에 대한 기본자세가 필요하다. –업무의 많은 부분이 전화로 전달되는 내용이 많아, 밝고 정확한 발음과 신속하고 예의 바르게 대응한다.

⑦ 전문적인 지식을 갖는다. : 전문가다운 지식과 올바른 전문용어로 대화하며 신뢰성을 주도록 한다.

⑧ 도구를 활용할 수 있는 능력을 갖춘다. : 컴퓨터의 활용은 더욱 커지고 있다. 도구의 전문가는 아니더라도 활용능력은 자신의 능력을 배가시켜 준다.

⑨ 윤리성이 있어야 한다. : 디자이너는 업무 중 도덕성에 관련된 사항에 부딪치는 경우가 많아지게 된다. 이러한 경우 자신의 윤리성을 지켜 업무진행을 할 수 있어야 한다.

⑩ 디자인 표현능력이 있어야 한다. : 디자이너는 자신의 생각을 스케치하여 전달할 수 있어야 한다.

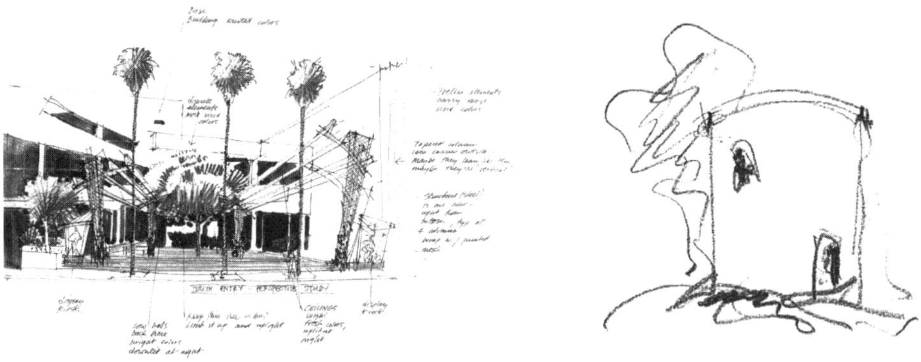

그림 109 디자이너는 자신의 생각을 전달할 수 있는 스케치 표현능력이 있어야 한다.

# 부록

## [부록 1] 실내디자인 계획 설계(디자인개념의 시각화)

계획설계는 프로그램단계에서 구축된 디자인 개념과 방향을 바탕으로 공간디자인에 직접적인 영감이 되고 공간의 특성을 살릴 수 있는 디자인 개념을 시각화 하는 단계이다.

발주자와 디자인에 필요한 다수의 효율적인 대화를 필요로 하는 단계로서 설정된 개념과 상담을 통해 얻어진 자료를 기초로 개략적인 공간구성, 동선계획, 동선계획, 실 배치안을 제시하고 디자인의 기본원칙과 구성을 파악하고 제시하는 단계.

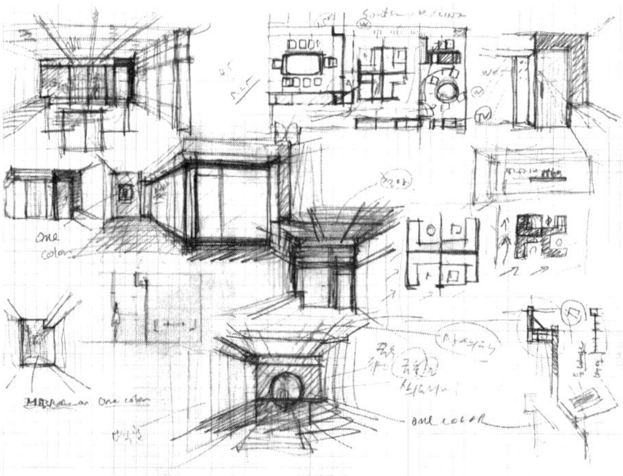

기초적인 디자인 컨셉을 시각적으로 표현하기 위해서는 스케치 또는 컴퓨터를 활용하며, 그 외 콜라주, 아이디어 스케치, 스터디 모형으로 의사소통이 가능하다.

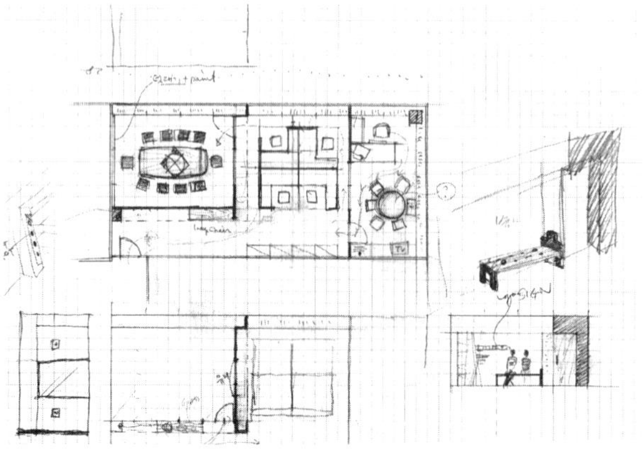

간단한 기초제도를 위해서는 그리드지를 이용하면 공간표시가 수월하다. 개념도출은 시간과 위치의 제약이 없다. 발전과정에서 수시로 일어나는 아이디어를 표현하기에는 컴퓨터보다는 스케치가 유리하다.

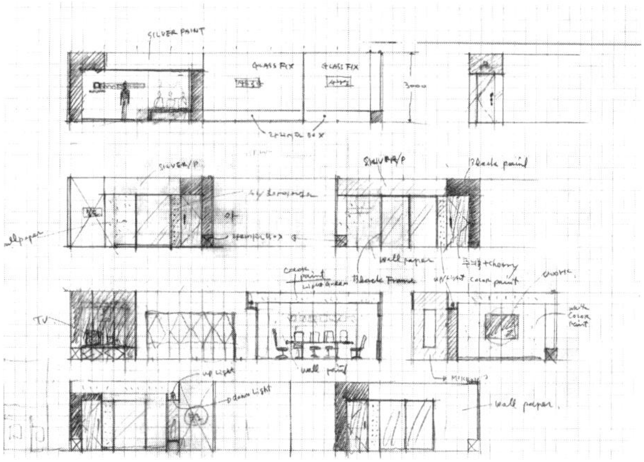

## [부록 2] 실내디자인 기본 설계(프리젠테이션)

시안 사례 / 골프웨어 브랜드 shop identity manual

보드의 내용은 디자인 컨셉, 다이어그램, 기준표 등 설계내용을 정리하여 설명하므로 기본설계도면 프레젠테이션을 보충해 주게 된다.

■ DESIGN CONCEPT

[illegible]

■ 컨셉 다이어그램

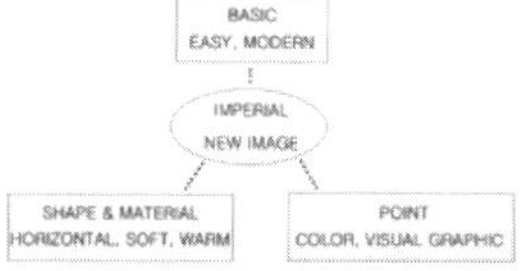


■ 제품 ITEM별 진열수량

| ZONE \ ITEM | 티셔츠류 | 니트류 | 점퍼류 | 하의류 | 계 |
|---|---|---|---|---|---|
| 골프웨어 | 72 | 50 | 33 | 24 | 179 |
| 타운 캐쥬얼 | 120 | 86 | 55 | 42 | 303 |
| 베이직(T/D) | 48 | 32 | 22 | 18 | 120 |
| 계 | 240 | 168 | 110 | 84 | 602 |
| MODEL | 48 | 42 | 22 | 28 | 140 |
| 악세사리 | 벨트:20, 양말:20, 모자:8, 장갑:15, BAG:8, 신발 및 골프공 | | | | |

■ IMAGE PHOTO

FLOOR PLAN (20평)

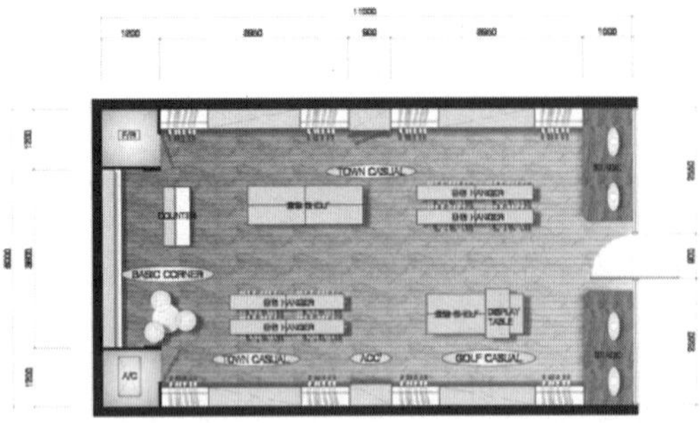

좌측의 도면들은 클라이언트가 쉽게 이해하도록 재료의 색상이나 질감 등을 표현하므로 설명에 용이하도록 한다.

ELEVATION "A"

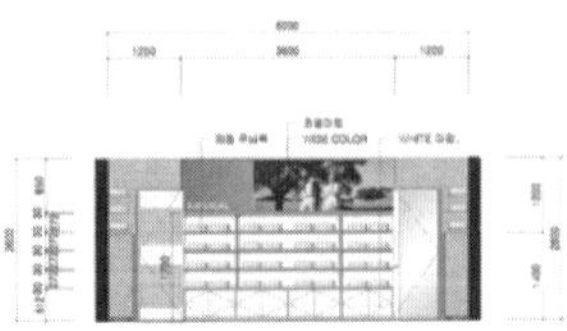

ELEVATION "B"

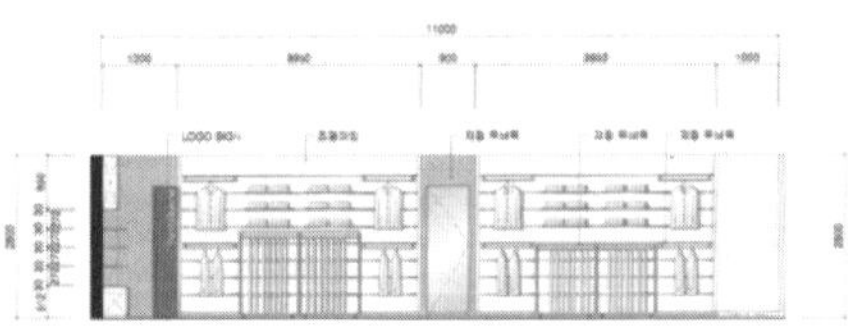

ELEVATION "C"

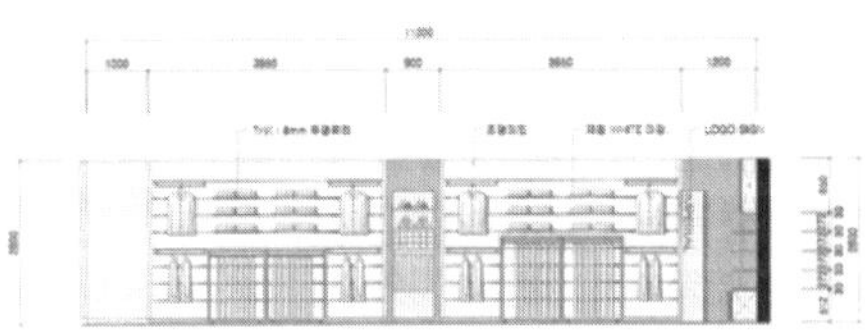

계획된 디자인을 가상으로 완성된 장면을 투시도로 표현하게 된다. 이때 시각적 장면을 어디를 시점으로 잡는가에 대한 신중한 검토가 필요하다. 과욕에 의해 지나치게 가상을 벗어난 장면을 연출하는 실수를 범하지 않도록 주의가 필요하다.

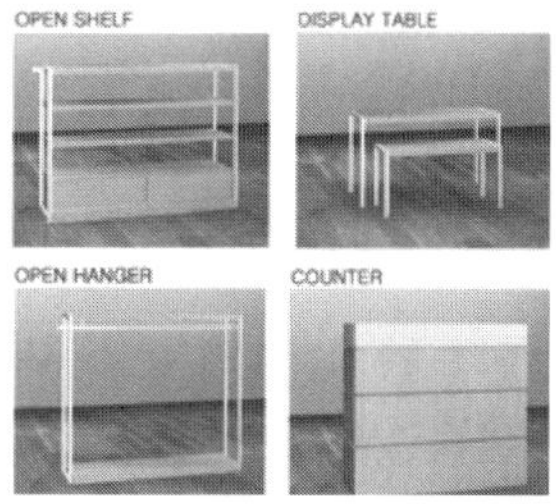


## [부록 3] 실내디자인 실시 설계도면 사례 / M hotel Suit Room

평면도는 내부의 집기배치까지 포함하여 작성하며 공간의 구성을 알리는 목적이 있다.

• 바닥마감도

카펫 마감선과 타일과 대리석의 크기와 위치를 알려주는 도면으로서 바닥의 마감재 줄눈의 위치와 중심선을 정확하게 일러주어야 한다.

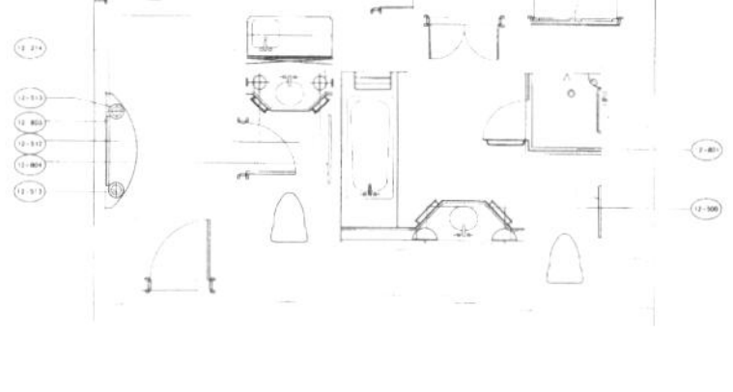

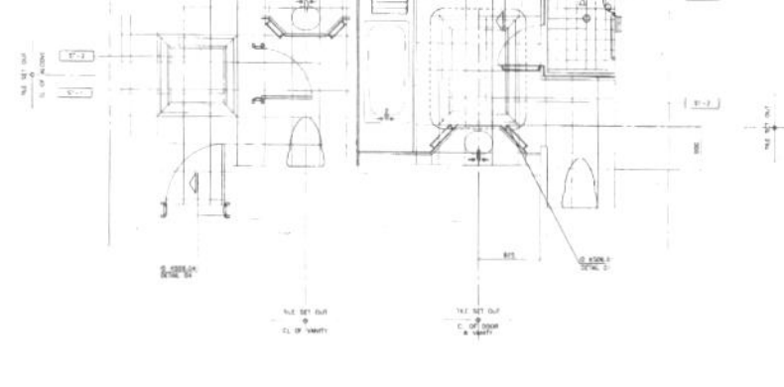

• 전기배선도

조명과 콘센트의 위치를 연결하는 전선을 나타낸다.

• 조명기구 배치도

정확한 위치를 표시하여 서로 어긋나지 않도록 한다. 즉 벽면 조명기구를 위한 배선과 마감재료와의 관계, 그리고 기구 설치를 위한 작업에서 서로 오차가 나지 않도록 기준위치를 두고 정한다.

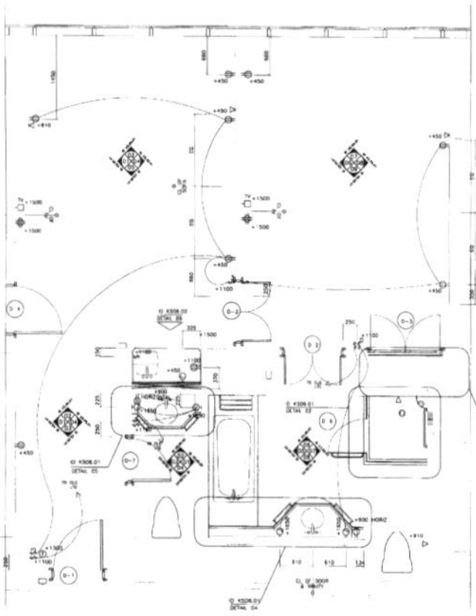

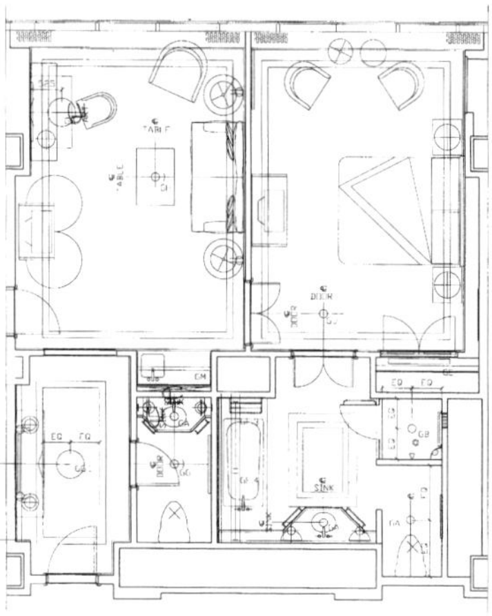

조명의 범례는 낯은 기구를 쉽게 판별할 수 있으며, 견적 또는 시공 시 정확한 범위를 정해주는 정보가 된다.

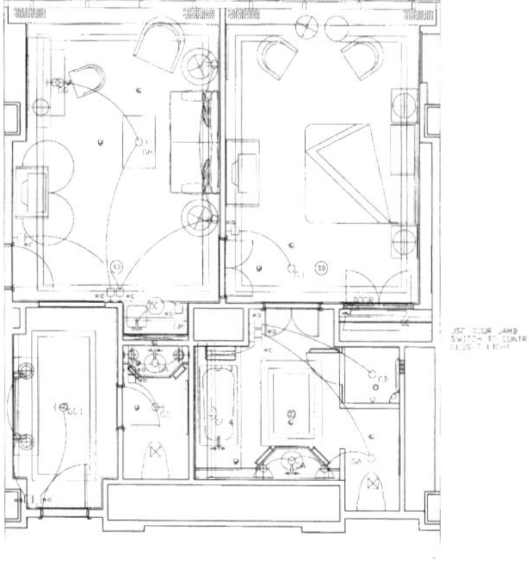

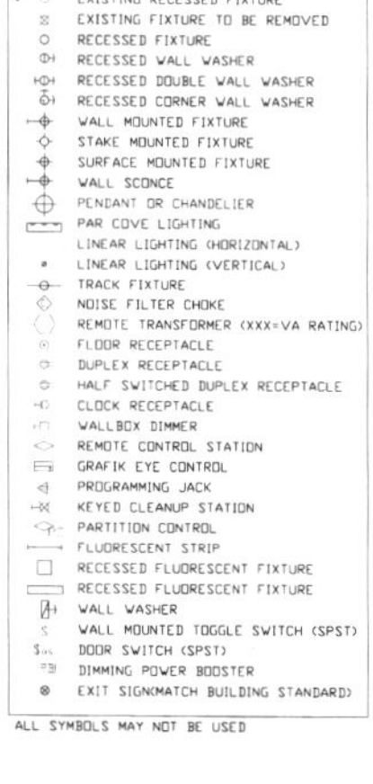

재료마감에 대한 배치를 도면으로 시공시 재료마감선을 치수와 함께 정확하게 알려준다.

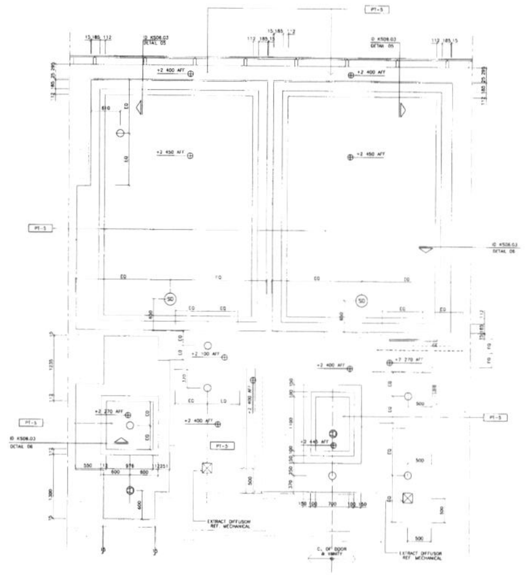

• 입면도

평면과 함께 실내를 감지할 수 있기 위한 도면으로서, 입면으로 설명이 안 되는 부분은  상세도와 그 외의 도면에서 설명이 될 수 있도록 도면번호 또는 보조설명이 있어야 한다.

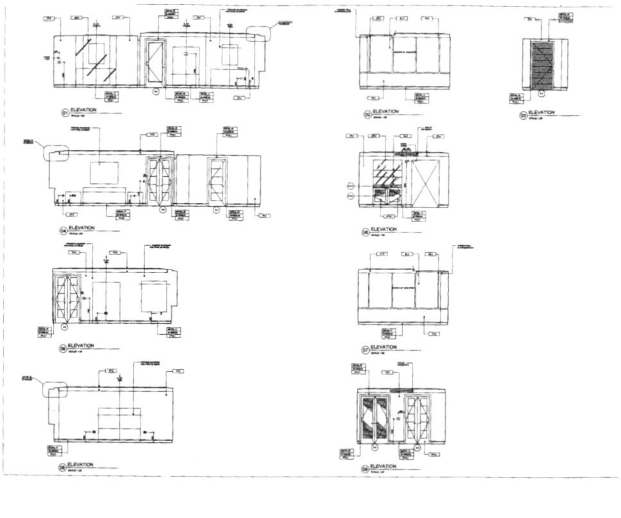

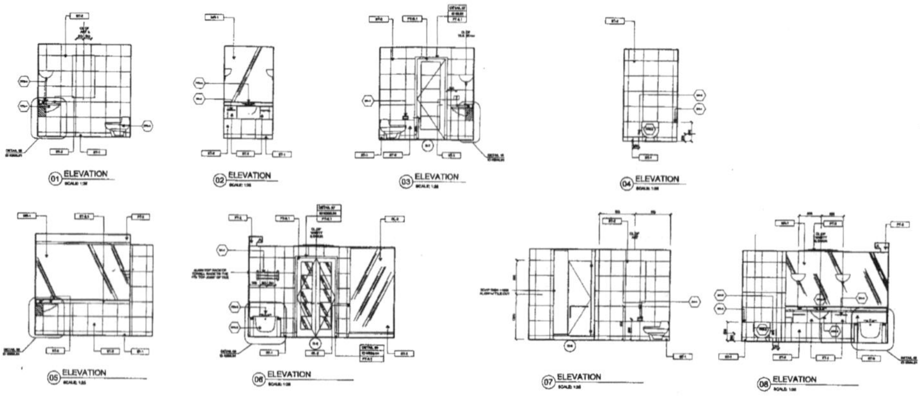


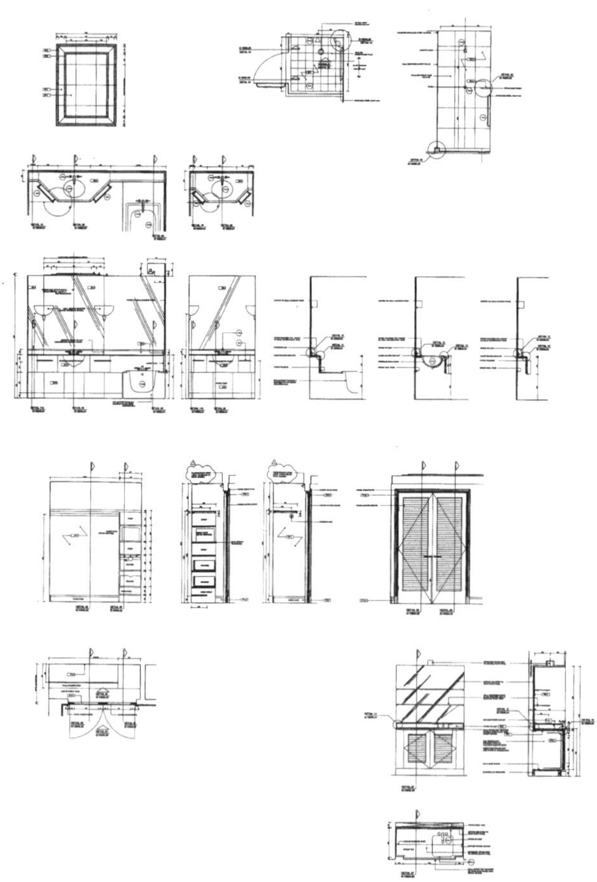

• 상세도

디테일하게 나타내야 할 부분을 주로 단면형태의 도면으로 표현하는 경우가 많다.

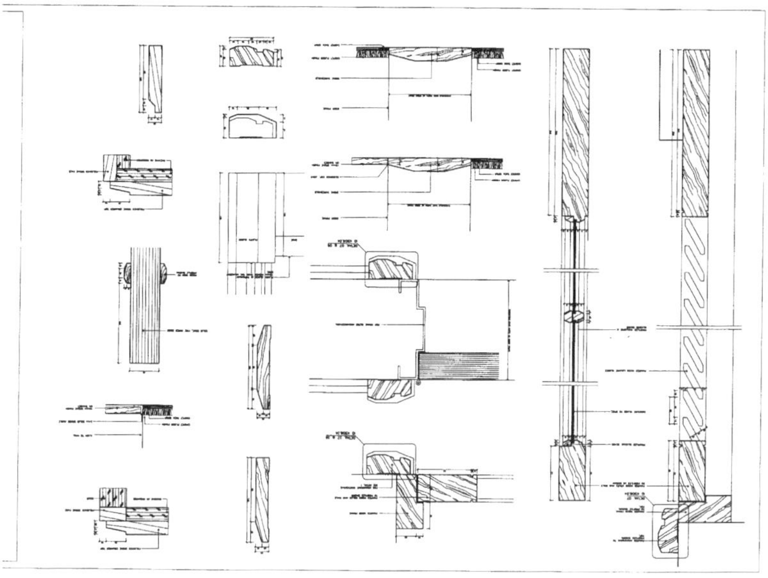

• 각종 창호 범례도

설계도에 표현된 여러 형태의 창호를 정리하여 문의 수량과 재료, 미감 등을 표시하여 종합적으로 쉽게 알 수 있도록 정리한 도면이다.

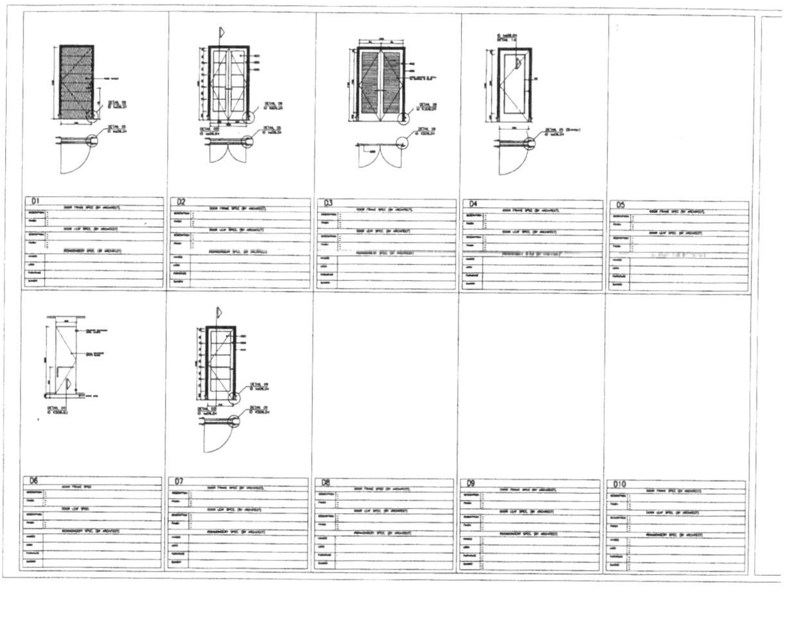

## [부록 4] 인테리어 회사 운영에 필요한 서식 일람표

# 인테리어 회사 운영에 필요한 서식 일람표

| • 관리 PART | |
|---|---|
| • FORMM-1 | 지명원 |
| • FORMM-2A | 통일모눈지 |
| • -2B | 메모, 회의록 용지 |
| • FORMM-3 | 일일 결산서 |
| • FORMM-4 | 월 결산서 |
| • FORMM-5 | 여비 영수증 |
| • FORMM-6 | 월 자금 계획서 |
| • FORMM-7 | PROJECT 일람표 |
| • FORMM-8 | 업무수행 결의서 |
| • FORMM-9 | 공사별 정산서 |
| FORMM-10 | 업체 미지급 현황표(업장별, 현장별) |
| • FORMM-11 | 자금 계획서 |
| • FORMM-12 | 지표결의서 |
| • -13 | 월별 결산서 |

| • 설계 PART | |
|---|---|
| • FORMD-1 | 설계 계약서 |
| • FORMD-2 | 설계 SCHEDULE표 |
| • FORMD-3 | 도면 LIST |
| • FORMD-4 | 일반 시방서 |
| • FORMD-5 | 특기 시방서 |

| • 시공 PART | |
|---|---|
| • FORMC-1 | 현장 점검표 |
| • FORMC-2 | 현장 개설준비 CHECK-LIST |
| • FORMC-3 | 공사 진행 CHECK-LIST |
| • FORMC-4 | 공사 완료시점 CHECK_LIST |
| • FORMC-5A | 견적서 (표지) |
| • -5B | 견적서 (계산속지) |
| • FORMC-6A | 공사 실행 (집행) 내역서: 표지 |
| • -6B | 공사 실행 (집행) 내역서: 계산속지 |
| • FORMC-7 | 물량 산출서 |

| • 시공 PART | |
|---|---|
| • FORMC-8A | 간이 공정표 |
| • FORMC-8B | 공정표 |
| -9A | 공사 계약서 (표준) |
| -9B | 공사 계약서 (간이) |
| -9C | 도급 계약 변경 합의서 |
| -9D | 공사 변경 내역서 |
| • FORMC-10 | 하도업체 비교 검토서 |
| • FORMC-11A | 공사표준 하도급 계약서, 각서 |
| • FORMC-12 | 현장 대리인계 |
| • FORMC-13 | 일일 공사 일보 |
| • FORMC-14 | 현장 전도금 내역서 |
| • FORMC-15 | 실행대비표(주간공정보고 및 결산용) |
| • FORMC-16 | 일용 노무비 지급 명세서 |
| • FORMC-17 | 기성고 내역서 |
| • FORMC-18 | 집행 내역서 |
| • FORMC-19 | 준공 확인서 |
| • FORMC-20 | 실적 증명서 |
| • FORMC-21 | 업무 연락표 |

## >> 입찰, 견적관련 서식



## >> 본사관리 서식



## >> 현장관리 서식

# 민간건설공사 표준도급계약서

1. 공 사 명 :
2. 공사장소 :
3. 착 공 연월일 : 년 월 일
4. 준공예정 연월일 : 년 월 일
5. 계약금액 : 일금 원정 (부가가치세 포함)
   (노 무 비 : 일금 원정)
   ※ 건설산업기본법 제88조제2항, 동시행령 제84제1항 규정에 의하여 산출한 노임
6. 계약보증금 : 일금 원정
7. 선 금 : 일금 원정
8. 기성부분금 : ( )월에 1회
9. 지급자재의 품목 및 수량
10. 하자담보책임(복합공종인 경우 공종별로 구분 기재)

| 공 종 | 공종별 계약금액 | 하자보수보증금률(%) 및 금액 | 하자담보책임기간 |
|---|---|---|---|
| | | ( )% 원정 | |
| | | ( )% 원정 | |
| | | ( )% 원정 | |

11. 지체상금률 :
12. 대가지급 지연 이자율 :
13. 기타사힝 :

도급인과 수급인은 합의에 따라 붙임의 계약문서에 의하여 계약을 체결하고, 신의에 따라 성실히 계약상의 의무를 이행할 것을 확약하며, 이 계약의 증거로서 계약문서를 2통 작성하여 각 1통씩 보관한다.

붙임서류 : 1. 민간건설공사 도급계약 일반조건 1부
2. 공사계약특수조건 1부
3. 설계서 및 산출내역서 1부

년 월 일

도 급 인 : 수 급 인 :

주 소 : 주 소 :

성 명 : (인) 성 명 : (인)

# 건설공사 표준하도급계약서(기본, 변경)

1. 발　주　자 :
원도급공사명 :
2. 하도급공사명 :
3. 공 사 장 소 :
4. 공 사 기 간 : 착공　　년　　월　　일
준공　　년　　월　　일
5. 계 약 금 액　: 일금　　　　원정(₩　　　　　)
○ 공급가액　: 일금　　　　원정(₩　　　　　)
(노무비 : 일금　　　　원정)
* 건설산업기본법시행령 제84조 규정에 의한 노무비
○ 부가가치세 : 일금　　　　원정(₩　　　　　)
* 변경전 계약금액 : 일금　　　　원정(₩　　　　　)

6. 대금의 지급
가. 선급금
(1) 계약체결후 (　)일 이내에 일금　　　　원정(₩　　　　　)
(2) 발주자로부터 지급받은 날 또는 계약일로부터 15일 이내 그 내용과 비율에 따름
나. 기성부분금
(1) 월 (　)회
(2) 목적물 수령일로부터 (　)일 이내
(3) 지급방법 : 현금　　%, 어음　　%
다. 설계변경, 경제상황변동 등에 따른 대금조정 및 지급
(1) 발주자로부터 조정받은 날로부터 30일 이내 그 내용과 비율에 따라 조정
(2) 발주자로부터 지급받은 날로부터 15일 이내 지급
7. 지급자재의 품목 및 수량 : 별도첨부
8. 계약보증금 :　　　　원정(₩　　　　　)
9. 하자보수보증금률 :　　%
10. 하자담보책임기간 :
11. 지체상금률 :　　%

당사자는 위 내용과 별첨 공사하도급 계약조건, 설계도 (　)장, 시방서 (　)책에 의하여 이 공사하도급 계약을 체결하고 계약서 2통을 작성하여 각각 1통씩 가진다.

년　　월　　일

| * 원사업자 | * 수급사업자 |
|---|---|
| 주　소 : | 주　소 : |
| 상　호 : | 상　호 : |
| 성　명 :　　　　(인) | 성　명 :　　　　(인) |

<table>
<tr><td colspan="4">입 찰 참 가 신 청 서<br>* 아래 사항중 해당되는 경우에만 기재하시기 바랍니다.</td><td>처리기간<br>즉 시</td></tr>
<tr><td rowspan="3">신청인</td><td>상호 또는 법인명칭</td><td></td><td>법인등록번호</td><td></td></tr>
<tr><td>주 소</td><td></td><td>전 화 번 호</td><td></td></tr>
<tr><td>대 표 자</td><td></td><td>주민등록번호</td><td></td></tr>
<tr><td rowspan="2">입찰개요</td><td>입 찰 공 고<br>(지 명) 번 호</td><td>제 호</td><td>입 찰 일 자</td><td></td></tr>
<tr><td>입 찰 건 명</td><td colspan="3"></td></tr>
<tr><td rowspan="2">입찰보증금</td><td>납 부</td><td colspan="3">• 보증금율 : %<br>• 보 증 액 : 금 원정(₩ )<br>• 보증금납부방법 :</td></tr>
<tr><td>납 부 면 제 및<br>지 급 확 약</td><td colspan="3">• 사유 :<br>• 본인은 낙찰후 계약미체결시 귀청에 낙찰 금액에 해당되는 소정의 입찰보증금을 현금으로 납부할 것을 확약합니다.</td></tr>
<tr><td>대리인 · 사용인감</td><td colspan="2">본입찰에 관한 일체의 권한을 다음의 자에게 위임합니다.<br><br>성 명 :<br>주민등록번호 :</td><td colspan="2">본 입찰에 사용할 인감을 다음과 같이 신고합니다.<br><br>사용인감 ㊞</td></tr>
</table>

본인은 위의 번호로 공고(지명통지)한 귀청의 일반(제한 · 지명)경쟁 입찰에 참가하고자 정부에서 정한 공사(물품구매 · 기술용역)입찰유의서 및 입찰공고사항을 모두 승낙하고 별첨 서류를 첨부하여 입찰참가신청을 합니다.

붙임서류 : 1. 입찰참가자격을 증명하는 서류 사본1통
2. 인감증명서 1통
3. 기타 공고로써 정한 서류

200 . . .

신청인 ㊞

조달청장 귀하

세입세출외현금출납공무원 성명 : ㊞

유가증권취급 공무원 성명 : ㊞

# 현장설명보고서

<table>
<tr><td colspan="4" rowspan="2">현장설명보고서<br><br>작성자 : 작성일 : 년 월 일</td><td rowspan="2">결<br>재</td><td>작성</td><td colspan="2">검 토</td><td>승인</td></tr>
<tr><td>/</td><td>/</td><td>/</td><td>/</td></tr>
<tr><td>현장(공사명)</td><td colspan="2"></td><td>현설 참가자</td><td colspan="5"></td></tr>
<tr><td>공사기간</td><td colspan="2"></td><td rowspan="3">현설<br>참가업체</td><td colspan="5" rowspan="3"></td></tr>
<tr><td>공사면적</td><td colspan="2"></td></tr>
<tr><td>발 주 처</td><td colspan="2"></td></tr>
<tr><td>문 의 처</td><td colspan="2"></td><td rowspan="2">현설<br>담당자</td><td colspan="5" rowspan="2"></td></tr>
<tr><td>설 계 사</td><td colspan="2"></td></tr>
<tr><td>주 소</td><td colspan="8"></td></tr>
<tr><td rowspan="3">견 적</td><td>입찰등록일</td><td></td><td rowspan="2">입찰<br>등록서류</td><td colspan="5" rowspan="2"></td></tr>
<tr><td>제 출 일 시</td><td></td></tr>
<tr><td>제 출 장 소</td><td colspan="7"></td></tr>
<tr><td>입찰방법</td><td colspan="8"></td></tr>
<tr><td rowspan="4">추진현황</td><td rowspan="2">견적기간</td><td colspan="7"></td></tr>
<tr><td colspan="7"></td></tr>
<tr><td rowspan="2">설계기간</td><td></td><td>제출일시</td><td colspan="5"></td></tr>
<tr><td></td><td>제출장소</td><td colspan="5"></td></tr>
<tr><td colspan="3">현설내용</td><td colspan="6">검토사항</td></tr>
<tr><td colspan="3"></td><td colspan="6"></td></tr>
<tr><td>기타사항</td><td></td><td>회<br>람</td><td>설계실</td><td colspan="2">기술공무부</td><td colspan="3">업무부</td></tr>
<tr><td colspan="9">첨부 : 1. 현장설명서 2. 도면 3. 시방서 4. 내역서 5. 기타( )</td></tr>
</table>

# 견 적 서 / ESTIMATE

<table>
<tr><td>CLIENT :</td><td rowspan="4">○ ○ INTERIOR CO.LTD.<br>INTERIOR/ARCHITECTURE/FURNITURE/SIGN<br>TEL :<br>FAX :<br>DATE : 200 년 월 일</td></tr>
<tr><td>PROJECT :</td></tr>
<tr><td>AMOUNT : 일금</td></tr>
<tr><td>다음과 같이 견적을 제출합니다.<br>We are pleased to submit you our Estimate as specified on attached sheet(s)</td></tr>
<tr><td colspan="2">공사기간 / Period<br>200 년 월 일 ~ 200 년 월 일</td></tr>
<tr><td colspan="2">공사장소 및 납품장소 / Destnation or Site</td></tr>
<tr><td colspan="2">비 고 / Remarks</td></tr>
</table>

1. V.A.T 별도

<table>
<tr><td>본 견적서의 유효기간은 30일입니다.</td><td>서울시 강남구 ○ ○ ○<br>(주) ○ ○ ○ 인테리어<br>대표이사 ○ ○ ○</td></tr>
</table>

## • 물량산출조서

| 공사명 | | 작성일 | | 작성자 | |
|---|---|---|---|---|---|
| 번호 | 품 명 | 규 격 | 산 출 식 | 단 | 수 량 |
| | | | | | |
| | | | | | |
| | | | | | |
| | | | | | |
| | | | | | |
| | | | | | |
| | | | | | |
| | | | | | |
| | | | | | |
| | | | | | |
| | | | | | |
| | | | | | |
| | | | | | |
| | | | | | |
| | | | | | |
| | | | | | |
| | | | | | |
| | | | | | |

• **프로젝트 일람표**

| 구분 / No | PROJECT 명칭 | 담당자 | | | | 수주성격 | | | | 주요내용 | | 업무성격 | | | | | | 주요일정 | | | | | 비 고 |
|---|---|---|---|---|---|---|---|---|---|---|---|---|---|---|---|---|---|---|---|---|---|---|---|
| | | 수주자 | PM | PD | 협력자 | 예상 | SER | | | 발주처 | 예상금액 (만원) | TURN-KEY | 설계 | 시공 | 하도 | | | 최초 | 주요행위 (1) | 주요행위 (2) | 주요행위 (3) | 주요행위 (4) | |
| 01 | | | | | | | | | | | | | | | | | | | | | | | |
| 02 | | | | | | | | | | | | | | | | | | | | | | | |
| 03 | | | | | | | | | | | | | | | | | | | | | | | |
| 04 | | | | | | | | | | | | | | | | | | | | | | | |
| 05 | | | | | | | | | | | | | | | | | | | | | | | |
| 06 | | | | | | | | | | | | | | | | | | | | | | | |
| 07 | | | | | | | | | | | | | | | | | | | | | | | |
| 08 | | | | | | | | | | | | | | | | | | | | | | | |
| 09 | | | | | | | | | | | | | | | | | | | | | | | |
| 10 | | | | | | | | | | | | | | | | | | | | | | | |
| 11 | | | | | | | | | | | | | | | | | | | | | | | |
| 12 | | | | | | | | | | | | | | | | | | | | | | | |
| 13 | | | | | | | | | | | | | | | | | | | | | | | |
| 14 | | | | | | | | | | | | | | | | | | | | | | | |
| 15 | | | | | | | | | | | | | | | | | | | | | | | |
| 16 | | | | | | | | | | | | | | | | | | | | | | | |
| 17 | | | | | | | | | | | | | | | | | | | | | | | |
| 18 | | | | | | | | | | | | | | | | | | | | | | | |
| | | | | | | | | | | | | | | | | | | | | | | | |

CONTENTS **업 무 수 행 집 행 결 의 서** 200 . .

《 업무 내용 》

- ■ 발주처 관련사항
  - 발주처
  - 주요 인원
- ■ 용역 내용
  - 위 치
  - 용역범위
  - 주요공정
  - 용역비 관련 도건( 전체 용역비, Rebate, 결재조건 등 )
    - •
    - •
    - •
    - •
  - 기타
- ■ 기타 명기 사항
  - •
  - •
  - •
  - •

《 확인 요망 사항》

- ■ 발주처 및 재정사항
  - •
  - •
  - •
  - •
  - •
- ■ 용역범위 및 단가사항
  - •
  - •
  - •
  - •
  - •
- ■ 자금 및 공정 관련사항
  - •
  - •
  - •
  - •
  - •
- ■ 디자인 및 기술자료 확보사항
  - •
  - •
  - •
  - •
  - •
- ■ 기타
  - •
  - •
  - •
  - •

<담 당>

《 업무수행 준비사항》

| ■ 조직 행정 件 (외부 내부 조직) | ■ 자료확보 件 | ■ 기타 |
|---|---|---|
| • | • | • |
| • | • | • |
| • | • | • |
| • | • | • |

※ 의결사항

■ Project 명 ______________________

NO = ______________________

■ PM =

■ PD =

| ■ | TITLE | APP | 확인 | | DWG | SHT |
|---|---|---|---|---|---|---|

# 月 자금계획 / 집행서

■ 계 획 (INPUT) (OUTPUT)

■ 집 행 (INPUT) (OUTPUT)

| 일자 | 내 용 | 금 액 | 일자 | 내 용 | 금 액 | 일자 | 내 용 | 금 액 | 일자 | 내 용 | 금 액 |
|---|---|---|---|---|---|---|---|---|---|---|---|
| | | | | | | | | | | | |
| 합계 | | | | | | 합계 | | | | | |

| 결재 | 담 당 | 경 리 | 관리부장 | 사 장 | | 감 사 | 담 당 | 경 리 | 관리부장 | 사 장 | | 감 사 |
|---|---|---|---|---|---|---|---|---|---|---|---|---|
| | | | | | | | | | | | | |

# ■ 공사별 정산서

| 결재 | 담당 | 실장 | PM | 기획 | 사장 |
|---|---|---|---|---|---|
| | | | | | |

PROJECT 명 :

NO. :

계약금액 : (부가세 )

| 공종별 | 계획 | 집행 | 비고 | | 공종별 | 계획 | 집행 | 비고 | |
|---|---|---|---|---|---|---|---|---|---|
| | | | 추가내역 | 증감 | | | | 추가내역 | 증감 |
| 직접공사비 | | | | | 현장경비 | | | | |
| | | | | | | | | | |
| | | | | | 일반관리비 | | | | |
| | | | | | •<br>•<br>•<br>•<br>•<br>• | | | | |
| | | | | | 설계비 | | | | |
| | | | | | •<br>•<br>•<br>•<br>• | | | | |
| | | | | | 이윤 | | | | |
| | | | | | •<br>•<br>• | | | | |
| | | | | | 합계 | | | | |

| ■ 업무일지 | 결제 | 담당 | | | 사 장 |
|---|---|---|---|---|---|
| | | | | | |
| 200 . . . 날씨 : | | | | | |

| 근무관계 | | 결근조퇴사유 |
|---|---|---|
| 총 원 | | |
| 결 근 | | |
| 조 퇴 | | |
| | | |
| | | |

긴 급 사 항

- 
- 
- 
- 
- 
- 
- 
- 

◆ 금일업무 주요내용

◆ 명일업무 주용내용

| 입 금 | | | | | 출 금 | | | | |
|---|---|---|---|---|---|---|---|---|---|
| 영수증 | 입금표 | one-line | 적 요 | 금 액 | 적 요 | 금 액 | one-line | 입금표 | 영수증 |
| | | | | | | | | | |
| | | | | | | | | | |
| | | | | | | | | | |
| | | | | | | | | | |
| | | | | | | | | | |
| | | | | | | | | | |
| Total | | | | | Total | | | | |

| 잔 고 | 전일장고 | | (세금)계산서 발행, 접수 현황 | | | | |
|---|---|---|---|---|---|---|---|
| | 당일장고 | | 발행 | 접수 | 상 호 | 금 액 | 내 용 |
| | 은행 | 은행 | | | | | |
| 입금 | | | | | | | |
| 출금 | | | | | | | |
| 전일잔고 | | | | | | | |
| 당일잔고 | | | | | | | |

<table>
<tr><td colspan="4" rowspan="3">회 의 록</td><td rowspan="3">결재</td><td>작성</td><td colspan="2">검토</td><td>승인</td></tr>
<tr><td></td><td></td><td></td><td></td></tr>
<tr><td>/</td><td>/</td><td>/</td><td>/</td></tr>
<tr><td>일시</td><td></td><td>장소</td><td></td><td>주관</td><td colspan="4"></td></tr>
<tr><td>회의명</td><td colspan="3"></td><td>작성자</td><td colspan="4"></td></tr>
<tr><td colspan="3" rowspan="4">참석자</td><td colspan="2">수신처</td><td colspan="4">수신처결재</td></tr>
<tr><td colspan="2" rowspan="3"></td><td>담당</td><td>과장</td><td colspan="2">부장</td></tr>
<tr><td></td><td></td><td colspan="2"></td></tr>
<tr><td>/</td><td>/</td><td colspan="2">/</td></tr>
<tr><td>안건</td><td colspan="8"></td></tr>
<tr><td>회의내용</td><td colspan="8"></td></tr>
<tr><td colspan="9"></td></tr>
</table>

## • 현장관리대장

| 공 사 명 | | | | 계약금액 | |
|---|---|---|---|---|---|
| 발 주 처 | | 현장소장 | | 변경금액 | |
| 공 사 기 간 | | | | 도급액 합계 | |
| 면 적 | | 평당단가 | | 실행예산액/계약금액 | |
| 협의(영업부) | 인 | | | 집행금액/도급액 | |

### 외주 및 자재비 내역

| NO. | 공종명 | 도급내역 | 협력업체명 | 실행예산액 | 집행금액 | 6월 상하반기 | 8월 상반기 | 9월 상반기 | 10월 상반기 |
|---|---|---|---|---|---|---|---|---|---|
| | | | | | | 7월 상하반기 | 8월 하반기 | 9월 하반기 | 10월 하반기 |
| 1 | | | | | | | | | |
| | | | | | | | | | |
| 2 | | | | | | | | | |
| | | | | | | | | | |
| 3 | | | | | | | | | |
| | | | | | | | | | |
| 4 | | | | | | | | | |
| | | | | | | | | | |
| 5 | | | | | | | | | |
| | | | | | | | | | |

| 일일공사일보 | 결재 | 담당 | 현장소장 | 본사공무 |
|---|---|---|---|---|
| | | | | |
| 현장명 : 200 년 월 일 날씨 : | | / | / | / |

| 금일 실시사항 | 금일출력인원 | | | |
|---|---|---|---|---|
| | 직 종 | 인원현황 | 누 계 | 비 고 |
| | | / | / | |
| | | / | / | |
| | | / | / | |
| | | / | / | |
| | | / | / | |
| | | / | / | |
| | | / | / | |
| | | / | / | |
| | | / | / | |
| 명일 실시예정사항 | | / | / | |
| | | / | / | |
| | | / | / | |
| | | / | / | |
| | | / | / | |
| | 계 | / | / | |

| 자재입고현황 | 주요 자재 일일 점검 | 적합 | 부적합 | 기타 |
|---|---|---|---|---|
| | | | | |
| | | 부적합 사유 : | | |

| 특기사항 |
|---|
| |

# 예정공정표

| 공사명 | |
|---|---|
| 공사기간 | |

| NO. | 공종 | 일정 | 9 | | | | | | | | | | | | | 10 | | | | | | | | | | | | | | | | 비고 |
|---|---|---|---|---|---|---|---|---|---|---|---|---|---|---|---|---|---|---|---|---|---|---|---|---|---|---|---|---|---|---|---|---|
| | | 세부사항 | 18 | 19 | 20 | 21 | 22 | 23 | 24 | 25 | 26 | 27 | 28 | 29 | 30 | 1 | 2 | 3 | 4 | 5 | 6 | 7 | 8 | 9 | 10 | 11 | 12 | 13 | 14 | 15 | 16 | | |
| 1 | 목공사 | | | | | | 자재입고 및 먹매김 | | 천장벽체틀조성 | | | 석고취부/합판취부 | | | | 몰딩취부 | | | | | | | | | | | | | | | | | |
| 2 | 타일공사 | | | | | | | | | | | | 자재입고 | | 벽체취부 | | | 바닥취부 | | | | | | | | | | | | | | | |
| 3 | 도장공사 | | | | | | | | | | | | | 천장/벽체PUTTY | | | | COLOR LACQ' 부분도색 | | | | | 외부수성도색(출입구동선) | | | | | | | | | | |
| 4 | 수장공사 | 벽지시공 | | | | | | | | | | | | | | | 자재입고 | | 초배 및 정배시공 | | | | | | | | | | | | | | |
| 5 | | 바닥재시공 | | | | | | | | | | | | | | | | | | | 자재입고 | | FLOOR'G시공 비닐시트시공(각룸) | | | | | | | | | | |
| 6 | 준공청소 | | | | | | | | | | | | | | | | | | | | | | | | | 준공청소마감 | | | | | | | |
| 7 | * 지급자재공정사항 | | | | | | | | | | | | | | | | | | | | | | | | | | | | | | | | |
| 8 | 문틀(시급발주예정 15일) | | | | | 입고 | 설치 | | | | | | | | | | | | | | | | | | | | | | | | | | |
| 9 | 몰딩, 문짝, 가구, 장식 | | 발주 | | | | | | | | | 몰딩입고 | | | | | | | 문짝, 장식입고 | | | 가구입고 | | SETTING | | | | | | | | | |
| 10 | 타 일 | | | | 발주 | | | | | | 자재입고 | | | | | | | | | | | | | | | | | | | | | | |
| 11 | 도 장 | | | | | | 발주 | | | | 자재입고 | | | | | | | | | | | | | | | | | | | | | | |
| 12 | 벽 지 | | | | 발주 | | | | | | | | | | | 자재입고 | | | | | | | | | | | | | | | | | |
| 13 | 실 크 | | | | | | | | | | | | | | | | | | | | 자재입고 | | SETTING | | | | | | | | | | |
| 14 | | | | | | | | | | | | | | | | | | | | | | | | | | | | | | | | | |
| | 설계일정 | | | | | | | | | | | | | | | | | | | | | | | | | | | | | | | | |
| | | | | | | | | | | | | | | | | | | | | | | | | | | | | | | | | | |
| 누계공정률 | | | | | | | | | | | | | | | | | | | | | | | | | | | | | | | | | |

| 공사 실행 내역서 | PROJECT 명 :<br>PROJECT NO : | FILE NAME :<br>200 . . . |
|---|---|---|

| 항 목 | 공사내역 및 금액 ( 단위 : 만원) | | 비 고 |
|---|---|---|---|
| 1. 직접공사비 | 1. 가 설 공 사 | : | |
| | 2. 철 거 공 사 | : | |
| | 3. 토 공 사 | : | |
| | 4. 기 초 공 사 | : | |
| | 5. 철 근 CONC. 공 사 | : | |
| | 6. 조 적 및 치 장 줄 눈 공 사 | : | |
| | 7. 단 열 공 사 | : | |
| | 8. 돌 공 사 | : | |
| | 9. 타 일 공 사 | : | |
| | 10. 목 공 사 | : | |
| | 11. 방 수 공 사 | : | |
| | 12. 지 붕 공 사 | : | |
| | 13. 금 속 공 사 | : | |
| | 14. 미 장 공 사 | : | |
| | 15. 경량천장 및 칸막이공사 | : | |
| | 16. 창 호 공 사 | : | |
| | 17. 유 리 및 코 킹 공 사 | : | |
| | 18. 도 장 공 사 | : | |
| | 19. 수 장 공 사 | : | |
| | 20. 전 기 설 비 공 사 | : | |
| | 21. 위 생 설 비 공 사 | : | |
| | 22. 가 구 공 사 | : | |
| | 23. 기 타 공 사 | : | |
| | 소 계 | : | |
| 2. 현장 경비 | 1. 직 원 급 료 및 수 당 | : | – 현장직원 및 임직 |
| | 2. 산 재 보 험 료 | : | |
| | 3. 기 타 경 비 | : | – 통신, 도서인쇄 및 차량유지비등 |
| | 4. | | |
| | 소 계 | : | |
| | (A) 계 | : | A = 1+2 |
| 3. 일반관리비 | 1. 본 사 유 지 비 | : | ( )% 적용 |
| 4. 설계비 | | : | ( )% 적용 |
| 5. 이윤 | | : | ( )% 적용 |
| | (B) 계 | : | B = 3+4+5 |
| | 합계 (A + B) | | |
| 6. 부가가치세 | | : | ( 별도 : 10% ) |
| 총 공 사 비 | | : | |
| 비 고 | | | |

| 결재 | 담당 | PD/과장 | PM/부장 | 기획 | 사장 |
|---|---|---|---|---|---|
| | | | | | |

# • 공사 집행 내역서

• 현장명 : • PROJECT 명 : • PROJECT NO : 200 . . .

PROJECT 일람표

| 구분 / 공종별 | 계약금액 | 실행내역 | | 집행내역 | | 계약금 | 중도금 | 잔 금 | 비 고 |
|---|---|---|---|---|---|---|---|---|---|
| | | 금 액 | % | 금 액 | % | | | | |
| | | | | | | | | | |
| | | | | | | | | | |
| | | | | | | | | | |
| | | | | | | | | | |
| | | | | | | | | | |
| | | | | | | | | | |
| | | | | | | | | | |
| | | | | | | | | | |
| | | | | | | | | | |
| | | | | | | | | | |
| | | | | | | | | | |
| | | | | | | | | | |
| | | | | | | | | | |
| | | | | | | | | | |
| | | | | | | | | | |

| 물품 구입 청구 / 발주서 | | 결재 | 작성 | 검토 | | 승인 |
|---|---|---|---|---|---|---|
| | | | | | | |
| 현장명 | | | / | / | / | / |
| 전화번호 | | 본사 | 주식회사 ○○ INTERIOR | | | |
| 수신처 | | | 서울시 강남구 ○ ○ ○ | | | |
| 담당자/TEL | | | TEL : 123-1234 FAX : 123-1234 | | | |

| NO | 품명 | 규격 | 단위 | 수량 | 단가 | 금액 | 비고 |
|---|---|---|---|---|---|---|---|
| | | | | | | | |
| | | | | | | | |
| | | | | | | | |
| | | | | | | | |
| | | | | | | | |
| | | | | | | | |
| | | | | | | | |
| | V.A.T | | | | | | |
| | 계 | | | | | | |

| 발주업체 | 견적금액 | 1차내정가 | 2차내정가 | 비고 |
|---|---|---|---|---|
| | ₩ | ₩ | ₩ | |

| 발 주 일 | | 결재조건 | |
|---|---|---|---|
| 인 수 일 | | 첨 부 물C | □ 무 □ 유( ) |

1. 위 주문서는 납품 계약서와 준함

2. 납 품 ①납품업자(이하 "을"이라 칭함)는 주문서 인수후 물가 폭등 등의 사유로 발주처인 ㈜○○○(이하 "갑"이라 칭함) 에게 가격의 변경 또는 납품을 거절할 수 없으며 납품된 물품으로 인하여 발생되는 민형사상의 모든 책임을 진다.

3. 지체 상금 ①"을"은 "갑"이 정한 기일내에 물품의 선부 또는 일부를 납품하지 못할 경우 미납 물품 대금에 대한 일당 3/1000에 상당하는 금액을 계산하여 지체상금으로 "갑"에게 납부하여야 한다.

②지체상금이 발생한 경우는 "갑"은 "을"에게 지불할 물품의 대금에서 공제 또는 상계처리하며 "을"은 이의를 제기 하지 못한다.

200 년 월 일

상기와 같이 주문합니다.

작 성 자 :

현장소장 : (인)

## • (　　)월 하도급 기성 신청서

- 현 장 명 :
- 작 성 일 :
- 현장 소장 :

| NO | 공종명 | 업체명 | 계약 금액 | 전회 기성 | 금회 기성 | 기성 확정액 | 공정률(%) | 기성누계 | 잔 액 |
|---|---|---|---|---|---|---|---|---|---|
| 1 | | | | | | | | | |
| 2 | | | | | | | | | |
| 3 | | | | | | | | | |
| 4 | | | | | | | | | |
| 5 | | | | | | | | | |

# (　　) 노무비 지급 명세서

| 기간 | 년　월　일부터(　) | 현장명 | |
|---|---|---|---|
| | 년　월　일까지　일간 | 공정명 | |

| 직종<br>직책 | 성 명 | 주민번호 | 주 소 | 1 | 2 | 3 | 4 | 5 | 6 | 7 | 8 | 9 | 10 | 11 | 12 | 13 | 14 | 15 | 16 | 출력<br>일수 | 노무비<br>단가 | 노무비<br>총액 | 세 액 | | | 차감지<br>급액 | 영수인 |
|---|---|---|---|---|---|---|---|---|---|---|---|---|---|---|---|---|---|---|---|---|---|---|---|---|---|---|---|
| | | | | 17 | 18 | 19 | 20 | 21 | 22 | 23 | 24 | 25 | 26 | 27 | 28 | 29 | 30 | 31 | | | | | 소득세 | 방위세 | 주민세 | | |
| | | | | | | | | | | | | | | | | | | | | | | | | | | | |
| | | | | | | | | | | | | | | | | | | | | | | | | | | | |
| | | | | | | | | | | | | | | | | | | | | | | | | | | | |
| | | | | | | | | | | | | | | | | | | | | | | | | | | | |
| | | | | | | | | | | | | | | | | | | | | | | | | | | | |
| | | | | | | | | | | | | | | | | | | | | | | | | | | | |
| 소 개 | | | | | | | | | | | | | | | | | | | | | | | | | | | |

# (시정 · 예방) 조치 요구서

<table>
<tr><td>발행번호</td><td colspan="2"></td><td>발행일자</td><td colspan="3">년 월 일</td></tr>
<tr><td>책임부서</td><td colspan="2"></td><td>발행동기</td><td colspan="3">□ 품질감사 □ 현장조사 □ 기타</td></tr>
<tr><td>적용기준</td><td colspan="2"></td><td colspan="2">(시정·예방)조치기한</td><td colspan="2"></td></tr>
<tr><td>제 목</td><td colspan="3"></td><td>작성자</td><td colspan="2"></td></tr>
<tr><td colspan="7">지적내용(요구조건 및 지적사항) :</td></tr>
<tr><td>면담자 확인</td><td colspan="2"></td><td>책임부서장 확인</td><td colspan="3"></td></tr>
<tr><td colspan="7">(시정 · 예방)조치내용 :</td></tr>
<tr><td>작성자</td><td></td><td>검토자</td><td></td><td>책임부서장 승인</td><td colspan="2"></td></tr>
<tr><td colspan="7">(시정 · 예방)조치결과 검토 : □ 만족 □ 불만족<br>불만족 사유 및 재시정 요구사항.<br><br>검토일자 :</td></tr>
<tr><td>검토자(감사자)</td><td colspan="3"></td><td>승 인</td><td colspan="2"></td></tr>
</table>

# 안 전 각 서

본인은 현장에서 근무하는 기간 동안 산업안전보건법 제25조에서 명시한 근로자의 의무규정을 준수하고 아래의 안전사항을 철저히 준수하여 안전사고 예방에 적극적으로 참여할 것을 각서합니다.

— 아 래 —

1. 현장에 출근시부터 퇴근시까지 항상 안전모를 착용하고 턱끈을 조인다.
2. 작업중에는 규정된 복장 및 안전화를 착용한다.
3. 흡연은 지정된 장소에서만 하며 보행중이거나 작업중에는 절대로 흡연을 금한다.
4. 근무시간중에는 음주행위는 절대로 금한다.
5. 공사중 윈치박스나 리프트카에는 절대로 탑승하지 않는다.
6. 현장에서 실시하는 안전교육이나 훈련에 적극 참여한다.
7. 현장내에 있는 분전함이나 전선 등에 함부로 손대지 않는다.
8. 출입이 금지된 장소에는 출입을 금하고 위험한 행동은 하지 않는다.
9. 현장소장 및 현장시공담당자 등의 지시사항에 순응하며 지시사항에 즉각 시정조치한다.
10. 목공품 절단기 용접기 등의 모든 기계는 함부로 손대지 않는다.
11. 고소작업시에는 반드시 안전벨트를 착용한다.

200 년 월 일

주 소 :

주민등록번호 :

성 명 : (인)

귀 중

# 준 공 계

공 사 명 :

공사 금액 :

착공년월일 : 200 년 월 일

준공년월일 : 200 년 월 일

상기와 같이 공사가 준공되었기에 준공계를 제출합니다.

200 년 월 일

첨 부 :

첨 부 :

주 소 :

성 명 : 대표이사

귀 하

## [부록 5] 설계용역관계 서식

# 실내건축 표준설계 계약서

설 계 명 :

위　치 :　시　구　동　가　번지　호
　　　　　도　시군　면　리

용　도 :

설계면적 :

위 용도의 실내건축설계를 하기 위하여 설계의뢰자(이하 '갑' 이라 한다)는 실내건축가(이하 '을' 이라 한다)에게 설계업무를 위촉함에 있어서 사단법인 한국실내건축가협회의 실내건축 업무 및 보수기준과 윤리강령, 윤리규정에 의거하여 다음과 같이 계약을 체결한다.

제 1 조 설계보수액은 일금　　　　원정으로 한다.

제 2 조 '갑' 은 계약을 체결할 때에 '을' 에게 계약금으로 제1조의 설계보수액의 30%를 지불하고 설계업무 진행에 따라 30%를 중간불로 지불해야 하며 잔액은 설계완료시 지불한다.(실내건축협회 보수기준 3조 5항 참조)

제 3 조 설계업무 실행기간은 계약일로부터　　　일간으로 한다.
(　　년　　월　　일로부터　　년　　월　　일까지)
단, 다음 각 호의 경우에는 설계기간을 '갑' 과 '을' 이 협의하여 업무실행기간을 연장할 수 있다.

1. 천재지변 또는 이에 준하는 부득이한 사유가 발생한 때
2. 갑이 계획을 변경하거나 또 관계법규가 개정되었을 때

제 4 조 '갑' 이 '을' 에게 위촉하는 설계업무는 실내건축가협회 보수기준 제2조 사항 중 다음 각호의 내용 중에서 '갑' '을' 쌍방이 협의하여 채택하고 그 외의 부분은 삭제한다.

1. 기획설계

가. 의뢰자의 의도, 목적, 기본방침에 관하여 일반적인 협의, 필요한 자료의 조사

검토

나. 입지조건, 건물의 상태, 이용자등 제 조건의 조사, 검토 및 계획의 조정

다. 관계법령에 따라 기술적 제 문제에 관한 협의 조정

라. 기본구상, 운영방침, 시설개요, 공기, 예산배분 등을 표시하는 계획도서의 작성

2. 기본설계

가. 설계 이미지 스케치

나. 평면도, 전개도, 천장 평면도, 일반 단면도

다. 설계 설명서

라. 공사비 계산서 및 공정 개요서

3. 실시설계

가. 평면도, 전개도, 상세도의 작성

나. 상품, 전시품들의 배치, 공간구성, 연출에 따르는 도서 작성

다. 가구 집기구의 배치 및 선정

라. 공사시방서 및 특기시방서

마. 공사 시 명세서

바. 관계법령에 따른 허가 수속에 따른 협력

제 5 조 '갑' 은 '을' 이 실내 설계업무를 수행하는데 필요한 다음 각호의 자료를 요구할 때에는 지체 없이 제공하여야 한다.

1. 설계 진행에 필요한 자료
2. 각종 관련도면(건축, 설비, 전기, 조경)

제 6 조 '을' 이 업무를 수행하는 동안 '갑' 이 계획을 변경하거나 관계법규의 개정으로 인하여 이미 진행한 설계업무의 상당한 수정 또는 재설계를 요할 때는 '갑' 은 '을' 에게 한국실내건축가협회 보수기준(3조3항)에 의하여 보수액을 추가로 지불하여야 한다.

제 7 조 '을' 이 작성한 설계도서의 하자로 인하여 실내공사 진행중 문제점이 발생되었을 때에는 '을' 의 책임 하에 이를 해소시켜야 한다.

제 8 조 '갑' 은 '을' 에게 다음 각호의 사항을 의뢰하고자 할 때에는 실제 소요경비를 별도로 우선 지급하여야 한다.

1. 제5조의 자료를 위탁하는 경우
2. 본 업무 수행을 위하여 출장할 경우
3. 본 업무 수행을 위하여 각종 시험 등이 필요한 경우
4. 해외 기술자문을 필요로 할 경우

5. 실내모형, 투시도의 제작을 요하는 경우
6. 제9조의 납품도서의 이외 추가로 요청하는 경우

제 9 조 '을' 은 '갑' 에게 완성된 설계 도서를 청사진으로 3부 작성하여 계약기간내에 납품하여야 한다.

제10 조 설계도서의 저작권은 '을' 에게 귀속되며 '갑' 은 본 설계도서로서 다른 위치에 재사용할 수 없다.

제11 조 '갑' 은 제1조의 보수금액을 완불하지 아니하고는 본 계약에 의한 도서를 행사하거나 사용할 수 없다.

제12 조 '갑' 은 설계계획의 전체 또는 일부의 실시를 중지하거나 폐지하는 경우라도 이미 수행한 업무에 대한 보수는 한국실내건축가협회 보수기준에 의하여 '을' 에게 지불하여야 한다.

제13 조 '을' 이 정당한 사유 없이 설계업무를 지연시켰을 때에는 설계 보수액에 대하여 매 1일마다 1000분의 2에 해당하는 지체상금을 '갑' 에게 지불하여야 한다.

제14 조 본 계약에 의하여 발생되는 권리 의무는 상호간의 승인 없이 제3자에게 양도 또는 해지할 수 없다. 다만, '갑' '을' 공히 고의적으로 계약이행을 태만히 하거나 계약이행의 능력이 없어졌다고 인정되었을 때에는 상대방에 문서로 통지한 후 협의하여야 하며, 통지일로부터 30일 이내에 협의가 되지 않을 때에는 일방적으로 계약을 해지할 수 있다.

제15 조 이 계약에 기재되지 아니한 필요한 사항은 별지에 명시하여 첨부하고 업무진행중 이의가 생길 때에는 법상 해석이나 관례에 따라 '갑' '을' 이 협의하여 결정한다.

상기 예약을 증빙하기 위하여 본 계약서 2통을 작성하여 '갑' '을' 이 서명 날인하고 각 1통씩 보관한다.

년 월 일

설계의뢰인(갑)
주 소 :
성 명 : 인

실내건축가(을)
사무소 소재지 :
사 무 소 명 :
대 표 자 명 : 인

# 실내건축가 업무 및 보수기준

## 1. 총 칙

### 1.1 목적

이 기준은 실내건축가(이하"설계자")가 타인의 의뢰를 받아 업무를 수행함에 있어서 준수하여야 할 기준과 그 업무에 관하여 의뢰자에게 청구할 수 있는 보수 및 기타 이에 부수하여 체결하는 계약의 기준을 정함을 목적으로 한다.

### 1.2 계약

설계자가 타인으로부터 1.3의 규정에 의한 설계업무의 의뢰를 받을 때에는 이 기준에 의하여 계약서를 작성하여야 한다.

### 1.3 자료의 요구

설계자는 의뢰받은 업무를 수행함에 있어서 필요한 다음 각호의 자료를 업무 진행상의 소요시간 내에 제공할 것을 의뢰자에게 요구할 수 있다.

1) 설계대상물의 구체적 용도와 이에 관련된 의뢰자의 요구사항.

2) 건축물의 설계도 또는 현황도 및 이에 따른 각종 시설의 현황을 표시하는 자료.

3) 기타 업무의 수행에 필요한 자료.

### 1.4 저작권, 기타

설계자가 작성한 설계도는 당해 계약대상 건에 한하여 사용하며 그 저작권은 설계도서의 인도, 공사의 실시여부에 불구하고 이를 작성한 설계자에게 귀속한다. 단 3.4규정에 의한 설계의 구분별로 단계적 설계를 하거나, 설계변경 또는 공사감리를 함에 있어서 원 설계자가 이를 계속 수행할 의사가 없거나, 이를 할 수 없는 부득이한 사유가 있는 경우에는 그 저작권에 의한 원상유지권, 개작권 및 실시권을 주장하지 아니할 것을 약정하여야 한다.

### 1.5 기준의 해석

이기준의 해석에 의의가 있는 경우에는 한국실내건축가협회 이사회(이하"이사회")의 해석에 따른다.

# 2. 업 무

## 2.1 업무의 범위

설계자가 행하는 업무의 범위는 다음과 같다.

1) 건축물의 실내건축설계
2) 공사의 감리

## 2.2 설계 및 공사감리 업무

건축물의 실내건축설계 및 감리업무는 다음 각호에 정하는 단계별로 구분하여 행한다. 다만 간단한 설계를 하는 경우에는 직접 기본 설계를 할 수 있으며 이 경우에는 기획설계를 병합설계한 것으로 본다.

1) 기획설계
2) 기본설계
3) 실시설계
4) 공사감리

## 2.3 기획설계

기획설계라 함은 1.3의 규정에 의하여 의뢰자로부터 제공받은 자료를 참작하고 의뢰자와 협의한 후 기본조건을 정리하여 기획도서를 작성하는 업무로서 다음 내용으로 한다.

1) 의뢰자의 의도, 목적, 기본방침에 관하여 일반적인 협의, 필요한 자료의 조사, 검토.
2) 입지조건, 건물의 상태, 이용자 등 제조건의 조사, 검토 및 계획의 조정.
3) 관계법령에 따라 기술적 제 문제에 관하여 필요에 따라서 관계관청 또는 전문기술자와의 협의 및 계획의 조정.
4) 기본구상 · 운영방침 · 시설개요 · 공기 · 예산배분 등을 표시하는 계획도서의 작성.

## 2.4 기본설계

기본설계라 함은 2.3의 규정에 의하여 입안된 계획설계를 기초로 하여 실시설계의 기본이 되는 도서를 작성하는 업무로서 다음 내용으로 한다.

1) 설계구상을 스케치 · 투시도 등으로 작성.
2) 평면도, 입면도, 천장평면도, 일반단면도의 작성.
3) 설계 설명서의 작성.
4) 공사비 계산서 및 공정개요서의 작성.

## 2.5 실시설계

실시설계라 함은 2.4의 규정에 의하여 작성한 기본설계를 기초로 하여 공사의 실시에 필요하고 또 공사비 내역서의 작성을 위하여 필요한 실시설계도서를 작성하는 업무로서 다음 내용으로 한다.

1) 평면도 · 입면도 · 상세도의 작성.
2) 상품 · 전시품 등의 배치, 공간구성, 연출에 관한 도서의 작성.
3) 가구, 집기구의 배치 및 선정.
4) 전기 및 제 설비에 관한 일반도면.
5) 공사시방서의 작성
6) 공사비 명세서의 작성
7) 관계법령에 따른 허가수속에 따른 협력

## 2.6 공사감리

공사감리라 함은 2.5의 규정에 의하여 작성한 실시설계 및 공사계약에 기초를 두고 공사의 결과를 확인하는 업무로서 다음 내용으로 한다.

1) 공사 시공자가 제출한 공사비 명세서의 검토
2) 공사 시공자가 제출한 시공도, 사용재료, 마감견본, 시작품, 공정표의 검사 및 필요한 지도.
3) 공사 시공자가 설계도서, 공사시방서 및 공사계약서의 내용과 일치하여 시공하는지의 여부를 확인, 검사하고 이와 일치하지 않을 경우 이의 시정을 요구
4) 공사시공의 실시과정에서 발생하는 문제에 대한 취합조정 및 공사변경의 경우, 변경도서의 작성 및 공사금액 변경의 처리
5) 공사 시공자가 제출한 공사비 지불청구서를 심사 승인
6) 공사 시공완료시의 준공검사

## 2.7 감리자의 면책사유

감리자가 공사감리를 하는 기간중에 발생하는 다음과 같은 행위는 감리자의 책임으로 보지 아니한다.

1) 공사 시공자의 의뢰자간의 공사계약 조건의 불이행
2) 공사 시공자, 그 현장 대리인이나 그 고용인이 고의 또는 과실로 행한 행위.
3) 2.6, 3호의 규정에 의한 조치를 하였음에도 불구하고 공사 시공자가 감리자의 지시에 따르지 아니하고 계속 시공하는 행위

## 2.8 특별업무

설계자는 2.1 의 규정에 의한 업무 이외에 다음과 같은 업무를 수행할 수 있다.

1) 가구, 집기류의 설계
2) C.I.P그래픽의 설계

3) 조명기구의 설계
4) 실내건축외의 조경 및 옥외 시설물의 설계
5) 전기, 설비의 상세 설계
6) 기타 실내건축 설계와 관련된 제반사항

## 3. 설계 및 감리업무의 보수

### 3.1 설계 및 감리업무의 보수

실내건축가의 설계 및 감리업무에 대한 보수는 다음 각 항의 정하는 바에 의하여 산출한 금액을 최저한도로 하여 설계자와 의뢰자가 협의하여 정한다.

1) 설계업무의 보수는 공사비 총액에 별표"1"설계 업무 보수요율표의 해당요율을 곱한 금액(이하"설계기준 보수액")으로 한다.
2) 감리업무의 보수는 원 설계자가 감리업무를 겸한 경우 제1호의 규정에 의하여 산출한 설계기준 보수액에 30%를 곱한 금액으로 한다.
3) 1동의 건물 안에 2이상의 용도가 다른 실내공간을 만들 경우의 설계감리 업무의 보수는 각방마다 제1호의 규정에 의하여 산출한 설계기준 보수액을 합산한 금액으로한다.
4) 1동의 건물 내에 동일한 설계에 의하여 2이상의 방을 만들 경우의 설계업무의 보수는 다음 식에 의하여 산출한 금액으로 한다.

$$F = AR \{ 0.75 (1+1/2+1/3+ \cdot \cdot \cdot \cdot \cdot 1/N) + 0.25N \}$$

F : 설계업무의 보수
A : 기분이 되는 1방의 공사비
R : A에 대한 별표"1"의 설계업무 보수요율
N : 방의 수

5) 4호와 동일한 경우의 감리업무 보수는 다음 식에 의하여 산출한 금액으로 한다.

$$F = K \{ 0.75 (1+1/2+1/3+ \cdot \cdot \cdot \cdot \cdot 1/N) + 0.25N \}$$

F : 감리업무의 보수
K : 기준이 되는 1방의 감리비
N : 방의 수

### 3.2 공사비의 산출

3.1의 규정에 의하여 보수액을 산출함에 있어서 적용하는 공사비의 총액은 다음과 같이 정한다.

1) 설계자가 설계 당시의 시가를 기준으로 하여 산출한 당해 공사에 필요한 자재비, 노무비, 제 역무비 및 제 잡비의 합산액으로 한다.
2) 제1항의 규정에 의하여 공사비 예산액을 산출함에 있어 의뢰자가 자재 또는 노력을 제공하는 경우, 이를 시가로 환산하여 공사비 예산액을 산출한다.

### 3.3 보수액의 증액

다음 각호의 1에 해당하는 경우에는 3.1의 규정에 의하여 산출된 보수액(이하"소정보수액")에 각 해당호의 정하는 금액을 가산한다.

1) 의뢰자가 설계자에게 실내건축의 설계 또는 감리를 의뢰하되 구조, 설비, 조경, 가구 기타2.1의 규정이외의 설계 또는 감리를 제3자에게 분리하여 의뢰하고 설계자에게 실내건축의 설계 또는 감리와 관련하여 전체를 종합조정하게 하는 경우에는 소정 보수액의 20%상당액.
2) 설계자가 타인이 설계한 공사의 감리만을 의뢰받은 경우에는 3.1, 2호의 규정에 의하여 산출한 감리업무 보수액의 50% 상당액.
3) 의뢰자가 2인 이상의 설계자에게 공동으로 설계, 감리업무를 하도록 의뢰한 경우에는 소정보수액의 25% 상당액.
4) 설계도서 및 감리업무에 외국어를 사용하거나 병용하는 경우에는 소정보수액의 20% 상당액.
5) 외국에서 시공하는 경우의 설계, 감리업무는 제4호의 규정에 관계없이 소정보수액의 50% 상당을 최저한도로 하여 의뢰자와 설계자와 의뢰자가 협의하여 정하는 금액.
6) 설계변경(구조, 용도, 면적, 설비 등을 변경하는 것을 말함)이 있을 경우 다음 각항의 규정에 의하여 산출된 금액을 최저한도로 하여 설계자가 협의하여 정하는 금액.
   가. 설계변경된 부분의 합계가 이미 진행된 설계량의 50%를 초과하는 경우에는 소정보수액의 40% 상당액.
   나. 설계변경된 부분의 합계가 이미 진행된 설계량의 50% 이하인 경우에는 소정보수액의 30% 상당액.
7) 제작도면(드로잉)을 요구하는 경우에 설계 기준보수액의 20% 상당액.

### 3.4 보수액의 단계별 구분

1) 설계자가 의뢰자로부터 설계업무를 단계별로 분리하여 의뢰를 받은 경우에는 소정보수액(3.1의 가산 사유가 있는 경우에는 동 가산액을 포함한다)에 다음 표의 정한 비율을 곱한 금액을 그 보수액으로 한다.

   기획설계 : 설계기준 보수액의 20%

   기본설계 : 설계기준 보수액의 40%

실시설계 : 설계기준 보수액의 60%

### 3.5 보수액의 지급방법

1) 설계자는 설계업무의 계약시 또는 업무수행 기간 중 다음 표의 정한 비율에 의하여 분할 지급받을 수 있다.

   계약과 동시 : 보수총액의 30%

   기본설계 완료시 : 보수총액의 30%

   실시설계 완료시 : 보수총액의 40%

2) 설계자가 3.4의 규정에 의하여 설계를 단계적으로 구분하여 의뢰받은 경우 다음 표의 정한비율에 의하여 분할 지급 받을 수 있다.

   계약과 동시 : 보수총액의 30%

   설계업무 수행중 : 보수총액의 30%

   설계 완료시 : 보수총액의 40%

3) 공사의 규모가 작거나 의뢰자와의 협의가 이루어진 경우는 제1항의 규정에 관계없이 보수액 전액을 일시불로 받을 수 있다.

### 3.6 보수 이외의 비용

다음 각호의 1에 해당하는 경우에는 의뢰자는 설계 또는 감리업무 보수 이외에 각 해당호의 정하는 비용을 부담한다. 그 비용액의 산출방법에 관하여는 3.8 의 규정을 그 지급방법에 관하여는 3.5 의 규정을 각각 적용한다.

1) 의뢰자의 요구에 의하여 상주 감리보조원을 두는 경우에는 그 인건비, 현장사무비 및 기타 제 경비.
2) 의뢰자 또는 공사 시공자의 책임 또는 재해에 의하여 업무가 추가되는 업무의 보수.
3) 1.3의 규정에 의하여 의뢰자가 제공하여야 할 자료를 설계자에게 확보 의뢰하거나 현장을 실측하여 현황도를 작성하는 경우에는 그에 소요되는 경비.
4) 설계자 또는 그 보소원이 업무의 수행을 위하여 국내 또는 해외에 출장하는 경우에 그에 소요되는 경비.
5) 2.3 내지 2.5의 규정에 의한 설계도서 이외의 채색된 투시도 또는 모형의 제공을 요구하는 경우에는 그에 소요되는 비용.
6) 전기, 구조, 설비, 음향, 공기조화, 기계장치 등의 상세설계 기타 특별한 조사연구를 요구하는 경우에는 그에 소요되는 비용.
7) 시설자금의 보조 또는 융자신청에 필요한 서류의 작성을 요구하는 경우 그에 소요되는 비용.

8) 다음 기재하는 부수를 초과하여 설계도서의 추가부수 제출을 요구하는 경우에는 그에 소요되는 비용.

가. 기획설계도 3부

나. 기본설계도 3부

다. 실시설계도 5부

라. 공사시방서, 공사비 내역서 각 3부

별표 "1" 설계업무 보수 요율표

| 번호 | 종 별 | 500만까지 | 1,000만까지 | 2,000만까지 | 5,000만까지 | 1억까지 | 2억까지 | 5억까지 | 10억까지 | 15억까지 | 20억까지 | 25억까지 | 30억까지 | 50억이상 |
|---|---|---|---|---|---|---|---|---|---|---|---|---|---|---|
| 01 | * 학교 및 문화교육시설<br>* 공장의 작업실<br>* 연구소 및 부대시설 | 13.0 | 11.3 | 10.6 | 10.2 | 9.3 | 8.8 | 7.7 | 6.4 | 5.7 | 5.4 | 5.3 | 5.2 | 5.0 |
| 02 | *관청, 은행, 회사, 특수사무실 및 일반 사무실 등의 업무공간<br>*병원, 보건소 등의 의료공간 | 16.0 | 14.4 | 12.8 | 12.3 | 11.9 | 10.7 | 9.4 | 8.5 | 7.9 | 7.0 | 6.5 | 6.2 | 6.0 |
| 03 | * 주택, 아파트, 별상, 빌라, 원룸 등의 주거공간<br>* 호텔 판매점, 요식점, 서비스점외 상업공간<br>* 클럽하우스,사우나 및 체육운동시설<br>* 유치원, 도서관 | 19.0 | 17.0 | 15.0 | 14.5 | 14.0 | 12.6 | 11.0 | 10.0 | 9.4 | 8.2 | 7.6 | 7.4 | 7.0 |
| 04 | *음악당, 강당, 극장 등의 공연장<br>*교회, 예식장, 연회장, 공회당, 회의장 등의 집회공간 | 19.5 | 17.5 | 16.0 | 15.0 | 14.5 | 12.8 | 11.5 | 11.0 | 9.8 | 8.5 | 8.3 | 8.1 | 8.0 |
| 05 | *공항, 역사, 터미널 등의 교통시설공간 | 22.0 | 20.0 | 18.0 | 17.4 | 16.8 | 15.1 | 13.2 | 12.0 | 11.3 | 9.5 | 9.3 | 9.0 | 8.5 |
| 06 | *박물관, 미술관, 화랑, 기념관, 민속관, 박람회 등의 전시 디자인 | 25.5 | 22.0 | 20.0 | 18.0 | 17.4 | 16.8 | 15.1 | 13.2 | 12.0 | 11.3 | 9.8 | 9.1 | 8.5 |
| 07 | *선박, 항공기의 객실류<br>*환경디자인 시설물 | 제 1류에서 제 6류에 상당하는 요율의 20% 증 | | | | | | | | | | | | |

### 3.7 특별업무의 보수

2.8 의 규정에 의한 특별업무의 보수는 3.8 의 규정에 의한 실비보상 가산식에 의하여 산출한 금액으로 한다.

3.8 실비보상 가산식의 산정방법

실비보상 가산식의 보수는 다음 산정방법에 의하여 산출한다.

보수액 = {(직접비+간접비)+보상비}

직접비 : 업무를 수행하는데 필요한 급여, 시설비, 소모품비

간접비 : 직접비를 제외한 제 경비

보상비 : 직접비와 간접비의 합계액의 25% 이상.

### 3.9 인건비

3.6 내지 3.8의 규정에 의하여 비용을 산출함에 있어서 적용한 인건비, 여비의 기준액은 이사회가 정한다.

# [부록 6] 재료와 가구

## 1. 목재

### 1.1 목재의 분류

| | | |
|---|---|---|
| 수종에 따른 분류 | 침엽수 | • 건축 · 구조용재, soft wood<br>• 전나무, 노송나무, 소나무, 낙엽송, 잣나무, 측백나무 등 |
| | 활엽수 | • 치장 · 가구재, hard wood<br>• 오동나무, 밤나무, 느티나무, 벚나무, 단풍나무, 떡갈나무 등 |
| 용도에 따른 분류 | 수장용재 | 일반구조용 수장재, 창호재, 가구재 |
| | 구조재 | 건축시 골조용재 |
| 건조에 따른 분류 | 목재를 건조할 때는 수종에 따라서 건조 특성이 다르므로 건조와 관련된 목재의 성질에 따라 적절한 건조방법을 적용한다. | |
| 취재방법에 따른 분류 | 정목(柾目) | • "곧은 결재" (quarter sawn)<br>• 나뭇결이 세로로 평행하여 완성면이 아름답다. |
| | 판목(板目) | • "널 결재" (flat swan)<br>• 나이테의 방향을 무시하고 자른 것. |

### 1.2 목재의 취급단위

| | |
|---|---|
| 치수의 기본단위 | 푼(3mm), 치(30mm), 자(300mm) |
| 체적 단위 | $m^3$, L, 才, 石, bf로 취급되나, 주로 才(사이) 사용 |
| 길이 단위 | 6자, 9자, 12자, 15자, 18자 등으로 구분되나 주로 12자 사용 |

### 1.3 가공목재의 분류

| | |
|---|---|
| 각 재 | • 두께의 60mm 미만, 너비는 두께의 3배 미만.<br>• 두께 너비가 75mm 이상인 것. |
| 합 판 | • 1장 이상의 단판(veneer)을 섬유방향이 직교하도록 겹쳐서 접착제로 붙여 만든 제품.<br>• 3 · 6자, 4·8자 등으로 규격화 |
| MDF | • 톱밥을 가공해서 목재의 리그닌(lignin) 단백질을 이용하여 목재섬유를 고착시켜 만든 인조 목재판.<br>• 깔끔한 마감이 요구될 때 사용. |
| 파티클 보드 | 작은 조각의 목재를 건조시켜 합성수지 접착제를 첨가하여 열압제판한 보드로서 칩보드(chip board)라고도 한다. |
| 코어합판 | 각재의 양면에 베니어를 붙인 합판 |

| | |
|---|---|
| 집성목 | 목재를 일정한 각재로 켠 다음 섬유방향을 서로 평행시켜 접착제로 집성. |
| 코펜하겐 리브 | • 덴마크 코펜하겐 방송국에서 사용되면서 그 명칭이 유래.<br>• 음향효과와 더불어 장식적 효과. |
| 무늬목 | 원목을 종이처럼 얇게 가공한 제품. |
| 마루판재 | 나무를 소재로 인공 건조한 바닥용 판재제품. 종류로는 원목마루, 온돌마루, 강화마루 등이 있다. |
| 몰딩재 | 기단, 문설주, 주두, 아치 등의 모서리나 표면을 두드러지거나 오목하게 만드는 장식. 종류로는 원목몰딩과 래핑몰딩이 있다. |

# 2. 석재

## 2.1 석재의 분류

| | | |
|---|---|---|
| 화성암 | 화강암 | 쑥돌이라고도 불리며 심성암에 속하고 주성분은 석영(30%), 장석(65%), 운모(3%), 각섬석, 휘석 등이 있다. |
| | 안산암 | • 성분이 복잡하므로 색과 성질이 각각 다르다.<br>• 내화적이고 석질이 극히 치밀하여 구조용 석재로 널리 쓰인다. |
| | 감람석 | 담홍색의 내화도가 높은 다공질석으로 경량골재와 내화재료로 사용된다. |
| | 화산암 | 부석(浮石)이라고도 하며 화산에 분출된 암장이 급냉각하여 응고된 다공질로, 회백색이나 담홍색이고 경량골재 및 내화재로 사용된다. |
| 수성암 | 사 암 | 석영질의 모래가 지중에 퇴적되어 교착재에 의해 응고, 경화된 것. |
| | 점판암 | • 점토분이 지압과 지열로 변질 응고된 것.<br>• 슬레이트, 외벽, 마루 등에 쓰이며 숫돌, 비석 등에도 사용. |
| | 응회석 | • 화산에서 분출된 화산재가 쌓여 응고된 것.<br>• 특수 장식재나 경량골재, 내화재 등에 사용. |
| | 석회석 | • 화성암 중의 석회분이 물에 녹아 바다 속에 침전되어 퇴적, 응고된 것.<br>• 도로포장용 자갈로 사용. |
| | 사문암 | 감람석 중에 있던 철분, 석회분이 변질되어 적갈색의 반점을 가진 것으로 판재에 이용된다. |
| 변성암 | 대리석 | • 석회암이 변화되어 결정화 한 것으로 고급호텔 백화점 매장의 내부재료로 이용된다.<br>• 표준두께는 20mm, 25mm, 40mm, 50mm가 있다. |
| | 트래버틴 | 석질이 불균일하고 다공질이며 황갈색의 반문이 있고 아치가 있어 특수 내장재로서 사용. |
| | 석 면 | 섬유상으로 된 암석으로 보통의 석재와는 성질과 용도가 전혀 다르며 단열재에 쓰인다. |
| 인조석 | • 대리석, 사문암, 화강암 등의 쇄석을 백색 포틀랜드시멘트에 안료를 섞어 바른 후 바이브레이터로 다져 성형한 천연석의 모조품.<br>• 테라초, 종석, 수지계인조석, 질석 펄라이트 등이 있다. | |

### 2.2 석재의 가공법

| | |
|---|---|
| 혹떼기 | • 쇠메로 쳐서 대강 다듬는 정도로 큰 혹만을 떼어버리고 조잡한 면을 그대로 둔 것이다.<br>• 이 석재는 자연미가 있고, 건물의 외관을 장중하게 보여준다. |
| 정다듬 | 정으로 곱게 다듬어서 표면이 고르고 평평하게 한다. |
| 도드락다듬 | 망치 끝에 작은 도드락 혹이 있어 이것으로 석재 표면을 다듬으면 작은 곰보도 다 없어지고 매우 고르고 평평한 면이 된다. |
| 잔다듬 | 양날이 있는 날망치도 일정방향으로 다듬어 표면을 균일하게 한 것. |
| 물갈기 | 고운 잔다듬한 면에 물을 뿌리고 연마기로 갈아서 광택을 낸다. |
| 버너구이마감 | 산소불로 고열의 불꽃을 분사하여 표면을 태운 후 급랭하여 거친 면을 만드는 것. |

## 3. 금속재

### 3.1 금속재의 분류

| | | |
|---|---|---|
| 철금속<br>(철강) | 탄소강 | • 탄소 함유량에 따라 구분.<br>• 주철(3.0~3.5%), 강(0.1~1.5%), 연철(0.03% 이하) |
| | 특수강<br>(합금강) | 탄소 함유량이 많은 특수용도의 탄소강과 다른 금속을 첨가해서 강의 특성을 개량한 합금강. |
| 비철금속 | 동과 합금 | • 동(Copper): 구리<br>• 황동(Brass): 구리와 아연의 합금<br>• 청동(Bronze): 구리와 주석의 합금 |
| | 알루미늄과<br>합 금 | • 알루미늄: 다른 금속재에 비하여 매우 가볍다.<br>• 두랄루민: 알루미늄에 구리, 마그네슘 등의 금속을 첨가. |
| | 니 켈 | 은백색의 광택을 지닌 금속. |

### 3.2 금속재의 종류

| | | |
|---|---|---|
| 판 재<br>(plates) | 스틸<br>(steel plate) | 실내용으로는 아연이 들어있는 탱크에 철판을 넣고 표면에 얇은 아연 층을 입힌 아연도금철판이 주로 사용. |
| | 스테인리스스틸 판<br>(stainless steel plate) | • 표면 특유의 마감, 녹이 슬지 않으므로 도장 등의 후속 마감공정이 불필요하여 최종 마감재로 사용.<br>• 표면마감의 종류로는 헤어라인(hair line)마감법과 밀러(mirror)마감법이 있다. |
| | 알루미늄 판<br>(aluminium plate) | 다른 판재에 비해 경량으로 하중이 적어야 하고 기밀성을 요하는 곳에 사용. |
| 파이프재 (pipes) | 파이프재는 단면형태에 따라 사각, 육각, 원형 등으로 나눌 수 있다. | |
| 봉재 (bar) | • 봉재에는 각봉과 환봉이 있다.<br>• 봉재와 파이프는 외형적으로 형태가 같아 보인다. | |

| 평철재<br>(steel flat bar) | • 평철재는 폭에 비해 두께가 얇은 납작한 바 형태.<br>• 미관상의 목적으로 사용. |
|---|---|
| 형강재 | 실내건축 분야에서는 I빔, H빔 종류가 구조적인 보강 및 장식적인 용도로 주요 사용. |

# 4. 미장재료

## 4.1 미장재료의 종류

| 흙바름 구법 | 흙질의 바탕을 찰진 진흙을 이겨 바르는 바탕. |
|---|---|
| 시멘트 모르타르 | 시멘트를 고결재로 하고 모래를 골재로 하여 이를 혼합해서 물 반죽하여 쓰는 마감재료. |
| 회반죽 | 소석회에 모래, 해초풀, 여물 등을 혼합하여 바르는 마감재. |
| 석고 플라스터 | 분열한 소석고를 물로 비비면 구울 때 소실한 물에 상당하는 물과 결합하여 경화한다. |

## 4.2 인조석 테라초 마감

| 인조석 바름 | 모르타르 바름 바탕을 한 위에 종석과 시멘트와 안료, 돌가루 등을 배합, 반죽하여 바르고 씻어내기, 갈기 및 잔다듬 등으로 마무리 한 것. |
|---|---|
| 테라초 현장바름 | 알이 크고 좋은 종석을 쓰며, 갈기 횟수를 늘려 잘 갈아낸 인조석. |

# 5. 점토소성 제품

## 5.1 점토소성 제품의 분류

| 벽 돌<br>(brick) | 보통벽돌 | • 진흙을 소성하여 만든 것으로 검정벽돌과 붉은 벽돌이 있다.<br>• 규격: 길이 190mm, 나비 90mm, 두께 57mm |
|---|---|---|
| | 경량벽돌 | 저급점토, 목탄가루. 톱밥 등으로 혼합, 성형한 후 소성함. |
| | 내화벽돌 | • 내화성이 높은 원료인 내화점토로 만든 벽돌.<br>• 내화도가 1,500~2,000°C정도인 황백색 벽돌.<br>• 규격: 230×74×65 |
| | 특수벽돌 | • 이형벽돌: 형상, 치수가 특이한 벽돌.<br>• 오지벽돌: 오짓물을 칠해 구운 치장벽돌.<br>• 포도벽돌: 도로나 바닥에 까는 두꺼운 벽돌.<br>• 검정벽돌: 불완전연소로 소성하여 빛깔이 검게 된 벽돌.<br>• 광재벽돌: 소석회를 혼합하고 물 반죽한 후 경화시켜 제작. |
| 테라코타 | 구운 흙을 의미하며 공동(空胴)의 대형 점토제품. | |

| | | |
|---|---|---|
| 타 일 | 내장타일 | 건식성형의 도기질로 디자인, 그림 등을 넣은 다양한 타일, 두께 4~8mm |
| | 외장타일 | 내후성을 지녔고 주로 자기질, 두께 5~15mm |
| | 바닥타일 | 보행성이 좋으며 자기질 타일과 석기질 타일이 주로 사용. |
| | 모자이크타일 | 타일1개의 크기가 55×55mm 이하의 타일을 유닛화 한 것, 두께: 4~8mm |
| 기타 타일 | 쿼리타일 | 붉은색 타일로 저온에서는 색상이 파괴되므로 저온 소성. |
| | 보 더 | 주재료는 돌가루이고 타일과 만드는 과정은 같지만 시유처리가 안된 것. |
| | 클링커 타일 | 보통 60×230mm 의 크기이며 내 · 외장용으로 사용. |
| | 스크래치 타일 | 습식 성형인 때 표면에 걸쇠무늬를 낸 것. |
| 위생도기 | 대변기, 소변기, 세면기, 정수조, 개수기, 목욕조, 음수기, 수채통 등이 있다. | |

# 6. 합성수지

## 6.1 합성수지의 분류

| | | |
|---|---|---|
| 열가소성수지 | 아크릴수지 | 투광성이 크고 내후성이 양호하며 착색이 자유롭다. |
| | 염화비닐수지 | 강도 · 전기절연성 · 내약품성이 양호하고 가소재에 의하여 유연고무와 같은 품질이 되며 고온 · 저온에 약함. |
| | 초산비닐수지 | 무색투명, 접착성이 양호, 각종 용제에 가용, 내열성이 부족. |
| | 비닐아세탈수지 | 무색투명, 밀착성이 양호. |
| | 메틸메타크릴수지 | 무색토명, 강인, 내약품성이 상당히 크다. |
| | 스티롤수지 (폴리스티렌) | 무색투명, 전기절연성 · 내수성이 대단히 양호함. |
| | 폴리아미드수지 (나일론) | 강인하고 잘 미끄러지며 내마모성이 큼. |
| | 셀룰로이드 | 투명, 가소성, 가공성이 양호하나 내열성이 없다. |
| 열경화성수지 | 페놀수지 | 강도 · 전기절연성 · 내산성 · 내열성 · 내수성 모두 양호하나 내알칼리성이 약함. |
| | 요소수지 | 대체로 페놀수지의 성질과 유사하나 무색으로 착색이 자유롭고 내수성이 약간 약함. |
| | 멜라민수지 | 요소수지와 같으나 경도가 크고 내수성은 약함. |
| | 알키드수지 | 접착성이 좋고 내후성이 양호, 성형이 가능, 전기적 성능이 우수함. |
| | 불포화 폴리 에스테르수지 | • 전기절연성 · 내열성 · 내약품성이 좋고 제압성형이 가능함.<br>• 유리섬유를 보강재로 한 것은 대단히 강인함. |

| | | |
|---|---|---|
| | 실리콘수지 | 열전연성이 크고 내약품성 · 내후성이 좋으며 전기적 성능이 우수함. |
| | 에폭시수지 | 급속의 접착성이 크고 내약품성이 있으며 내열성이 우수함. |
| | 우레탄수지 | 열절연성이 크고 내약품성이 있으며 내열성이 우수함. |
| | 규소수지 | 내열성 · 전기절연성 및 발수성이 양호하고 다소 고가임. |
| | 프란수지 | 내약품성 · 접착성이 양호, 흑색임. |

## 6.2 플라스틱 제품

| | | |
|---|---|---|
| 판상제품 | F · R · P | 유리에 비해서 경량이고 열에 대해서 안정적이며 강도도 크고 내충격이 우수하다. |
| | 멜라민 | 열과 수분에 대해 저항력이 있어 목재 패널의 마감재로 쓰인다. |
| | 염화비닐수지 | 빛과 투과성은 F · R · P보다 크지만 강도는 F?R?P보다 작으며 2년 정도에 황색으로 변질, 노화한다. |
| | 적층 플라스틱 | 열에 의해 주입 및 경화되는 수많은 합성층으로 이루어진다. |
| 바닥재 | 타일류 | 비닐타일, 전도성타일, 러버타일 등이 있다. |
| | 시트류 | 비닐시트, 알트로(altro), 마모륨 등이 있다. |
| 레자 필름 | 비닐레자 | 인조가죽, 합성피혁은 염화비닐에 가소제를 넣어 잘 이겨서 안료와 안정제를 혼합하여 만든 것. |
| | 인테리어 필름 | 염화비닐 소재로서 특수가공한 필름에 첨난 인쇄기술을 이용하여 다양한 패턴과 무늬, 컬러, 질감을 표현한 것. |
| 아크릴 | 유리의 대용품으로 사용되며 색, 투명성, 표면질감이 다양하다. | |

# 7. 마감재

## 7.1 벽지의 분류

| | | |
|---|---|---|
| 소재별 분류 | 종이벽지 | 인쇄벽지, 엠보스벽지, 지사벽지 |
| | 비닐벅시 | 발포비닐벽지, 실크엠보스벽지, 게미컬벽지 |
| | 섬유벽지 | 직물벽지, 스트링벽지, 부직포벽지 |
| | 초경벽지 | 갈포벽지, 완포벽지, 아바카벽지, 황마벽지, 해초벽지 |
| | 목질계 벽지 | 코르크벽지, 무늬목벽지, 수지가공 단판벽지 |
| | 무기질벽지 | 질석벽지, 금속박벽지, 유리섬유벽지 |
| 제조방법에 의한 분류 | 인쇄방법 | 플렉스 인쇄, 그라비아 인쇄, 로터리스크린 인쇄 |
| | 발 포 | 비닐벽지, 발포벽지, 질석벽지 |
| | 엠 보 스 | 비닐실크벽지, 종이, 엠보스벽지, 금속박벽지, 부직포벽지 |
| | 염색가공 | 선염, 후염, 표면염색. |
| | 나염가공 | 오버프린팅, 이지나염. |
| | 제직벽지 | 평직, 문직 |

## 7.2 카펫의 종류

| | |
|---|---|
| 손짜기 단통 | 호화롭고 품위 있는 융단으로 감촉이 우수하고 품질도 최고급이다. |
| 윌튼 카펫 | 기계짜기 카펫 중에서 가장 튼튼하고 내구성이 좋으며, 무게가 많고, 무늬는 5색까지 색사를 사용할 수 있다. |
| 엑스민스터 카펫 | 20~30색의 풍부한 색실을 사용하여 재직되는 것으로 복잡한 무늬나 부드러운 음영이 있는 분위기를 짜낼 수 있다. |
| 터프티드 카펫 | 대량생산이 가능하므로 값이 싸고 수용가 많지만 내구력이 다소 떨어진다. |
| 훅 러그 | 바탕천 위에 무늬모양을 그리고, 그 선을 따라 수동의 피스톨 형 훅 머신을 사용하여 파일사를 바탕천에 수놓아 심는다. |
| 니들펀치 카펫 | 부직포 카펫의 일종으로 섬유를 얇게 편 막 모양의 웨브를 많은 비늘로 찔러넣어 웨브의 섬유를 얽어서 펠트상으로 한 것. |
| 코드 카펫 | 부직카펫으로 바탕천에 출렁임이 붙은 펠트.<br>보통 카펫보다 감촉이 딱딱하고 탄력성이 부족하다. |

## 7.3 커튼의 종류

| | |
|---|---|
| 드레이프커튼 | 평직, 능직, 주자직이 기본으로서 두터운 커튼을 총칭한다. |
| 레이스커튼 | 외부로부터 프라이버시를 지키는데 효과가 있다. |
| 케이스몬드커튼 | 투시성을 가지며 레이스보다 튼튼하고 따스함이 있다. |
| 프린트커튼 | 가장 일반적인 커튼으로 빛을 어느 정도 통하므로 눈막이, 일조조절 등에 사용한다. |
| 방염커튼 | 난연성 유리섬유 등을 짜 넣은 것과 폴리에스테르 바탕천에 방염제를 뿜칠한 후 가공한 것이 있다. |
| 방음커튼 | 나일론 80%, 레이온 20% 의 프록 생지에 특수한 수지를 바른 것으로 소리를<br>막는 성능이 좋다. |

## 7.4 블라인드(blind)의 종류

| | |
|---|---|
| 베니스식 블라인드 | 수평으로 늘어선 날개의 각도조절, 승강조작에 따라 일조와 통기를 조절할 수 있다. |
| 버티컬 블라인드<br>(vertical blind) | 세로로 루버를 늘어놓은 것으로서 루버가 180° 회전한다. |
| 롤 블라인드<br>(roll blind) | 기본파이프 양끝에 짜놓은 스프링의 힘을 이용하여 스크린을 감아 올리거나 내리는 것. |
| 패널 스크린<br>(panel screen) | 가장 단순한 창문장식이다. |
| 장 지 | 종이를 통해 직사광선을 부드럽게 하고 광선을 투과, 확산시키며 기밀성, 단열, 보온효과가 커튼보다 뛰어나다. |
| 발 | 기후 풍토에 적합한 소재를 사용한 전통적인 스타일. |
| 아코디언커튼 | 주름상자 모양의 스크린을 신축하는 칸막이. |

# 8. 기타

## 8.1 도료의 분류

| | | |
|---|---|---|
| 페인트 | 유성페인트<br>수성페인트<br>에나멜페인트<br>에멀션페인트<br>아스팔트페인트 | 안료+건성유(+건조제)<br>안료+아교, 카세인, 전분+물<br>안료+유성바니시(+건조제)<br>안료+아교, 카세인+소량의 건성유<br>아스팔트+휘발성용제 |
| 바니시 | 유성바니시<br>랙(바니시)<br>래커 | 수지+건성유(+건조제)<br>천연수지+휘발유 용제<br>합성수지+용제+안료 |
| 합성수지 도료 | 용제형<br>에멀션안료<br>무용제형 | 합성수지+용제+안료<br>합성수지+유화제+물+안료<br>합성수지+중화제+안료 |
| 칠 | 생칠<br>정칠 | 칠나무에서 채취된 그대로의 칠<br>생칠을 가열 정제한 것 |

## 8.2 접착제의 종류

| | |
|---|---|
| 단백질계 접착제 | 동물성 단백질, 식물성 단백질 |
| 고무계 접착제 | 천연고무, 네오프랜, 치오콜 |
| 합성수지계 접착제 | 페놀수지 접착제, 에폭시수지 접착제, 요소수지 접착제, 비닐수지 접착제, 멜라민수지 접착제, 실리콘수지 접착제 |
| 아스팔트 접착제 | 타일, 시트, 루핑, 싱글 등의 접착용으로 사용. |
| 기타 접착제 | 해초류, 옻, 규산소다, 클로르포름. |
| 퍼 티 | 연한 유성도료의 일종으로 물체표면의 흠이나 갈라짐, 구멍 등을 메꾸어 표면을 평탄하게 하는데 사용. |
| 코킹재 | 부재의 접합부에 기밀과 수밀을 위한 충전 재료. |

## 8.3 유리의 종류

| | |
|---|---|
| 보통판유리<br>(sheet glass) | 표면이 제조된 그대로의 평활한 면을 가진 것. |
| 무늬유리<br>(embossed glass) | 투명유리의 한 면에 무늬를 만들어 장식적 효과를 내고 시선차단을 위한 것. |
| 마판유리<br>(polished glass) | 판유리를 연마 가공하여 평활하게 만든 것으로 투시성 및 투염성이 우수한 고급품이다. |

| | |
|---|---|
| 망입유리<br>(wire glass) | • 유리내부에 금속 망을 삽입하고 압착 성형한 판유리.<br>• 도난 및 화재방지에 유용하다. |
| 복층유리<br>(pair glass) | 단열, 방서, 방음효과가 크고 결로 방지용으로 우수하다. |
| 강화유리<br>(tempered glass) | 내충격 강도 및 하중 강도가 보통 판유리보다 3~5배 높고 휨 강도는 6배 정도이다. |
| 반사 유리<br>(reflected glass) | 유리표면에 일정두께의 반사막을 입힌 유리로 태양열을 30% 정도 반사한다. |
| 접합유리<br>(laminated glass) | 투명 플라스틱 필름을 유리 사이에 접합시킨 안전유리, 자동차, 기차, 선박 등의 창유리. |
| 유리블록<br>(glass block) | • 건조공기를 봉입한 진공 유리블록<br>• 열전도가 벽돌의 1/4 정도여서 실내의 냉난방에 효과가 있다. |
| 착색유리<br>(stained glass) | 각종 색유리를 도안에 맞추어 작은 유리로 절단하고 조합하여 무늬나 그림을 나타낸 판유리. |

### 8.4 시멘트의 종류

| | |
|---|---|
| **포틀랜드시멘트** | 보통 포틀랜드시멘트, 조강 포틀랜드시멘트, 중용열시멘트 |
| **혼합시멘트** | 고로시멘트, 실리카시멘트, 플라이애시시멘트 |
| **특수시멘트** | 알루미나시멘트, 팽창시멘트 |
| **기타 시멘트** | 메이슨리시멘트, 마그네시아시멘트, AE 포틀랜드시멘트 |

## 9. 가구

### 9-1 가구의 유형

| 계 열 | 종 류 | 가 구 | 용 도 |
|---|---|---|---|
| 휴식계 | 의자류 | 암 체어 | 팔걸이가 있고 등받이 각도도 95~105°C로 기울어진 의자로 편안하여 휴식, 담소, 독서용으로 적합. |
| | | 사이드 체어 | 팔걸이가 없고 무게와 크기가 작아 이동이 간편하여 보조의자로도 사용. |
| | | 라운지 체어 | • 크기가 다소 크고 볼륨감이 있으며 좌판도 약간 낮다.<br>• 등받이에 편히 기대고 앉아 휴식, 담소에 적합. |
| | | 스태킹 체어<br>폴딩 체어 | 가볍고 형태가 동일하여 운반과 설치, 수납이 쉬운 기능적 의자로서 공연장, 회의장 등에 사용. |
| | | 소파 | • 카우치(couch)라고도 부르며 2~3명이 앉을 수 있는 의자.<br>• 목재 프레임이 있거나 프레임 없이 천이나 가죽, 비닐 등으로 씌운다. |

| | | | |
|---|---|---|---|
| | | 시스템 의자 | • 일정 크기의 하나의 좌석을 기초로 형태, 길이를 변화시켜 연결 배치하는 모듈화 된 의자.<br>• 역, 비행장, 종합병원 등 다수를 위한 공용공간에 사용. |
| | 테이블류 | • 커피테이블, 사이드테이블, 엔디테이블 등이 있으며 의자에 앉아서 이루어지는 작업을 보조하거나, 꽃이나 조각 등의 장식품을 전시하는 용도로 쓰인다.<br>• 상판의 형태는 원형, 타원형, 사각형으로 하나 자유곡선형도 있다. | |
| 작업계 | 테이블류 | 책상 | • 한쪽에만 서랍이 있는 편수 책상과 양쪽에 서랍 또는 수납장이 있는 양수책상이 있다.<br>• 높이는 720~750mm 정도가 적당하며 키보드용에는 650mm가 적당하며 깊이는 750~900mm 로 작업하기에 적당한 깊이여야 한다. |
| | | 회의용 테이블 | • 사용용도와 공간의 크기, 사용인원수, 사용자의 기호에 따라 다양한 형태와 크기와 재질이 정해진다.<br>• 높이는 700~720mm 정도로 약간 낮은 것이 좋다. |
| | | 작업대 | • 단순히 작업을 위한 테이블로 부엌, 사무실, 작업실 등에서 사용된다.<br>• 높이는 700~730mm가 적당하고 편리하고 튼튼해야 한다. |
| | | 안내용 카운터 | 출입구 가까운 곳에 위치하며 입구에 들어서서 가장 먼저 보이는 곳이므로 전면부분의 디자인이 중요하다.<br>안내원의 책상과 안내받는 사람을 위한 카운터가 결합되어 있는 이중구조가 일반적이며 1000~1050mm, 정도 길이의 일체식 독립가구로 구성된다. |
| | | 수납용 카운터 | • 상점 카운터 같은 독립가구와 은행과 같은 길게 연결된 카운터 두 종류로 구분된다.<br>• 높이는 1000~1050mm 정도이며 상판의 너비는 300~450mm 정도가 적당하다 |
| | | 조리용 카운터 | • 일반 부엌에서 사용되는 조리용 작업대의 높이는 850mm 정도가 적당하다.<br>• 음식점에서의 조리용 카운터는 조리대와 손님식사용 카운터의 이중구조이다. |
| | | 세면대 | • 하부에 수납장을 설치하고 상판에 구멍을 내어 세면기를 설치한다.<br>• 세면대의 높이는 750~800mm 정도이며 깊이는 600~650mm 가 적합하다. |
| | | 데스크 체어 | • 작업에 빠르게 임할 수 있도록 회전이 가능하고 이동이 편리하도록 다리에 회전바퀴를 부착한다.<br>• 작업과 약간의 휴식을 위해 등받이의 각도를 90~105° 정도로 조절할 수 있도록 한다. |
| 취침계 | 침대류 | 침대 | • 크기에 따라 킹(1800~2000), 퀸(1500~1600), 슈퍼싱글(1150~1200), 싱글(900~1000) 등이 있다.<br>• 높이는 스타일에 따라 다양하나 400~450mm정도가 적당하다. |
| | | 이층 침대 | 어린이 방이나 기숙사 등의 좁은 공간의 효율성을 높이기 위하여 설치하는 벙크 베드(bunk bed)이다. |

| | | | |
|---|---|---|---|
| | | 소파 베드 | 평소에 소파로 사용하다가 필요시에 좌판을 잡아당기고 등판을 뉘어 침대로 전환시키는 침대. |
| | 보조류 | 나이트 테이블 | 침대 옆에 놓여지는 수납장으로 크기는 500 정도의 원형 또 사각형의 형태로 높이는 500mm 정도가 적합하다. |
| 수납계 | 모듈러 시스템 | 붙박이장 | 옷이나 물품을 수납하기 위해 일정크기로 분리하여 용도에 딸 선반과 서랍을 구성하여 조합한 조립식 수납장. |
| | | 주방용 수납장 | 수납과 작업을 함께 할 수 있도록 구성된 시스템 수납장으로 상 · 하부장으로 나누며, 하부장은 850mm 높이가 적합하다. |
| | | 드레서 (dresser) | 하부 서랍장 위에 선반이 있고 거울이 달린 화장대 |
| | | 아르모아 (armoire) | 커다란 두 짝의 여닫이문이 달린 옷장으로 워드로브(ward lobe)로도 불린다. |
| | | 크레덴자 사이드보드 | 750~850mm 높이의 다양한 형태로 접시나 테이블보, 냅킨 등을 넣기 위한 수납장. |
| | | 비루 | 앞면의 문을 앞으로 내리면 내려진 문의 안쪽 면이 책상이 되는 라이팅 캐비닛. |

## 9-2 가구의 배치

| | | |
|---|---|---|
| 가구의 선택 | 편안한 가구 | 인간공학적 고려에 의하여 인간에게 형태적, 기능적, 심리적으로 최대의 편리함을 서비스할 수 있도록 디자인 된 가구의 선택이 필요하다. |
| | 스케일과 스타일 | 공간과 스케일이 잘 맞는지, 또 형태적인 면에서 공간과 잘 어울리는지 잘 검토해야 한다. |
| | 유지관리 | 효율적인 사용을 위해서 주택, 상업공간, 사무공간, 주거공간 등의 공간기능과 용도에 합당한 소재를 채용하여 유지관리가 편리한 가구의 선택이 필요. |
| | 기능의 고려 | 가구의 배치는 일정공간에서 가능한 모든 행위를 편하게 할 수 있도록 계획. |
| | 동선의 고려 | 효율적인 공간은 효율적인 동선의 해결에서 이루어지며 효율적인 동선을 잘 계획된 가구의 배치에서 이루어진다. |
| | 인체공학적 고려 | 가구를 배치할 때는 가구와 벽과의 간격, 가구와 가구와의 간격, 가구와 사람과의 간격이 인체 계측치에 의해 고려되어야 하다. |
| | 심리적 고려 | 영역성이나 근접성은 가구를 고를 때나 배치할 때 고려해야 할 중요한 특성으로, 개성과 인식의 심리적 차이점을 잘 배려해야 한다. |

## 9-3 가구의 구조

| | |
|---|---|
| 안정성 | 바닥에 접하는 하부 구조물이 넓거나 무거울수록 중력의 중심은 낮아지며 가구는 보다 더 안정적으로 서있게 된다. |
| 견고성 | 재료의 적절한 선택, 각 부분의 조화 및 균형 있는 결합, 사용 시에 예상되는 외부적 압력을 고려해야 한다. |

<table>
<tr><td>압력</td><td>압력이 가해지는 경우 가구 이음새가 가장 큰 영향을 받게 되는데, 이는 힘이 모이는 지점이 되기 때문이다.<br>가구 디자인은 이러한 외부적 힘과 강도에 대한 파악과 이에 대한 구조적 설계가 필요하다.</td></tr>
<tr><td>전단응력</td><td>전단응력은 재료의 구성요소들이 각기 다른 방향으로 힘을 받을 때 형성되는 압력이다. 모서리의 이음새 등은 나무못을 사용해야 하고 접합면적을 넓게 하여 압력이 분산되도록 해야 한다.</td></tr>
<tr><td>휨</td><td>판재의 두께, 조립이나 지지대 사이의 간격과 보의 방향을 바르게 놓으면 휨 현상을 방지할 수 있다.</td></tr>
<tr><td>보강</td><td>가구의 뒤틀림을 방지하기 위하여 가구의 한쪽 면을 완전히 편평한 면에 고정시키거나, 연결된 두 개의 모서리에 보강재를 대는 방법이 있으며, 옆 면 판재에 홈을 따서 뒤판이나 중간에 선반 등을 끼워 넣어 변형을 방지할 수 있다.</td></tr>
</table>

## 9-4 가구의 재료

<table>
<tr><td rowspan="8">주재료</td><td rowspan="2">목재가구</td><td>천연목재</td><td>• 침엽수: 활엽수보다 가볍고 유연하다.<br>더글러스퍼, 로지우드 파인, 레드우드, 스프러스, 슈가 파인 등이 있다.<br>• 활엽수: 외관이 아름답고 광택이 좋아 가구와 장식재로 이상적이다. 참나무, 자작나무, 티크, 호두나무, 오리나무, 물푸레나무, 너도밤나무, 벚나무, 느릅나무, 마호가니 등이 있다.</td></tr>
<tr><td>가공판재</td><td>• 합판: 3매 이상의 얇은 나무판재를 섬유방향이 직교하도록 홀수로 붙여서 붙여 만든 판으로 잘 갈라지지 않고 뒤틀림이 없다.<br>• 파티클 보드(particle board): 작은 나무조각과 톱밥에 접착제를 섞어서 높은 온도와 일정한 압력으로 성형하여 만든 판재.<br>• MDF(Medium ensity Fiberboard): 대패공법으로 만든 장섬유 펄프와 톱밥에서 섬유질 속의 수지를 제거하고 정제한 다음, 접착제와 방수제를 첨가하여 반죽한 후 열압, 건조시킨 제품.</td></tr>
<tr><td rowspan="6">금속재<br>가구</td><td>선철</td><td>주철이라고도 하며 무르며 녹이 슬기 쉽고 부식성이 강하나 주조성이 좋아 세밀한 부분까지 가공할 수 있다.</td></tr>
<tr><td>강철</td><td>강도가 높고 가공성이 좋으나 녹스는 성질 때문에 절단하여 반제품을 만든 후, 에나멜이나 크롬으로 마감처리하거나 광택제나 페인트 등으로 보호막 처리해야 한다.</td></tr>
<tr><td>구리합금</td><td>독특하고 다양한 색채를 지니고 있으며, 합금의 형태로 쓰인다. 가구용으로는 황동과 청동이 있다.</td></tr>
<tr><td>알루미늄</td><td>경금속으로 산소와 결합하여 산화피막을 형성하므로 잘 변질되지 않으며 표면광택이 좋다. 주물가공이 쉽고 가벼워 탁자나 의자의 골격, 가구의 장식적 부품에 주로 사</td></tr>
<tr><td>뼈대<br>기초탄력재</td><td>단단한 목재 외에 합판, 플라스틱, 금속, 스피링, 밴드, 패드</td></tr>
</table>

| | | | |
|---|---|---|---|
| | | 속재료 | 마직물과 모슬린, 말털, 이끼, 야자섬유 면, 폴리우레탄 폼. |
| | | 표면 마감재 | 직물, 비닐, 가죽 |
| | 부자재 | 경첩 (hinge) | • 가구의 측판과 문짝을 연결하여 개폐하는 용도.<br>• 나비경첩, 숨은경첩, 플랩경첩, 유리경첩, 피벗경첩, 피아노경첩 등이 있다. |
| | | 서랍레일 (drawer rail) | • 서랍 개폐용으로 측판과 서랍에 부착하여 사용 .<br>• pvc레일, 우드 레일, 스틸 레일, 스틸 볼 레일, 키보드 레일 등이 있다. |
| | | 조립식 연결철물 (knock down fittings) | • 시스템가구에 주로 사용하며, 외부에 보이지 않는 장점이 있으나 구조적으로 약한 것이 단점이다.<br>• 미니픽스, 라픽스, 에버픽스, 커넥팅 볼트와 너트, 링 볼트와 너트 등이 있다. |
| | | 셀프 서포트 (self support) | 책상이나 장식장의 이동 선반을 지지하는 곳에 사용하며, 플라스틱과 스틸 서포트가 있다. |
| | | 캐치와 래치 (catch, latch) | 문짝을 몸체와 고정시켜 열리지 않도록 하며 자석을 이용한 마그네틱 캐치와 몸체에 붙은 버튼을 눌러서 고정시키는 래치가 있다. |
| | | 손잡이 (knob) | 가구의 문짝이나 서랍에 부착하여 개폐용으로 사용하며, 목재, 플라스틱, 금속장식 등이 있다. |
| | | 열쇠 (lock) | 옷장, 이불장, 책상서랍의 잠금장치 용도로 사용하며, 센트럴로크(사무용가구), 푸시로크(옷장, 이불장) 등이 있다. |
| | | 글라이드 (glide) | • 가구의 측판 하부에 부착하며, 바닥과 마찰시 파손되지 않고 수평유지 및 조종용도로 사용.<br>• 볼트와 너트로 이루어지고 높낮이를 조절할 수 있게 되어 있다. |
| | | 기타 | 러너(runner), 나사못(screw), 옷걸이(hanger), 환기통(ventilator), 넥타이걸이(tie hanger), 다리바퀴(ball caster)등. |

## 9-5 가구의 제작

| | | | |
|---|---|---|---|
| **제작 공정** | 제1공정 | 패널 접합 | 가구의 몸체가 되는 각 부분을 1차 가공하여 심재와 합판을 접착하고 각 부분을 보드(board)로 만든다. |
| | 제2공정 | 절단 | 가구의 몸체가 되는 보드의 정확한 절단 및 몰딩, 나무못 제작, 서랍, 전판 및 측판 절단 등의 작업. |
| | 제3공정 | 세공 | 보드를 조립할 수 있도록 보링을 하고 하드웨어를 부착하기 위한 홈을 파고 나무못을 박는다. |
| | 제4공정 | 접착, 연마 | 에지몰딩이나 천판부분의 몰딩을 보드의 모서리부분에 접착시키고 연마기로 다듬는다. |
| | 제5공정 | 도장 | 접착, 연마가 끝난 각 보드를 무늬목 제품에 한하여 도장을 하며 하도, 중도의 도장공정을 거친다. |

| | | |
|---|---|---|
| | 제6공정 | 조립, 검사, 포장 / 최종 조립단계를 거쳐 검사단계로 넘어가서 합격제품에 한하여 포장해서 출고한다. |
| | 둥근톱기계 | 목재의 날이 지나가도록 밀어 자르거나 켤 수 있으며, 경사 조절 장치를 원하는 각도로 맞추면 각도 작업도 할 수 있다. |
| | 티톱기계 | 띠 모양의 톱날을 상하 톱니바퀴에 걸어 회전시킴으로써 곡선형태로 절단하는 기계. |
| | 실톱기계 | 실과 같이 가는 톱날을 상하로 움직여 부재의 내부나 자유곡선 형태를 절단하는 기계. |
| | 손밀이 대패기계 | 목재를 정반 위에 올려놓고 누르면서 대패로 밀어 앞정반과 대팻날 끝 높이 차이만큼 목재의 평면과 직각 면을 깎고 고르는 기계. |
| 기계의 종류 및 특성 | 벨트 샌더 (belt sander) | • 가공된 부재를 조립하기 전 연마할 때 사용하는 기계.<br>• 거친 샌드페이퍼에서 점점 고운 샌드페이퍼로 연마하여 표면을 깔끔하게 마무리한다. |
| | 각끌기계 (mortising machine) | 일감을 결합할 때 드릴을 회전시킴으로써 목재에 서너 번 밀어 넣어 사각형 구멍을 따내는 수동식 기계. |
| | 드릴 프레스 (drill press) | • 판재나 각재에 구멍을 내는데 사용한다.<br>• 나무못을 박을 경우에는 구멍의 깊이는 판재의 반을 넘지 않도록 한다. |
| | 휴대용 전기톱 | 두께가 얇은 목, 판재를 직선이나 곡선으로 자를 수 있는 휴대용 공구. |
| | 휴대용 전기실톱 | 탁상용 띠톱처럼 톱날이 상하로 움직여 일감을 자르거나 내부를 자를 때 사용하는 공구. |
| | 휴대용 전기루터 | 직선이나 곡선의 절삭뿐만 아니라 구멍뚫기, 홈파기, 조각 등도 할 수 있다. |
| | 휴대용 전기대패 | 대패 날을 회전시켜 수평면이나 15~45° 경사각으로 목재의 거친 면을 다듬을 때 사용한다. |
| | 휴대용 전기샌더 | 표면을 연마하는 공구. |
| | 휴대용 전기드릴 | 구멍을 뚫는 휴대용 공구로서 스크루를 조이거나 풀 때도 사용될 수 있다. |
| | 휴대용 드라이버 | 볼트나 스크루를 조이거나 풀 때 사용하는 공구. |
| | 에어 태커 | 심재와 합판, 재료와 재료를 결합 할 때 사용하는 공구. |
| | 에어 스크레이 건 | 도장할 때 압축공기의 분출로 도료를 분사하여 피도장체에 도막을 입히는 기계. |
| | 에어 컴프레서 | 도장할 때 압축공기를 스프레이 건으로 공급해 주는 기계. |
| | 기타 기초공구 | 대패, 톱, 끌, 바이스, 클램프, 고무망치, 구두칼, 롤러, 공업용 다리미 등이 있다. |

## 10. 조명램프 일람표

| 명 칭 | 램프 | 종류 및 특성 | 전광속(1m) | 평균수명(hr) |
|---|---|---|---|---|
| standard lamp |  | • 일반 백열전구<br>• 가격, 수명, 공급 면에서 가장 보편적이며 경제적임<br>• 투명, 유백색, 실리카<br>• 30W, 40W, 60W, 100W, 200W<br>• BASE ; E26 | 30W-350lm<br>40W-480lm<br>60W-810lm<br>100W-1500lm | 1000hr~1500hr |
| silvered-bowl lamp |  | • 표준형 A/PS타입 전구의 구형부분에 반사성 물질을 코팅<br>• 필라멘트를 시선으로부터 은폐시켜 눈부심을 방지<br>• 각종형태의 간접조명에 이용<br>• 25W, 40W, 60W, 100W<br>• BASE ; E26 | 40W-450lm<br>60W-750lm<br>100W-1400lm | 1000hr~1500hr |
| glove lamp |  | • 직경에 따라 크기가 다양-35mm~95mm<br>• 보다 장식적 효과로 이용됨<br>• 25W, 40W, 60W, 100W<br>• BASE ; E14.17.26 | 60W-685lm<br>100W-1300lm<br>(Ø95mm 기준) | 1000hr~1500hr |
| candle lamp | 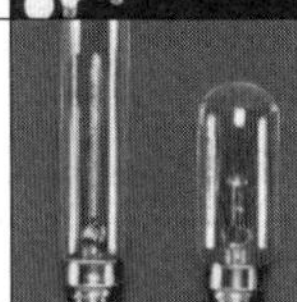 | • 샹들리에 기타 장식적 벽등용 전구로 주로 사용됨<br>• 10W, 15W, 25W, 40W, 60W<br>• BASE ; E14 | 25W-200lm<br>40W-400lm<br>60W-660lm | 750hr~1000hr |
| tubular lamp | 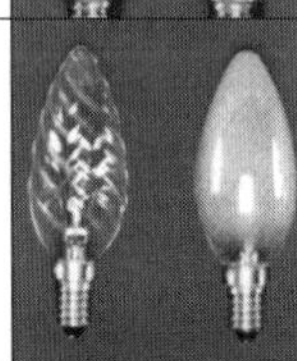 | • 관형 백열전구<br>• 찬장, 냉장고, 피아노, 조명 등의 주로 깊이가 낮은 전시용이나 쇼 케이스에 이용<br>• 15W, 25W, 40W, 60W<br>• BASE ; E26 | 15W-90lm<br>25W-190lm<br>40W-380lm<br>60W-685lm | 1000hr |
| refector lamp |  | • 유리구 내부 상부에 반사기 처리<br>• Shop window sales Room,recep Tion HAll 등에 스포츠용으로 다양하게 사용됨<br>· 25W, 30W, 40W, 60W, 100W, 150W<br>· BASE ; E26 | 40W-400lm<br>75W-190lm<br>100W-1080lm<br>150W-1520lm | 1000hr |
| pressed glass reflector lamp |  | • 유리구 내부에 프레스된 유리반사구 처리<br>• R전구와 더불어 스포트용으로 널리 사용됨<br>• 유형<br>NSP-9'/15'<br>MFL-11'/25'<br>WFL-16'/40'<br>• PAR 38<br>60W,80W,120W<br>PAR 56<br>300W<br>• BASE'E26/GX16d. | 60W-650lm<br>80W-820lm<br>120W-1500lm<br>300W-3000lm | 1500hr~2000hr |

<table>
<tr>
<td>halogen lamp</td>
<td>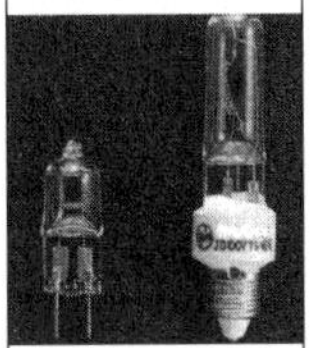</td>
<td>• 하르겐 가스의 순환을 이용하여 전구의 흑화 현상을 방지<br>• 소형전구로 콤팩트한 광학배치로 디자인에 응용<br>• 연색성이 우수하며 하이라이트용으로 이용<br>• 20W, 35W, 50W, 75W, 100W, 150W, 250W<br>• BASE ; G4,B15d,E26</td>
<td>50W-950lm<br>100W-2000lm<br>150W-2500lm<br>250W-4200lm</td>
<td>750hr~1000hr</td>
</tr>
<tr>
<td>fluorescent lamp</td>
<td>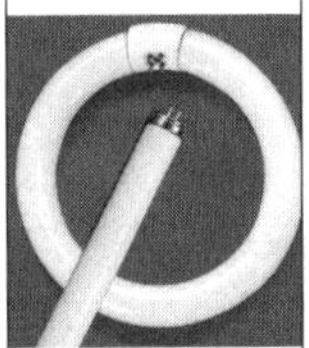</td>
<td>• 직관, 원형관 형광등<br>• 가장 널리 이용되고 있는 방전등으로 점등방식이나 연색성을 위해 각종 형태로 개발<br>• 점등방식<br>pre-heated lamp<br>instant start lamp<br>radid start lamp<br>• White<br>Warm White<br>Cool White<br>day light 등<br>• 10W 20W<br>20W 30W<br>40W 40W<br>• BASE ; G 13</td>
<td>(직관)<br>20W-980lm<br>40W-2300lm<br>(원형관)<br>20W-950lm<br>30W-1500lm<br>40W-2400lm</td>
<td>(직관)<br>5000~7500hr<br>(원형관)<br>3500~4000hr</td>
</tr>
<tr>
<td>u-lamp<br>pl-lamp</td>
<td>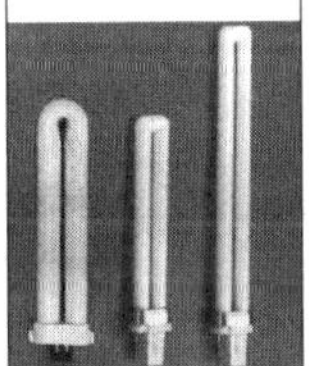</td>
<td>• 저압 방전 소형형광 전구로 instant start 방식<br>• 일반 형관등보다 연색성이 우수하고 한정공간 내에서 집중된 조도를 갖추기 위해 이용됨.<br>• PL-LAMP<br>5W, 7W, 9W, 11W, 13W<br>U램프<br>10W, 14W, 18W</td>
<td>(PL)<br>5W-250lm<br>7W-400lm<br>9W-500lm<br>11W-900lm<br>13W-900lm<br>(U)<br>10W-400lm<br>14W-600lm<br>18W-850lm</td>
<td>(PL)<br>5000hr<br>(U)<br>5000hr</td>
</tr>
<tr>
<td>high pressure mercury vapor (hpmv:수은등)</td>
<td></td>
<td>• 유리관 형태에 따라<br>E 타입<br>B 타입<br>BT 타입<br>• 녹색의 스펙트럼 발광<br>• 산업시설 구역<br>일반옥외<br>가로등 조명에 이용<br>• 50W, 80W, 125W, 250W, 400W<br>• BASE ; E26,E40</td>
<td>50W-2000lm<br>80W-4000lm<br>250W-12000lm<br>400W-24000lm</td>
<td>6000~12000hr</td>
</tr>
</table>

| | | | | |
|---|---|---|---|---|
| high pressure sodium lamp (나트륨등) |  | • 수은등의 아크판을 개선하여 나트륨 혼합물을 주입하여 빛 효율을 높임.<br>• 붉은 오렌지 색깔의 빛을 발광<br>• 70W, 100W, 150W, 400W<br>• BASE ; E40 | 50W-3300lm<br>100W-9500lm<br>250W-25000lm<br>400W-47000lm | 9000hr~12000hr |
| metal halide (HQI) |  | • 수은등의 연색성을 개선하기 위해 할로겐 금속 증기(옥 획물)를 주입시킴.<br>• 연색성은 좋으나 광량 보존성이 낮다.<br>• 100W, 175W, 250W, 400W<br>• BASE ; E26,E40 | 100W-6000lm<br>250W-17000lm<br>400W-3000lm | 6000~12000hr |

## 10. 실내조도 기준

| 조도기준 (lx) | 주 택 | 사무실 | 호 텔 | 음식점 | 상 점 백화점 | 상 점 패션점 | 미술관 박물관 | 학 교 | 병 원 | 공 장 | 스포츠 (실내) |
|---|---|---|---|---|---|---|---|---|---|---|---|
| | | | | | | | | | 시기능 검사실 | | |
| 5000 | 조도기준 | | | | | | | | | | |
| | | | | | 쇼윈도 일반 | | | | | | |
| 3000 | | | | | | | | | | | |
| | | | | 샘플 케이스 | | 중점 쇼윈도 | | | | 계기반 | |
| 2000 | | | | | 상점내 중점부분 | | | | | 제어반 조립(a) | |
| | | | | | | | | | | 검사(a) | |
| | | | | | | | | | | 시험(a) | |
| | 재봉 | 설계·제도 | | | | | | | 수술실 | 설계·제도 | |
| | 수예 | Tiping | | | | 중점 진열부분 | | | 부검조제 | | 공식경기 |
| 1500 | | 계산 사무실(a) | 프론트 | | 상점내 일반 | 디자인 코너 | 조각 (금속) | | 구급처치 | | (체조, 수영, 복싱, 테니스, 탁구, 농구, 발레 등) |
| 1000 | | 영업실 | | | 중점층 전반 | | 조형물 | | | 조립(b) | |
| | | | | | | | 모형 | | 사진 | 검사(b) | |
| | | | | | | | | 설계제도실 | 창구사무 | 시험(b) | 일반경기 |
| 700 | 학습 | 사무실 (b) | | | | | | 전자 계산실 | 주사 | 선별(b) | (체조, 수영, 복싱, 테니스, 탁구, 농구, 발레 등) |
| | 독서 | 중역실 | | 집회실 | | | | 교실 | 진찰실 | | |
| 500 | | 회의실 | | 조리실 | 일반층전반 | | | 실험실습실 | | | |

| | | | | | | | | | | | | |
|---|---|---|---|---|---|---|---|---|---|---|---|---|
| 500 | | 세면 화장 | 전자계산실 집회실 | 현관 | 식탁 | | 점내전반 | | 도서열람 연구실 | | | |
| | | 조리식사 | 응접실 | 사무실 | 화물 접수대 | | | 조각(플라스틱) | 서고미술 공예제작 | 원장실 | 창고내 검사 | |
| | | | 전기 기계실 | 화물접수 조리실 | | | | 서양화 | 사무실 | 연구 회의실 | 포장 | |
| | | 부엌전반 | 식당 | 객실탁자 | | | | 연구 조사실 | 교직원 회의실 | 간호원실 | | |
| | 300 | 오락 휴식 | 서고 | 세면경 | | | | 입구홀 매점 | 식당 | 약국 | | |
| | | 식당전반 | 금고실 | | 현관 | | | 회화 | | 병리세균 검사실 | | |
| 200 | | | | 연회장 | 대합실 객실 | | | 동양화 | 수위실 실내운동장 | 사무실 | 전기실 | 레크레이션 |
| | | | 강당 | 로비 식당 | 세면실 | | | 공예품 일반진열품 | 강당 집회실 | 현관홀 재료실 | 공조 기계실 | |
| | | | 기계 엘리베이터 | | | | | 세면소 변소 | | 병실 | | |
| | | | 보일러실 | 세면소 | | | | 소집회실 | 승강구 계단 | X선실 | | |
| | 150 | | 휴게실 욕실 | 화장실 | | | | | 세면실 화장실 | 마취, 청력 검사실 | 출입구 | |
| | | | 계단 숙직실 | | | | | 박제품 표본 | 숙직실 | 영안실 | | |
| 100 | | 야간파티 침실 · 거실전반 | | 오락실 | | | | 실 전반 | | 약품창고 | 복도 계단 | |
| | | 계단 통로 전반 | 창고 화장실 | 객실 전반 | | | | 식당 휴게실 | | 숙직실 욕실 | 세면실 | |
| | 70 | | 현관 | 복도 계단 | | | | 복도 계단 | | 세면소 계단 | 화장실 | |
| | | | 실내비상 계단 | 욕실 | | | | | | 동물실 X선투사실 | 실내비상 계단 | |
| 50 | | | | | | | | 수납고 | 창고 · 차고 | 복도 | 창고 | 관람석(a) |
| | | | | | | | | | 비상계단 | | 옥내동력 설비 | |
| | 30 | | | | | | | | | 비상계단 | 하적 | |
| | | | | | | | | | | | | |
| | | | | | | | | | | | | 관람석(b) |
| 20 | | | | | | | | 영상 전시장 | | 심야병실 복도 | | |
| | 10 | | | | | | | | | | | |
| | | 야간방범 | | | | | | | | | | |
| | | | | | | | | | | | | |

## [부록 7] 실내건축 관련법규(건축법, 소방법, 옥외 광고물법)

실내건축가는 건축법규, 생명안전 및 소방법규, 장애인 법규, 전기법규, 광고물 관리법, 구역지정법 등을 이행해야 한다. 법규 이행은 선택사항이 아니라 법적 필수사항이다. 법규의 불이행은 작업의 중지, 철거, 또는 재시공을 야기시킬 수 있으며 이는 소송 건이며, 그 비용이 실내 건축가의 경비로 이루어질 수도 있다. 다음은 그 중 실내건축 설계 시 관련된 건축, 소방, 광고물에 관련된 법규에 대한 이해를 위한 참고내용이며 상세한 내용과 해마다 새로 만들어지는 시행령에 대하여는 관련된 발간물이나 발표문을 적용해야 한다.

### ▶ 건축법규(building code)

건축물의 구조적, 물리적 특성을 관리한다. 건축법규는 디자인, 건설공사 자재의 질에 대한 최소 기준을 건축물의 용도 유형, 점유기간 등에 기반을 두고 규정한다.

#### (1) 대지와 건축물에 관련된 법규

① 건축물의 건폐율

대지면적에 대한 건축면적의 비율로 좋은 주거환경을 위해 건폐율이 작을 경우 대지 안의 공지가 많이 확보되어 여유가 있는 건축물이 된다. 건폐율은 용도지역에 따라 다음의 규정에 의한 지역별 구분에 따른 범위 안에서 건축조례로 정하는 비율을 초과하여서는 아니 된다. 건폐율의 최대한도는 40/100이상의 범위 안에서 따로 정할 수 있다.

가. 전용 주거지역: 50/100이하

나. 일반 주거지역: 60/100이하

(자치단체별로 1종 2종 3종 일반주거지역에 따라 조금씩 다를 수 있음)

② 용적률

대지면적에 대한 건축물의 연면적(대지에 둘 이상의 건축물이 있는 경우에는 이들 면적의 합계로 한다.)의 비율이다. 용적률의 한도는 주거지역은 1종, 2종, 3종 일반주거지역으로 구분하여 조례로 정할 수 있으며, 지역이 세분화된 경우 구역별로 구분하여 조례로 정할 수 있다. 전용주거는 100%이하, 일반주거는 400%이하, 준주거지역은 700%이하로 한다.

③ 대지 내 조경

대지면적이 200~300$m^2$ 이상인 경우 건축주는 시, 군, 구의 건축조례로 정하는 기준에 따라 대지 안에 10%를 조경해야 한다. 옥상조경의 경우 의무면적의 50% 이내에서 조경면적의 2/3를 조경면적으로 인정한다.

④ 건물과 인접간격

건물과 인접한 대지 사이의 간격을 용도에 따라 2~4m 간격을 두고 건축물을 지을 수 있도록 한 규정을 폐지해 건축주가 자율적으로 간격을 정할 수 있도록 하였다. 자기 건물과 붙어있는 다른 사람과 땅 사이에 간격을 두지 않아도 된다.

⑤ 건축물

건축물이란 토지에 정착하는 공작물중 지붕과 기둥 또는 벽이 있는 것과 건축물에 부수되는 대문, 담장 등과 같은 시설물 또는 지하나 고가의 공작물에 설치하는 사무소, 공연장, 점포, 창고 등을 건축물이라 한다.

⑥ 건축설비

건축물에 설치하는 전기, 전화, 가스, 급수, 온수, 저수, 환기, 난방, 소화, 매연 및 오물처리의 설비와 굴뚝, 승강기, 피뢰침, 국기게양대, 공동시청 안테나, 유선방송 수신시설, 우편물 수취함, 기타 건설부령이 정하는 설비를 뜻한다.

⑦ 구조안전 확인 대상 건축물

건축물의 구조는 고정하중, 적재하중, 적설하중, 풍압, 지진, 기타의 진동 및 충격 등에 안전한 구조로 해야 한다. 구조계산에 의한 구조안전 확인대상 건축물은 연면적이 1000m²이상인 건축물, 층수가 3층 이상인 건축물, 3층 미만인 경우라 하더라도 높이 13m 이상 또는 처마높이 9m 이상인 건축물, 경간이 10m 이상인 건축물로 한다.

⑧ 계단과 계단참

높이 3m를 넘는 계단은 높이 3m마다 너비 1.2m이상의 계단참을 설치해야 한다. 높이 1m를 넘는 계단 및 계단잠의 양옆에는 난간(벽 또는 이를 대치할 수 있는 것)을 설치해야 한다. 너비 3m를 넘는 계단은 계단 중간에 3m이내마다 난간을 설치해야 한다. 다만, 계단의 단 높이가 15cm이하이고 계단의 단 너비가 30cm이상인 것은 그렇지 아니하다. 옥외계단(주 계단, 피난계단으로 사용하는 경우를 제외)의 너비는 60cm이상, 주택의 계단(공동주택의 공용계단을 제외)의 단 높이는 23cm이하, 단 너비는 15cm이상으로 할 수 있다. 돌음계단의 단 높이는 그 좁은 너비의 끝부분으로부터 30cm의 위치에서 측정한다.

그림 1 돌음계단의 단높이를 측정할때는 좁은 너비 끝부분에서 30cm떨어진 곳을 측정한다.

⑨ 일조권 확보와 높이제한

인접대지 간 지표면에 고저 차가 있는 경우는 상호 지표면의 평균 수평면을 지표면으로 본다. 또한 동일 대지 내에 2동 이상의 공동주택 건립 시에는 당해 건축물의 각각의 지표면을 기준으로 하여 공동주택을 다른 용도와 복합하여 건축하는 경우는 공동주택의 가장 낮은 부분을 지표면으로 본다.(단, 전용주거, 일반주거지역 이외의 지역에 한함)

• 거실의 채광과 반자높이

거실의 채광은 거실바닥 면적의 1/10이상의 창문면적으로 한다. 거실의 환기는 거실바닥의 1/20이상의 창문면적이 되어야 한다.(단, 건설교통부령에 적합한 조명장치나 환기장치를 한 경우 예외) 일반적으로 거실 반자높이는 2.1m 이상으로 하며 노대(발코니)의 아랫부분은 2.7m이상으로 한다.

### (2) 건축허가 관련법규

① 건축주, 설계자와 공사감리자

건축주는 건축물의 건축, 대수선, 건축설비의 설치, 공작물의 축조에 관하여 공사를 도급계약에 의하여 행하는 경우 공사비를 지급하는 도급인과 스스로 공사를 행하는 자를 말한다. 설계자는 건축사법에 의한 건축사의 면허를 받은 자로서 설계도서를 작성하는 자로 영업목적이 아니라 자기소유의 건축물을 건축하는 경우는 건축면허만 가진 사람도 해당된다. 공사감리자는 건축사로 건축법에 의한 공사감리를 하는 자이며 건축물의 공사감리는 관계법령, 건축자재 및 품질과 설계도서에 따라 적합하게 되는지 여부를 확인하는 업무이다.

② 건축신고와 건축허가

건축신고는 건축허가대상 건축물이라 해도 소규모의 건축물이나 농어업용 소규모 건축물, 일정범위 내의 용도변경, 일부 가설 건축물, 공작물 등의 경우는 시장 등에게 신고만으로 건축허가를 받은 것으로 본다. 1995년 5월부터 신축은 100$m^2$증축과 개축은 85$m^2$까지이며, 크게 수선할 때는 규모와 관계없이 신고하도록 한다.

건축허가는 허가를 받아야 할 대상행위로 건축물의 신축, 증축, 개축, 이전과 또한 건축물의 용도변경이 포함된다. 또한 건축물의 동수나 층수의 변경 없이 연면적의 합계가 1/10이하 변경일 경우와 건축물의 층수 변경 없이 변경되는 높이가 1m이하이거나 전체 높이의 1/10이하의 변경은 사용 승인 시 일괄신고로 할 수 있다.

③ 건축물의 철거

건축물의 철거는 신고대상이며 모든 허가대상 건축물에 대하여 건축주나 개축, 신축의 경우에 철거 예정일 7일까지 신고해야 한다. 자연재해 등에 의한 건축물의 멸실은 재축, 신축의 경우로서 멸실된 건축물이 신고대상이 되며 신고기간은 멸실 후 15일 이내이며 신고기관은 시장, 군수, 구청장으로 한다.

④ 착공신고와 용도변경

착공신고는 건축주가 공사계획을 허가권자인 시장, 군수, 구청장에게 신고해야 하며 착공신고서는 공사감리자와 공사시공자의 서명이 있어야 하며 주거용 건축물인 경우 건설업자만이 시공할 수 있는 공사로 연면적 660㎡(220평)를 초과하는 경우를 말한다. 건축물 용도변경 허가제는 폐지되고 신고제로 전환되어 용도 변경되었으며 같은 용도로 묶은 시설군 분류는 기타 시설군을 포함 6개군이 있으며, 같은 용도군에 속할 때도 세부용도는 건축물대장에 기재하지 않고 용도시설군만 기재하게 된다. 이에 따라 약국, 다방, 음식점 등과 같은 시설군에 있는 업종은 영업이 부진할 때 신고 없이 자유로이 세부용도로 변경 가능하다. 그러나 용도변경 시 식품위생법, 소방법등 다른 법의 제한을 받을 경우가 있어 각 적용법으로 영업허가를 받아야 한다. 또한 건축기준이 약한 시설군에서 강한 시설군으로 세부용도를 q시는 시장, 군수, 구청장에게 사전신고하여야 한다.

### (3) 방화를 위한 구획, 구조

① 방화구조

화염의 확산을 막을 수 있는 성능을 가진 구조로서 다음과 같은 기준에 적합한 구조를 말한다.

표 1 방화구조의 기준

| 구 조 부 분 | 방화구조의 기준 |
|---|---|
| (1) 철망모르타르 바르기 | 바름 두께가 2cm이상 |
| (2) 석면 시멘트판 또는 석고판 위에 시멘트모르타르 또는 회반죽을 바른 것.<br>(3) 시멘트모르타르 위에 타일을 붙인 것. | 두께의 합계가 2.5cm이상 |
| (4) 두께 1.2cm이상의 석고판 위에 석면 시멘트판을 붙인 것.<br>(5) 두께 2.5cm이상의 암면보온판 위에 석면 시멘트판을 붙인 것. | 그대로 모두 인정됨 |
| (6) 심벽에 흙으로 맞벽치기 한 것. | 두께에 관계없이 인정 |

② 방화구획

주요구조부가 내화구조 또는 불연재료인 건축물의 방화구획은 다음과 같다.

- 방화구획 적용대상 : 주요구조부가 내화구조 또는 불연재료로 된 건축물로서 연면적 1,000m²를 넘는 것은 내화구조의 바닥, 벽 및 갑종 방화문(자동방화 셔터 포함)으로 구획하여야 한다.

예외) 원자로 및 관계시설은 원자력법이 정하는 바에 의한다.

- 방화구획의 구조 : 벽체 및 바닥은 내화구조로 구획하며, 개구부는 갑종 방화문 또는 자동방화셔터로 구획하되 기타의 기준은 다음과 같다.

표 2 방화구획의 기타기준

| 구 분 | 구 조 기 준 |
|---|---|
| 갑종방화문 | • 항상 닫힌 상태로 유지.<br>• 연기발생 또는 온도의 상승에 의하여 자동으로 닫히는 구조로 할 것. |
| 급수관, 배전광 등에 관통하는 경우 | • 급수관 · 배전관과 방화구획의 틈을 시멘트모르타르 또는 불연 재료로 매울 것. |
| 환기 · 난방 · 냉방시설의 풍도가 관통하는 경우 | • 관통부분 또는 이에 근접한 부분에 다음의 댐퍼를 설치할 것.<br>• 철재로 된 철판의 두께가 1.5mm 이상일 것.<br>• 화재가 발생한 경우에는 연기의 발생 또는 온도의 상승에 의하여 자동적으로 닫힐 것.<br>• 닫힌 경우에는 방화에 지장이 있는 틈이 생기지 아니할 것.<br>• 산업표준화법에 의한 한국 산업규격상 방화댐퍼의 방연시험에 적합할 것. |

• 방화구획 기준의 완화

다음에 해당하는 건축물의 부분에는 방화구획의 규정을 적용하지 않거나 그 사용에 지장을 초래하지 않는 범위에서 규정을 완화하여 적용할 수 있다.

표 3 방화구획 기준 완화적용범위

| | |
|---|---|
| 문화 및 집회시설(동 · 식물원을 제외), 장례식장, 운동시설의 용도에 쓰이는 거실 | 시선 및 활동공간의 확보를 위하여 불가피한 부분 |
| 물품의 제조, 가공 및 운반 등에 필요 | 대형기기 설비의 설치, 운영을 위하여 불가피한 부분 |
| 계단실 문, 복도 또는 승강기의 승강로 부분(당해 승강기의 승강을 위한 승강로비 부분을 포함) | 당해 건축물의 다른 부분과 방화구획으로 구획된 부분 |
| 건축물의 최상층 또는 피난층 | 대규모 회의장, 강당, 스카이라운지, 로비 등의 용도에 사용하는 부분으로서 당해 용도로서의 사용을 위하여 불가피한 부분 |
| 복층형인 공동주택 | 세대 안의 층간 바닥부분 |
| 주요 구조부가 내화구조 또는 불연재료로 된 주차장 부분 | |
| 단독주택, 동물 및 식물관련시설 · 공공용시설 중 군사시설에 쓰이는 건축물 | |

### (4) 주요구조부가 내화구조 또는 불연재료가 아닌 건축물의 방화구획

주요구조부가 내화구조 또는 불연재료가 아닌 연면적 1,000m² 이상인 건축물은 방화벽 등으로 방화구획을 해야 한다.

① 방화구획 적용대상

바닥면적 1,000m² 미만마다 방화벽으로 구획한다.

예외) 1. 주요구조부가 내화구조이거나 불연재료인 건축물

2. 단독주택, 동물 및 식물관련시설, 교도소, 감화원, 화장장을 제외한 묘지관련 시설은 제외
3. 구조상 방화벽으로 구획할 수 없는 창고시설
4. 외벽 및 처마 밑의 연소우려가 있는 부분은 방화구조로 해야 한다.
5. 지붕은 불연재료로 한다.

② 방화벽의 구조기준

**표 4 건축물의 구조제한**

| 대 상 | 구 조 제 한 |
|---|---|
| 주요구조부 및 외벽 | 내화구조로 해야 한다.<br>예외) • 연면적이 $30m^2$ 미만인 단층부속건축물로서 외벽 및 처마면 이 내화구조 또는 불연재료로 된 것.<br>• 주요구조부가 불연재료로 된 도매시장. |
| 지붕 | 내화구조가 아닌 것은 불연재료로 해야 한다. |
| 연소할 우려가 있는 부분의 창문 | 인접대지경계선에 접하는 외벽에 설치하는 창문 등으로서 연소할 우려가 있는 부분에는 다음의 기준에 적합한 방화설비를 설치해야 한다.<br>• 갑종방화문, 을종방화문<br>• 소방법령의 기준에 적합하게 창문 등에 설치하는 드렌처<br>• 내화구조나 불연재료로 된 벽 · 담장 등의 방화설비<br>• 환기구멍에 설치하는 불연재료로 된 방화카바 또는 그물눈 2mm 이하인 금속망 |

③ 방화문의 구조

건축물에 부작되는 방화문에는 나음과 같은 규정이 적용된다.

| 구분 | | 갑종방화문 | 을종방화문 |
|---|---|---|---|
| 방화문의 구조 | 철재문 | 골구를 철재로 하고 그 양면에 각각 두께 0.5mm 이상의 철판을 붙인 것 | 철재 및 망입유리로 된 |
| | | 철판이 두께가 1.5mm 이상인 것 | 철판의 두께가 0.8mm 이상 ~ 1.5mm 미만인 것 |
| | 방화목재로 된 문 | — | 옥내면에 두께 1.2mm 이상의 석고판을 붙이고 옥외면에 철판을 붙인 것 |
| | 기타 | 건설교통부장관이 정하는 고시하는 기준에 따라 건설교통부장관이 지정하는 자, 또는 한국건설기술연구원장이 실시하는 품질시험에서 그 성능이 확인된 것. | |
| 방화문의 설치 | 방화문의 문틀 또는 접하는 부분 | 방화문을 닫은 후에 틈이 생기지 않는 구조로 할 것. | |
| | 방화문의 철물 | 방화문을 닫은 후 노출되지 않도록 할 것. | |

### (5) 실내건축의 내장마감 제한

5층 이상인 건축물 등에는 내장제한 기준에 따라 방화상 지장이 없도록 해야 하며, 마감재료 선정에 대한 제한기준은 다음과 같이 적용한다.

| | 건축물의 용도 | 당해용도의 거실의 바닥면적의 합계 | 적용구분<br>(벽 및 반자의 실내측의 부분) | 마감재의 사용여부 | | |
|---|---|---|---|---|---|---|
| | | | | 불연 | 준불연 | 난연 |
| ① | • 문화 및 집회시설(예식장 제외)<br>• 판매 및 영업시설<br>• 위락시설 | 200m² 이상(주요구조부가 내화구조 또는 불연재료의 건축물의 경우(400m²이상) | 거실 | ○ | ○ | ○ |
| | | | 통로<br>(복도,계단) | ○ | ○ | × |
| ② | • 다중주택(단독주택 중)<br>• 공동주택<br>• 숙박시설(여관, 여인숙 제외)<br>• 의료시설<br>• 아동관련시설, 노인복지시설 및 유스호스텔(교육연구 및 복지시설 중)<br>• 오피스텔(업무시설 중) | 3층 이상층의 합계가 200m²이상(주요구조부가 내화구조 또는 불연재료의 건축물의 경우 400m²이상) | 거실 | ○ | ○ | ○ |
| | | | 통로 | ○ | ○ | × |
| ③ | • 위험물 저장 및 처리시설(자가난방, 자가발전 등의 용도에 쓰이는 시설을 포함)<br>• 공장<br>• 자동차 관련시설<br>• 발전소 · 방송국 및 촬영소(공공용시설 중) | 면적에 관계없이 적용 | 거실 | ○ | ○ | ○ |
| | | | 통로 | ○ | ○ | × |
| ④ | 5층 이상의 건축물 | 500m² 이상 | 거실 | ○ | ○ | ○ |
| | | | 통로 | ○ | ○ | × |
| ⑤ | • 공연장 · 단란주점 · 당구장 · 노래연습장 - 제2종 근린생활시설 중<br>• 예식장 - 문화 및 집회시설 중<br>• 생활권 수련시설 · 자연권 수련시설 -교육연구 및 복지시설 중<br>• 여관 · 여인숙 - 숙박시설 중<br>• 단란주점 · 주점영업 - 위락시설 중 | 면적에 관계없이 적용 | 거실 | ○ | ○ | × |
| | | | 통로 | ○ | ○ | × |
| ⑥ | ①~③의 용도에 쓰이는 거실 등을 지하층 또는 지하의 공작물에 설치하는 경우 그 거실 | 면적에 관계없이 적용 | 거실 | ○ | ○ | × |
| | | | 통로 | ○ | ○ | × |
| ⑦ | • 단란주점 및 노래연습장(2종 근린생활시설 중)<br>• 단란주점 및 주점영업(위락시설 중)의 용도에 쓰이는 건축물의 거실 | 면적에 관계 없이 적용 | 거실 | ○ | ○ | × |
| | | | 통로 | ○ | ○ | × |
| 예외 | • ①~④의 건축물로서 주요구조부가 내화구조 또는 불연재료로 된 건축물로서 그 거실의 바닥면적 200m² 이내마다 방화구획되어 있는 건축물<br>• 내장제한 규정에서의 바닥면적 산정시 스프링클러 기타 이와 유사한 자동식 소화설비를 설치한 부분의 바닥면적을 제외한 부분으로 한다.<br>• 벽 및 반자의 실내에 접하는 부분 중 반자돌림대 · 창대 기타 이와 유사한 것을 제외한다. | | | | | |

### (6) 피난시설 및 용도제한

① 출구설치

- 문화 및 집회시설 등의 출구방향

| 제한용도 | 제한기준 |
|---|---|
| • 문화 및 집회시설(전시장, 동 · 식물원 제외)<br>• 장례식장<br>• 위락시설 | 관람석 또는 집회실의 바깥쪽 출구로 쓰이는 문은 안여닫이로 해서는 안 된다. |

- 공연장 개별 관람석의 출구기준

| 대상 | 제한기준 | |
|---|---|---|
| 개별관람석 바닥면적 300m² 이상 | 출구설치 | 각 층별로 2개소 이상 |
| | 출구 유효너비 | 최소 1.5m이상 |
| | 출구 유효너비의 합계 | $\frac{\text{관람석 바닥면적}(m^2)}{100m^2} \times 0.6m^2$ 이상 |

② 공연장의 복도

복도에 대한 설치기준은 공연장에 대해서만 적용되며, 그 설치기준은 공연장의 관람석 바닥면적에 따라 그 설치위치가 제한되나 당해 복도 폭에 대한 기준은 규정되어 있지 않다.

| 구 분 | 복도위치 |
|---|---|
| 공연장의 개별관람석(바닥면적이 300m² 이상인 경우)의 바깥쪽 | 양쪽 및 뒤쪽에 각각 복도를 설치할 것. |
| 하나의 층에 개별관람석(바닥면적이 300m² 미만인 경우)을 2개소 이상 연속하여 설치하는 경우 | 관람석의 바깥쪽의 앞쪽과 뒤쪽에 각각 복도를 설치할 것. |

③ 계단

- 직통계단의 설치

보행거리에 의한 직통계단의 설치 : 피난층이 아닌 층에서 거실 각 부분으로부터 피난층 또는 지상으로 통하는 직통계단(경사로 포함)에 이르는 보행거리는 다음과 같이 유지되어야 한다.

| 구 분 | 보 행 거 리 |
|---|---|
| • 원칙 | 30m 이하 |
| • 주요구조부가 내화구조 또는 불연재료로 된 건축물 | 50m 이하(16층 이상 공동주택 : 40m 이하) |

### 표 5 2개소 이상의 직통계단 설치대상(경사로 포함)

| 층의 용도 | 거실의 용도 및 규모 | 비고 |
|---|---|---|
| 문화 및 집회시설(전시장 동 · 식물원 제외) 장례식장, 주점용도 | 2층의 광람석 집회실의 바닥면적 합계 200$m^2$ 이상 | • 직통계단의 출입구는 일정한 간격을 두고 설치한다.<br>• 직통 계단 상호간 각각 거실과 연결된 통로를 설치한다. |
| 3층 이상의 층 : 판매 및 영업시설 · 의료시설 · 아동시설 · 유스호텔 · 숙박시설 | 2층의 당해용도의 거실 바닥면적 합계 200$m^2$ 이상 | |
| 공동주택 (층당 4세대 이하 제외) | 2층의 당해용도의 거실바닥면적 합계 300$m^2$ 이상 | |
| 기타 용도의 3층 이상인 층 | 2층의 바닥면적 합계 400$m^2$ 이상 | |
| 지하층 | 2층의 거실 바닥면적 합계 200$m^2$ 이상 | |

• 계단의 구조 : 피난규정에서 요구하는 계단은 직통계단이나 당해 건축물의 층수 등에 따라서 설치된 직통계단의 구조를 피난 또는 특별피난계단의 구조로 구분하여 설치한다.

| 설치층의 위치 | 예 외 | |
|---|---|---|
| • 5층 이상의 층<br>• 지하 2층 이하의 층<br>• 지하 1층으로서 5층 이상의 계단과 연결된 지하 1층의 계단 | 내화구조 또는 불연재료 건축물의 5층 이상의 층이 | 바닥면적의 합계가 200$m^2$ 이하인 경우 |
| | | 바닥면적 200$m^2$ 마다 방화구획이 되어 있는 경우 |

• 계단의 구조제한 : 계단참, 계단폭, 단너비 등에 대한 구조제한은 연면적 200$m^2$를 초과하는 건축물에 설치하는 계단에 대해서만 적용하되, 승강기 기계실용 계단, 망루용 계단 등 특수한 용도로 쓰이는 계단에는 적용하지 않는다.

#### (7) 소방안전법규

소방안전(fire safety)또는 생명안전(life safety)법규는 건축물의 화재, 폭발 또는 다른 긴급사태 발생시 안전책을 강구하기 위해 마련 화재, 연기, 유독성 가스로 인한 생명의 위험을 완화시키는 데 있으며 가능하면 화재의 위험을 줄이는 것이다.

가. 화재예방 : 위험물 규제, 자재의 통제
나. 화재관리 : 스프링클러, 방화문
다. 화재관리 법규 : 출구(복도, 홀, 문), 가구재료와 마감재료에 대한 규제

방화시 건축물에 필요한 제반 소방용 설비는 소방법, 소방법시행령에서 소화설비, 경보설비, 피난설비로 규정되어 있다. 소화설비는 물이나 그 밖의 소화제를 사용하는 소화기계, 기구 또는 설비를 말하며 소화전설비, 스프링클러, 드렌치설비, 특수소화설비 등이 해당한다. 경보설비는 화재탐지설비, 화재경보기 등이며 피난설비는 피난사다리, 피난기구, 유도등이다.

소화설비 중 실내에 해당하는 설비는 실내계획에 있어 준수해야 할 조건들이며 이동 및 재설치 시 관련법규를 검토하여 전문가와 협조 하에 신중히 해야 한다.

① 옥내소화전

화재 시 불을 끄는 고정식 설비로 초기소화를 위해 실내에서 사용하는 기본설비이다. 학교, 병원, 사무소, 은행 등 일정 연면적 이상의 건물에 옥내소화전을 설치할 의무가 있으며 건물용도별 설치의무의 상세한 내용은 관련 소방법의 조항을 참고로 한다. 옥내소화전은 방화대상물의 층마다 설치하되 하나의 소화전에서 건물 각 부분까지의 수평거리가 25m 이하가 되도록 설치해야 한다. 즉 소화전을 중심으로 지름 25m 원 안에 평면이 전부 들어가도록 해야 한다. 그때의 소화전 필요개수가 소요개수가 되므로 그 개수만큼 배치해야 한다.

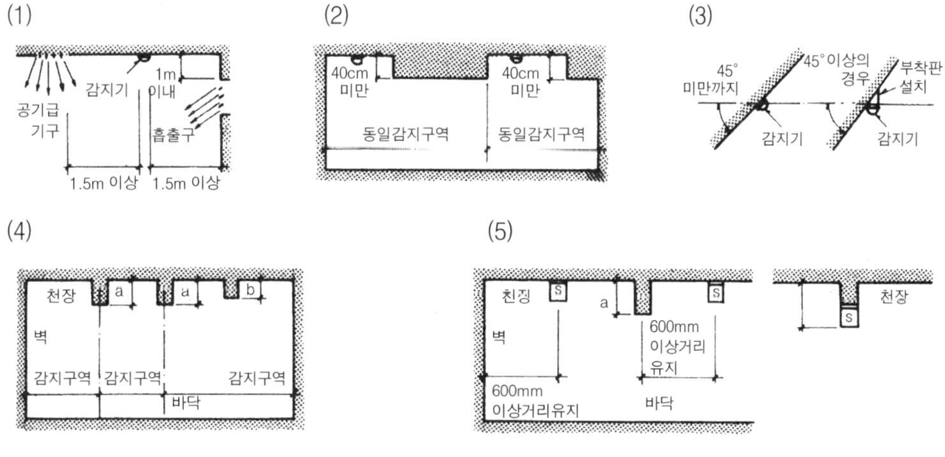


• 감지기의 경우
a가 천장에서 아래쪽 400mm 이상의 경우 그 부분마다 감지기를 설치한다 (b는 400mm미만으로 한다)

• 연기감지기의 경우
a가 천장에서 밑으로 600mm 이상의 경우 그 부분마다 감지기를 설치한다 (b는 600mm미만으로 한다)

**그림2 실내공간 유형 분류**

② 스프링클러설비

소화설비를 위해 천장 면에 스프링클러 헤드 장치는 일정한 간격으로 한다. 화재 발생으로 실내온도가 상승하여 스프링클러 내의 퓨즈가 녹으면서 헤드의 가압수가 자동적으로 불꽃에 물을 분사하는 자동소화설비이다. 또한 퓨즈가 녹는 동시에 화재 경보장치가 작동하여 화재발생을 알림으로써 화재를 초기에 진화할 수 있다. 고층 건축물, 지하층, 무창층이거나 소방차의 진입이 곤란한 곳에는 특히 이 설비의 규정이 강화될 수 있다. 실내계획 시 선반을 설치하거나 칸막이벽을 설비 또는 이동할 경우, 화재 시 물을 분사함에 장애가 되거나 미경계구역이 생기지 않는지 확인해야 한다.

- 일반적으로 스프링클러 하나가 소화할 수 있는 면적은 10㎡이며 설치간격은 수평으로 무대에서는 1.7m 이하, 보통건물에서는 2.1m 이하, 내화 건축물에서는 2.3m이하가 되도록 설치해야 한다. 따라서 하나의 스프링클러 헤드의 주위에 일정한 공간을 확보해야 한다.
- 부착 면에 대해 직각으로 설치해야 되며 헤드의 아래쪽은 450이나 수평방향으로 3,000 이내에는 일체의 물체의 물체를 둘 수 없다. 따라서 칸막이가 설치될 경우, 칸막이 상부의 헤드를 기준으로 450이상 떨어지게 개방하거나 스프링클러를 증설해야 한다.

③ 자동화재 탐지설비

화재의 발견을 자동적으로 감지하여 화재발생을 통보하는 설비로 천장에 설비하며 화재발생을 통보하는 설비로 천장에 설치하며 소방법에서는 건물의 용도, 규모 등을 기준으로 설치를 의무화하고 있다. 실내의 화재발생시에 의한 열온도를 감지하는 열감지기와 연기를 감지하는 연기감지기가 잇다. 스포트형 감지기 설치에 있어 주의사항은 다음과 같다.

- 스포트형 감지기는 환기구와 같은 흡출구에서 1,500mm이상 떨어져 설치해야 하며 흡출구가 천장면에서 1,000mm이상 떨어져 있을 경우에는 1,500mm 이내라도 무방하다.
- 단차이가 있는 천장에 스포트형 감지기를 설치할 경우에는 단차이가 400mm미만 이

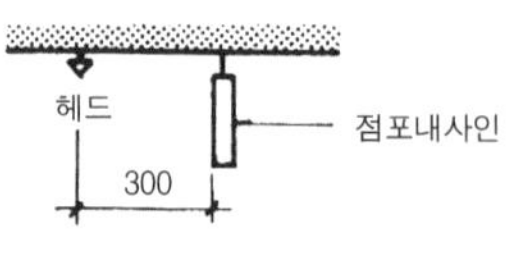


헤드의 부직면에서 400mm 이상 돌출한 보에 의해 구획된 부분은 그 구획부분마다 서치해야 한다.

㉮, ㉯의 헤드의 유효부분이라도 ㉰의 헤드를 부착한다 (다만, 보간 A가 1.8m 이하일 때에는 부착하지 않아도 된다)

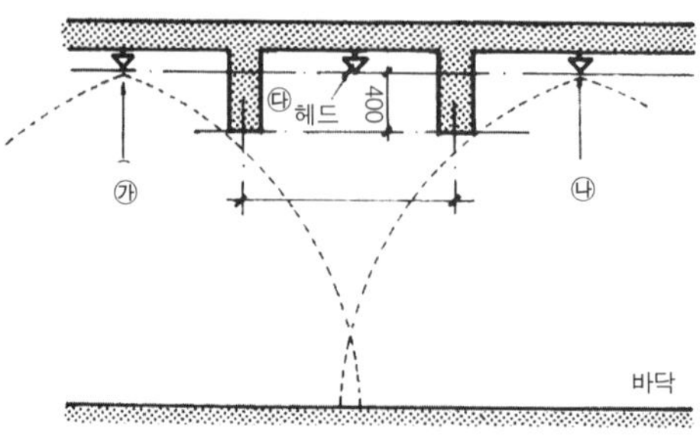

면 동일한 감지구역으로 취급하나 400mm이상일 경우 감지기를 증설해야 한다. 그러나 연기감지기의 경우 600mm이상일 경우 그 부분마다 감지기를 설치해야 한다.

- 경사천장일 경우 스포트형 감지기는 45도 이상 기울어지지 않도록 설치하나 각도가 45도 이상일 경우에는 수평이 되도록 설치해야 한다.

### ▶ 광고물 부착 법규

다음은 광고물 관리법에 따른 옥외광고물 등 관리법시행령 중 실내디자인 설계 시 필요한 사항을 다음과 같이 요약하여 열거한다.

#### (1) 옥외광고물의 분류

① 가로형 간판 : 문자, 도형 등을 목재 · 아크릴 · 금속재 등의 판에 표시하거나 입체형으로 제작하여 건물의 벽면에 가로로 길게 부착하거나 벽면 등에 직접 도료로 표시하는 광고물.

② 세로형 간판 : 문자, 도형 등을 목재 · 아크릴 · 금속재 등의 판에 표시하거나 입체형으로 제작하여 건물의 벽면 또는 기둥에 세로로 길게 부착하거나 벽면 등에 직접도료로 표시하는 광고물.

③ 돌출간판 : 문자, 도형 등을 표시한 목재 · 아크릴 · 금속재 등의 판이나 이 · 미용업소의 표지등을 건물의 벽면에 돌출되게 부착하는 광고물.

④ 공연간판 : 공연 · 영화를 알리기 위한 문자, 그림 등을 목재 · 아크릴 · 금속재 등의 판에 표시하거나, 실물의 모형 등을 제작하여 당해 공연 건물의 벽면 또는 공연 건물의 부지에 시주 등을 세워 표시하는 광고물.

⑤ 옥상간판 : 건물의 옥상에 별도의 장방형 · 정방형 · 삼각형 또는 원형 등의 게시시설을 설치하여 문자, 도형 등을 표시하거나 승강기탑 등 건물의 옥상구조물에 문자, 도형 등을 직접 표시하는 광고물.

⑥ 지주이용 간판 : 지면에 지주를 따로 설치하여 문자, 도형 등을 표시한 목재 · 아크릴 · 금속재 등의 판을 지주에 부착하거나 원기둥, 사각기둥 또는 삼각기둥 등의 게시시설을 따로 설치하여 문자, 도형 등을 기둥의 면에 직접 표시하는 광고물.

⑦ 현수막 : 천, 종이 또는 비닐 등에 문자, 도형 등을 표시하여 건물 등의 벽면, 지주 ·

그림 3 건물 상부에 잘 정리된 가로형 간판을 부착한 거리

게시시설 기타 시설물 등에 매달아 표시하는 광고물.

### (2) 허가대상 광고물

① 규정에 의하여 표시하는 가로형 간판 및 최초로 표시하는 공연간판.

② 돌출간판. 다만, 의료기관 또는 약국의 표지등("+" 또는 "약"을 표시하는 표지등을 말한다. 이하 같다), 이 · 미용업소의 표지등 및 상단의 높이가 지면으로부터 5미터 미만인 광고물로서 1면의 면적이 1제곱미터 미만인 돌출간판을 제외한다.

③ 옥상간판

④ 광고물 상단의 높이가 지면으로부터 4미터 이상인 지주이용 간판

### (3) 신고대상 광고물

① 가로형 간판 중 면적이 5제곱미터 이하인 간판을 제외한다.

② 세로형 간판(건물의 출입구 양측에 표시하는 세로형 간판을 제외한다) 및 공연간판

③ 돌출 간판 중 의료기관 또는 약국의 표지등, 이 · 미용업소의 표지등 및 상단의 높이가 지면으로부터 5미터미만인 광고물로서 1면의 면적이 1제곱미터미만인 간판

④ 광고물 상단의 높이가 지면으로부터 4미터미만인 지주이용간판

### (4) 허가 및 신고도서

① 광고물등을 표시하고자 하는 장소의 주변을 알 수 있는 원색사진 및 광고물등의 원색도안 .

② 광고 물등의 형상, 규격, 재료, 구조, 의장 등에 관한 설명서 및 설계도서.

③ 타인이 소유 또는 관리하는 토지나 물건 등에 광고물 등을 표시하고자 하는 경우에는 그 소유자 또는 관리자의 승낙을 받았음을 증명할 수 있는 서류.

④ 광고물관리심의위원회의 심의대상 광고물 등의 심의관련서류와 광고물 등의 표시에 따른 건물의 구조안전 확인 서류로서 시 · 도조례로 정하는 서류.

### (5) 일반광고물 표시방법

① 광고물의 문자는 한글맞춤법 · 국어의 로마자표기법 · 외래어표기법 등에 맞추어 한글로 표시함을 원칙으로 하되, 외국문자로 표시할 경우에는 특별한 사유가 없는 한 한글과 병기해야 한다.

② 상품, 업소 등을 상징하는 도형 등으로 표시할 수 있다.

③ 규격, 방법 등에 의하여 표시하되, 미관풍치와 안전에 지장이 없는 범위 안에서 장방형, 정방형, 타원형 기타 모형 등으로 변형하여 표시할 수 있다. 이 경우 변형된 광고물은 규정된 면적과 높이를 초과할 수 없다.

그림 4 중앙일보의 아름다운 간판 캠페인의 하나로 계획되어 새로워진 건축물 사례

④ 교통, 통행 등에 지장이 없도록 표시하여야 하며, 풍압이나 충격 등에 의하여 떨어지거나 넘어지지 아니하도록 하여야 한다.

⑤ 형광도료 또는 야광도료(도료를 바른 테이프를 포함한다)를 사용하여서는 아니 된다.

⑥ 지면이나 건물 기타 공작물 등에 고정되지 아니하고 이동이 가능한 간판은 표시하여서는 아니 된다.

⑦ 1개업소에서 표시할 수 있는 간판의 총수량은 3개 이내로 한다. 다만, 도로의 곡각지점에 접한 업소는 4개 이내로 한나.

### (6) 돌출간판의 표시방법

① 간판의 하단과 지면과의 간격은 3m(인도가 없는 경우에는 4m) 이상이고, 그 상단은 건물의 벽면높이를 초과하여서는 안 된다. 다만, 의료기관 또는 약국의 표지등과 이 · 미용업소의 표지등의 경우에는 도로의 통행에 지장이 없는 범위 안에서 표시할 수 있다.

② 간판의 바깥쪽 끝부분은 벽면으로부터 1.2m를 초과하여서는 아니되며, 세로의 길이는 20m(상업지역은 30m)이내이어야 하고, 간판의 두께는 50cm이내이어야 한다. 다만, 이 · 미용업소의 표지등은 그 바깥쪽 끝부분이 벽면으로부터 50cm를 초과하여 돌출하게 하여서는 아니 되며, 그 두께는 지름 30cm이내, 그 세로의 길이는 150cm이내이어야 한다.

③ 1개업소는 하나의 간판만을 표시하여야 하며, 하나의 건물에 2개 이상의 업소가 각각의 간판을 표시하는 경우에 그 간판은 상 · 하로 일직선상에 위치하도록 표시하되, 건물의 전면 폭이 10m이하인 건물에는 1줄로, 10m를 초과할 경우에는 10m초과 시마다 1줄씩을 추가하여 표시할 수 있다.

### (7) 지주이용 간판의 표시

1. 당해 업소 등의 건물부지 안에 한하여 표시하여야 한다.
2. 지주이용 간판의 상단까지의 높이는 지면으로부터 10미터를, 1면의 면적(간판이 입체형인 경우는 가장 넓은 면의 단면적)은 10제곱미터를, 간판면적의 합계면적은 40제곱미터를 각각 초과할 수 없다.
3. 동일한 장소 또는 건물부지에 2이상의 지주이용 간판을 표시하여야 하는 경우에는 하나의 지주이용 간판에 통합하여 연립형으로 표시하여야 한다.
4. 보도의 경계선으로부터 50센티미터 이상(보도가 없는 지역 또는 장소에는 차도의 경계선으로부터 100센티미터 이상)의 거리를 두어야 하며, 보행인 및 차량 등의 통행에 방해가 되지 아니하도록 하여야 한다.
5. 당해 건물을 사용하고 있는 자의 성명, 주소, 상호, 전화번호 또는 이를 상징하는 도형(주유소 또는 가스충전소의 표시등을 포함한다)에 한하여 표시할 수 있다.
6. 조명을 함에 있어서는 네온, 전광 또는 점멸 등의 방법을 사용하여서는 아니 된다. 다만, 상업지역과 관광진흥법에 의한 관광단지 및 관광지에서는 네온 또는 점멸 등의 방법을 사용할 수 있다.

② 당해 건물의 부지 안이 아닌 지역 또는 장소에서의 지주이용 간판은 다음과 같이 표시하여야 한다.

1. 도로폭이 6미터 이상인 도로변의 가장 가까운 지점에서 직접 보이지 아니하는 업소 등만 표시할 수 있다.
2. 업소 등이 위치한 방향의 진입도로의 입구 등에 2개 업소 이상의 간판을 표시하여야 하는 경우에는 하나의 지주이용 간판에 통합하여 연립형으로 표시하여야 한다. 다만, 업소의 수가 7개 이상으로서 여건상 하나의 지주이용 간판으로 표시하기 곤란하다고 인정되는 경우에는 동일 장소에 하나의 간판을 추가하여 표시할 수 있다.
3. 지주이용 간판의 상단까지의 높이는 지면으로부터 4미터 이내로 표시하여야 하며, 4개 업소 이상을 하나의 지주이용 간판에 표시할 때에는 1면의 면적은 6제곱미터 이내로, 3개 업소 이하를 하나의 지주이용 간판에 표시할 때에는 1면의 면적은 3제곱미터 이내로 표시할 수 있되, 1개 업소의 간판의 규격은 가로 150센티미터 이내, 세로 50센티미터 이내로 표시하여야 한다.
4. 도시계획구역 안인 경우에는 보도의 경계선으로부터 50센티미터 이상(보도가 없는 지역 또는 장소에는 차도의 경계선으로부터 100센티미터 이상), 도시계획구역 밖인 경우에는 차도 또는 보도의 경계선으로부터 100센티미터 이상의 거리를 두어야 하며, 보행인 및 차량 등의 통행에 방해가 되지 아니하도록 하여야 한다.
5. 전기를 사용하여서는 아니 되며, 녹색 · 청색 등 각종 도로표지 · 도로 교통안전표지 등의 색상과 혼동을 일으킬 우려가 있는 색깔을 사용하여서는 아니 된다.

6. 표시내용은 특정한 지역 · 장소 · 건물 또는 업소 등의 명칭 · 위치 등을 유도 · 안내하는 것에 한하여 표시할 수 있다.
7. 표시장소, 규격, 색깔 등 세부적인 표시방법은 제1호 내지 제6호에 규정된 범위 안에서 도로교통안전, 주변미관 및 표시하고자 하는 업소 등의 수 등을 고려하여 광고물관리심의위원회의 심의를 거쳐 시장 · 군수 또는 구청장이 정하는 바에 의한다.

# 참고문헌

## 국내서적

김덕자, 광고와 에로티시즘, 미진사, 1989.

박진배, 현대 인테리아의 표현경향－실내디자인 이야기, 실내디자인 학회, 기문당, 1998.

박학재, 서양건축사 정론, 경학사, 1972.

이경회, 건축환경계획, 문운당, 1986.

이연숙, 서양의 실내공간과 가구의 역사, 경춘사, 1991.

전영미, 20세기 실내디자인의 조류, 기문당, 1999.

정시화, 산업디자인 150년, 미진사, 1991.

최헌역, 프로이드, 범우사, 1989.

최헌역, 건축설비의 기본계획, 기술문화사, 1980.

함정도, '실내디자인과 애로티시즘', 기문당, 1993.

김홍기, 건축조형디자인론, 기문당, 2001.

함정도 · 손유찬, 공간디자인과 조형연습, 기문당, 2003.

오인욱, 실내디자인방법론, 기문당, 2001.

한국실내디자인학회, 실내디자인각론, 기문당, 1997.

오인욱, 실내디자인개론, 기문당, 1990.

유희준, 건축디자인이야기, 문운당, 1999.

한국실내디자인학회, 실내디자인실무해설, 기문당, 2000.

한국실내디자인학회, 실내디자인총설, 기문당, 2000.

김영숙 외2, 실내디자인 14제, 학문사, 2003.

채수명, 디자인마아케팅, 도서출판 국제, 1997.

최재순외 공저, 주거공간의 계획과 설계, 기문당, 2000.

함정도 · 노정선, 친환경건축의 이해, 기문당, 2003.

정경원, 디자인경영, 안그라픽스, 1999.

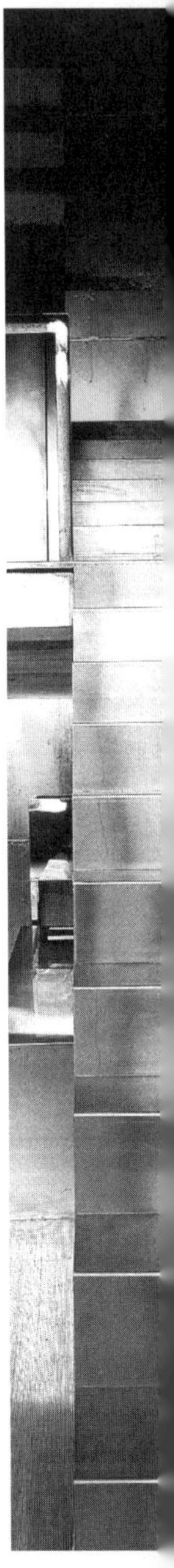

김중근, 실내디자인총론, 기문당, 2002.

한국직업능력개발원. 국가직무능력표준시안(실내건축). 한국직업개발원, 2003.

심낙훈 외2, 디스플레이, 기문당, 1999.

심낙훈, 디스플레이 마케팅, 도서출판 국제, 2003.

민찬홍 외3, 실내디자인 용어사전, 디자인하우스, 1994.

건축사수험연구회, 건축 계획, 건축예술사, 2003.

박영순 외7, 우리의 옛집 이야기, 열화당. 2002.

조용구, 건축설계론 1, 세진사. 2002.

## 번역서

Arnheim, R., 김정오 역, 시각적 사고, 이대출판사, 1983.

Arnheim, Rudolf, 김춘일 역, 미술과 시지각, 미진사, 1996.

Arnheim, Rudolf, 정용도 역, 예술과 엔트로피, 눈빛, 1995.

Arnheim, Rudolf, 김재은 역, 예술심리학, 이화여대 출판부, 1995.

Birren, Faber, 김화중 역, 색채 심리, 동국출판사, 1990.

Dickie, George, 오경남 역, 미학입문, 서광사, 1983.

Dimnet, Ernest, 김재사 역, The Art of Thinking(창조적 사고), 태양문화사, 1978.

Egan M.D., 박종호 역, 건축조명개론, 기문당, 1992.

Freud,S., 이정식 역, 프로이드 정신분석 입문, 다문, 1990.

Gardiner,S., 박강철 역, 건축사 개론, 기문당, 1988.

Gombrich, E.H., 차미예 역, 예술과 환영, 설화당, 1994.

Jenchs, Charles, 조희철 · 우창훈 역, 네오모던건축, 공간예술사, 1992.

Haberlik, C. 안인희 역, 20세기 건축, 해냄, 2002.

Lang, Jon, 조철희 · 김경준 역, 건축이론의 창조, 도서출판 국제, 1991.

Scruton, Roger, 김경수 역, 건축미학, 서광사, 1989.

Scruton, Roger, 이경호 역, 미학의 이해, 기문당, 1991.

Walker, John A., 정직국 역, 대중매체 시대의 예술, 열화당, 1987.

Wolfflin, Heinrich, 박지영 역, 미술사의 기초개념, 시공사, 1997.

竹內敏雄, 안영길 외 6인 역, 미학, 예술학사전, 미진사, 1990.

保板陽一郎, 박정우 외 역, 창, 기문당, 1987.

권오석 역, C.G.융 심리학 해석, 홍신문화사, 1990.

권민 역, 조형심리, 동국출판사, 1991.

Karl Chr. Heuser, 박홍 · 소병근역, 실내디자인의 이해, 기문당, 2002.

Rosemary Klimer 외 1, 김혜원외 2 역, Designing Interiors 1, 2, 인테리어디자인: 실무 이론, 교문사, 1999.

Franco Fonatti, 박항섭 역, Elwmentare Gestaltung sprinzipien in der Architektur －건축의 기본조형원리－, 세진사, 1995.

Paul Jacques Grillo, 안병의, 김광문 공역, Form Function & Design －디자인이란 무엇인가. 기능 형태 디자인－, 세진사, 1995.

William J. Mitchell, 김경준 남순우 공역, The Logic of Archithecture －건축의 형태언어－, 도서출판 국제, 1993.

Francis D. K. Ching, 전감 역, Archtecture Form and Space and Order －건축의 형태 공간－, 도서출판 국제. 1992.

Forrest Wilson, 김경준 역, A Graphic Design of Perception and Behavior for the Design Process －건축 지각 환경－, 국제, 1992.

Geoffery Broadbent, 이광노 역, Design in Archetecture －건축디자인 방법론－, 기문당, 1992.

John F. Pile, 인테리어디자인 계획각론, 공간도서

G.L.C편, 양극영 역, Housing Lay-0ut, 기문당, 1987.

Mark Karlen, 황연숙역, Space Planning Basics －공간계획의 기초－, 도서출판국제, 1997.

William R. Green, 남순우역, The Retail Store-Design and Construction, 성공경영을 위한 점포디자인, 도서출판 국제, 1993.

Roger K Lewis, 김현중역, A candid Guide to the Profession architect, —디자이너로 자라기— , 도서출판국제, 2001

## 외국서적

Allen, P.S., Stimpson, M.F. & Jones, L.M., Beginnings of Interior Environments, Prentice Hall, 2000.

Bednar, M.J., THE NEW ATRIUM, Mcgraw-Hill Book Co., 1986.

Berryman,Gregg, Notes on Design, Information Design Inc., 1982.

Catanese,Anthony J. & Snyder,James C., Introduction to Architecture, Mcgraw-Hill INC., 1979.

Edward,Lucle-Smith, SEXUALTY IN WESTERN ART, THAMES & HUDSON LTD., 1991.

Gilliatt,Mary, The Decorating Book, PANTHEON BOOKS N.Y, 1981.

Guzowski, M., Daylighting for Sustainable Design, McGraw-Hill book comp., 2000.

Harris,C.M., DICTIONARY OF ARCHITECTURE & CONSTRUCTION, Mcgraw-Hill Inc., 1975.

Hideaki Chijiiwa, COLOR HARMONY, Rockport Publishers Inc., 1987.

Janjigian,Robert, HIGH TOUCH, COLUMBUS BOOKS LTD., 1987.

Jiro Harada, The Lesson of Japanese Architecture, PUBL. INC., 1985.

Kurtich, J. & Eakin,G., Interior Architecture, VNR, 1993.

Lam, W.M.C., Sunlighting as formgiver for architecture, VNR. comp., 1986.

McGuinness, W.J., Mech. & Elect, Equipment for Buildings, John Wiley & Sons, 1980.

Neufert,E., Neufert Architects Data, Granada Publishing, 1980.

Pevsner,Nikolaus, An Outline of European Architecture, PELICAN BOOKS, 1981.

Pile,John F., INTERIOR DESIGN, Harry N. Abrams Inc., 1988.

Reznikoff,Sivon, SENSUOUS SPACES, Whitney Library of Design, 1983.

Seidman,Teri & Cohen,S.S., DECORATING RICH, Villard Books, 1988.

Sudjic,Deyan, The Lighting Book, CROWN PUBLISHERS INC., 1985.

Ternoey, S., The design of energy responsive commercial buildings, 1985.

Whiton,A.S., Interior Design and Decoration, J.B.Lippincott Company, 1974.

William J.R. Curtis, Modern Architecure since 1900, Phaidon, 1996.

Zevi,Bruno, ARCHITECTURE AS SPACE, HORIZON PRESS, 1974.

Conway Lloyd Morgan, Trade Fair Stand Design, Pro Graphics, 1999.

Larry Klein, Exhibition: Planning & Design, Madison Squre press, 1986.

Fay Sweet, Interior Detail, Mitchell Beazley 2002.

Stafford Cliff, Trade Secrets of Great Design Retail Spaces. Rockport, 1999.

美容の友社, Beauty Salon Interior & graphics, 美容の友社, 2003.

Shoichi muto, European Restaurant Design, Scanpan Press, 1999.

Gail Bellamy, More Bars, discos & nightclubs, PBC International Inc, 1995.

Aurora Cuito, Shop Design, Cameron House, 2001.

## 학위논문

구본덕, 건축디자인 방법론을 통해본 형태도출의 과정 및 연관기법에 관한 연구, 한양대 박논, 1989.

박돈서, 한국현대건축 외장의 색채계획 방법론, 서울대 박사학위논문, 1986.

조휘철, 건축적 체험의 본질과 장소의 성격에 관한 연구, 서울대 박사학위 논문, 1989.

김성아, 현대건축의 의미작용과 수용에 관한 연구, 부산대 공과대학원 석논, 1990.2

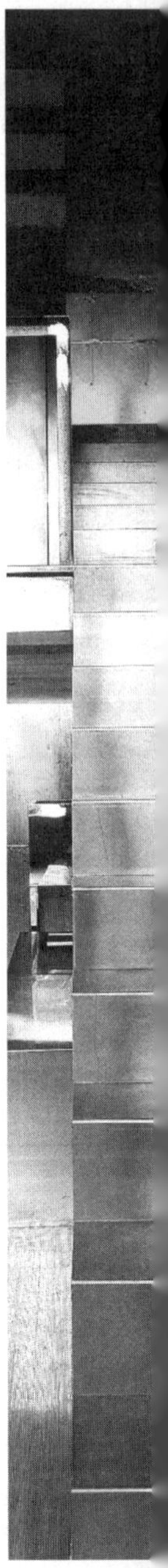

명광주, 시각디자인에 있어서의 Visual Scandal 표현효과에 관한 연구, 홍익대 산미대학원 석사학위 논문, 1987.

민애리, C.G.Jung에 있어서의 예술의 개념, 홍익대 대학원 석사학위 논문, 1990.

박동수, S.Freud에 있어서의 Eros와 예술, 홍익대 대학원 석사학위 논문, 1989.

신동훈, 건축 표현에 있어서 수사학의 적용에 관한 연구, 전북대 대학원 석사학위 논문, 1987.

이영주, 건축형태의 상징성에 관한 연구, 중앙대 대학원 석사학위 논문, 1986.

이유하, 예술로서의 '창조적 무의식'에 관한 연구, 홍익대 대학원 석사학위논문, 1987.

임세옥, 음악적 영감의 시각적 표현, 이화여대 대학원 석사학위 논문, 1989.

정규호, 시각디자인에 나타난 은유적 표현에 관한 연구, 홍익대 대학원 석논, 1980. 2.

함정도, 실내휴식공간 분위기 연출기법에 관한 연구, 서울대 박논, 1993. 2.


## 학회지 등


김송미, Art & Craft Movement, 인테리어, 1990. 9.

김열규, 은밀한 농염의 에로티시즘, 미술세계, 1984. 11.

박진웅, 실내공간 요소로서의 아트워크, PLUS, 1989. 6.

이 선, 팝 문화, 인테리어, 1990. 3.

이지훈, DISCO CLUB의 개념과 설계방향, 인테리어, 1988. 4.

이지훈, 멤피스의 탄생, 인테리어, 1988. 7.

김정애, 공간체험을 통한 긴장.이완의 현상, 실내학회지 16호, 1998. 9.

함정도, 실내 디자인의 기법해석에 관한 연구, 대한 건축학회 논문집 제 8권 9호, 1992. 10.

# 실내디자인의 이해

**손유찬**

한양대학교 졸업(응용미술전공)
홍익대학교 환경대학원 졸업(실내설계 전공) / 공학석사
태평양화학, 한국종합전시장, 신세계백화점등에서 상업 및 전시공간 설계실무
현재 한양여자대학교 인테리어디자인과 교수
한국실내건축가협회 이사, 한국디자이너협의회 이사, 한국실내디자인학회 회원

**함정도**

서울공대 졸업(건축전공)
홍익대학교 환경대학원 졸업(실내설계 전공) / 공학석사
Arizona State University, College of Arch. & Env. Planning / Master of Env. Planning
서울공대 건축학과 박사과정 수료 / 공학박사 (건축계획 의장분야 전공)
일양건축, 서울건축, 아키프랜 등에서 호텔 및 일반건축물 설계실무
서울과학기술대학교 건축학부 명예교수(건축학 분야)
정보통신부 설계자문위원 및 서울 강북구 · 고양시 건축심의위원
대한건축학회, 한국건축가협회, 한국실내디자인학회, 한국실내건축가협회 회원으로 활동 중

**2015년 2월 15일 인쇄**
**2015년 2월 20일 발행**

**지 은 이** 손유찬 · 함정도
**발 행 인** 강 해 작
**발 행 처** 기 문 당
**주 소** 서울시 성동구 무학봉 28길 4-1(왕십리동 966-22)
**전 화** 02) 2295-6171(代)~5
**팩 스** 02) 2296-8188
**등록번호** 1976. 10. 7(1-44)
**홈페이지** www.kimoondang.com
**I S B N** 89-7086-627-2 93540

**정 가** 18,000원